AF475172

LES

AVENTURIERS DE LA MER

PREMIÈRE SÉRIE. — FORMAT GRAND IN-4°.

Le Sauvetage.

LES

AVENTURIERS DE LA MER

TEMPÊTES — NAUFRAGES — RÉVOLTES — HIVERNAGES

PAR

CONSTANT AMÉRO

PARIS
SOCIÉTÉ FRANÇAISE D'IMPRIMERIE ET DE LIBRAIRIE
(ANCIENNE MAISON LECÈNE, OUDIN ET Cie)
15, Rue de Cluny, 15

LES

AVENTURIERS DE LA MER

CHAPITRE I

LA MER, SA VIE, SON HISTOIRE; SON ACTION ; LES COURANTS ; LES TEMPÊTES ; NOUVELLE SCIENCE NAUTIQUE ; LA MER A SES ADMIRATEURS ; UN SONNET DE EDMONDO DE AMICIS ; LA VIE ET LE DRAME.

La mer a une vie propre ; elle a aussi une histoire. Sa vie est à la fois intérieure, mystérieuse, cachée dans des profondeurs insondables, ou apparente; et alors elle se confond avec les grands phénomènes météorologiques ; son histoire est tantôt indépendante de l'histoire des continents, et tantôt elle se lie à l'histoire des nations qui se partagent ces continents. Il en est ainsi lorsque la mer devient un champ de bataille immense, sur lequel des hommes en guerre entre eux s'en vont, souvent à plus de mille lieues de leur patrie, vider leurs querelles, vaincre ou mourir pour l'honneur du pavillon. La mer sert mieux encore à unir les hommes ; elle leur offre les plus faciles et les plus courtes voies pour le commerce du monde entier; grâce à elle, les produits des deux hémisphères s'échangent sans trop de frais.

Mais le rôle actif de la mer dans ses relations avec les plus importantes lois physiques est bien autrement considérable ! Les montagnes et les plaines, malgré des bouleversements périodiques produits par le feu intérieur de la Terre, apparaissent calmes sous leurs forêts épaisses, sous leurs moissons dorées, et, malgré un incessant travail souterrain, semblent sommeiller paisiblement, et n'avoir d'autre souci que de porter aux ondes amères le tribut de leurs eaux douces. Mais la mer est toujours en mouvement ; c'est une source de vie d'une fécondité intarissable, créant de nouveaux mondes par le labeur sous-marin de myriades de madrépores ; assaillant sans trêve, bouleversant parfois les contours des terres du globe, ou les remaniant peut-être pour leur donner leur forme définitive. De son sein, s'élèvent aussi les nuées qui répandent sur le globe entier la chaleur et la fertilité ; ses courants tièdes s'en vont désagréger les immenses glacières des pôles et empêchent ou, tout au moins, retardent de quelque dix mille ans la perturbation qui, déplaçant l'axe de la Terre, produirait un nouveau déluge universel.

Grâce à ces mêmes courants, s'échappant des mers surchauffées de l'Equateur, il est possible à l'homme de vivre, de s'épanouir au milieu d'heureux climats, dans des régions qui seraient difficilement habitables ; le courant qui sous la pression des eaux salées de surfaces, rendues plus denses par l'évaporation qu'opère le soleil, sort du golfe du Mexique pour s'élancer vers le Nord, et que l'on désigne techniquement par son appellation anglaise de *Gulf Stream*, donne des palmiers et les splendeurs d'une végétation tropicale à certaines terres placées presque sous des latitudes hyperboréennes, et Früholm, à l'extrémité de la pointe la plus septentrionale de l'Europe, jouit en hiver du climat de Toulouse. Si la loi qui régit ce courant n'existait pas, la Norvège, les îles britanniques seraient perdues dans des glaces éternelles ; les bras de mer qui séparent ces îles seraient obstrués par des « icebergs » ; la France elle-même, notre belle France deviendrait vite un triste et froid séjour.

La mer prend encore un rôle actif dans la plupart des conflagrations terrestres ; elle envahit, elle détruit, elle frange de ses vagues irritées les rivages, se creusant sans répit ni trêve des golfes et des détroits ; elle sert de véhicule aux cyclones qui portent leurs ravages également et sur les eaux et sur les terres ; elle attaque les vaisseaux et se fait un jeu de la science et du courage des marins — qui l'aiment bien pourtant, la mer ! Oui, on l'aime autant qu'on la redoute !

« Perfide comme l'onde », a pu dire le poète anglais. L'onde, si ce mot perfide est sévère, se montre au moins changeante. Le flot bleu de notre littoral méditerranéen fait oublier au navigateur, toujours confiant, les vagues courroucées de quelque océan ténébreux qu'il s'en va affronter; on embarque avec le soleil, on arrive avec la tempête, brisé sur un écueil.

Mais la science nautique est en ce siècle en progrès comme toutes les sciences. La mer sera de moins en moins « perfide ». On a cru, on croit peut-être encore sur les bords de la Baltique qu'il y a des sorciers, qui, par la force de leurs enchantements, attirent l'ouragan, soulèvent les flots et font chavirer barques de pêcheurs et grands navires. Nous n'en sommes plus là, depuis longtemps, nous autres. Bien mieux, les marins savent, aujourd'hui, que le vent des rafales ne naît pas de lui-même, ou par un conflit de brises légères et agitées à l'extrême. Les plus horribles perturbations, quelque douloureuses qu'en puissent être leurs conséquences pour ceux qui naviguent, ne sont autre chose que l'accomplissement régulier des décrets qui régissent les mondes dans une admirable harmonie.

La mer si féconde, si changeante, si terrible et si douce, nourrice qui berce et furie qui déchire, devait avoir et a eu ses fervents et ses détracteurs, mais surtout ses admirateurs passionnés, ses poètes, ses historiens, ses naturalistes, ses peintres ; elle a donné la gloire aux Colomb, aux Magellan, aux Jacques Cartier, aux Cook et aux Dumont d'Urville, elle a enfanté des héros tels que Duquesne, Tromp, Ruyter, Jean Bart, Duguay-Trouin, Nelson, l'amiral Courbet.

Saluons-la donc aux premières pages de ce livre qui lui est consacré, et associons-nous à l'enthousiasme du poète italien Amicis, lorsqu'il s'écrie avec une si large inspiration :

« Salut, ô grande mer! Comme un avril éternel ton sourire m'invite toujours à chanter, — et fait dans mon corps auquel il rend la vigueur, — bouillir les flots de mon sang juvénile.

« Salut, mer adorée! épouvante du lâche, joie du brave, santé du malade, — mystère immense, jeunesse infinie, — beauté formidable et charmante.

« Je t'aime lorsque tes colères se brisent sur le rivage, — à la lueur funèbre des éclairs, — j'aime tes flots énormes et leurs mugissements. Mais plus encore j'aime ton murmure — lent et solennel qui berce le cœur, — ô cimetière d'azur sans limites! »

Résumons-nous.

Il y a la vie, il y a les drames de la mer. La vie, c'est son action sans cesse présente et renouvelée, c'est le monde d'êtres qu'elle nourrit. Quant au drame, il se meut sur une vaste scène, ayant pour décors la tempête, l'ouragan, les rochers sur lesquels s'échouent les navires, la nuit noire des collisions qui les font sombrer, les ciels qui s'empourprent de la lueur des incendies, les navires écrasés dans les blocs de glaces des mers polaires — vagues devenues montagnes ! — au milieu d'hivers qui ne sont qu'une nuit froide de plusieurs mois.

Navires à rames des Romains.

Le drame ce n'est pas seulement le naufrage ; c'est encore le combat sur le liquide élément : le duel entre deux vaisseaux, qui ne veulent ni l'un ni l'autre amener leur pavillon, l'abordage sanglant, les batailles rangées, escadre contre escadre, la poursuite du corsaire, l'abordage du flibustier, du pirate barbaresque ou malais. Le drame c'est Xercès faisant fouetter de verges les flots de la mer qui avaient englouti les navires montés d'une multitude armée qu'il conduisait à l'asservissement de la Grèce, c'est Salamine, ce sont les navires à rames des Romains et des Carthaginois aux prises pour une guerre d'extermination, c'est Actium, ce sont les légères barques servant aux incursions des Sarrasins, les drakards amenant les Normands jusque sous les murs de Rouen, ce sont ces mêmes Normands faisant la conquête de l'Angleterre, puis les galères de Gênes transportant les croisés en Orient, les caravelles des hardis navigateurs lancées à la découverte du Nouveau Monde, les vaisseaux de haut-bord qui se sont mesurés, sans épuiser des haines séculaires, sous les pavillons espagnols, français, anglais, hollandais, les fastueuses galères de la marine de Louis XIV, les flottes nombreuses qui se heurtèrent au cap Bévésier, à la Hogue... Le drame, c'est le vaisseau *le Vengeur* sombrant aux cris de vive la République ! dans le glorieux combat du 13 prairial, c'est Aboukir, c'est Trafalgar, c'est Navarin, c'est le bombardement d'Alger, c'est la guerre de Crimée, ce sont les exploits des monitors américains, la poursuite de la conquête du pôle nord par Franklin et ses émules, les expéditions en extrême Orient ; c'est le navire à vapeur venant prendre la place du navire à voile, le vaisseau de fer remplaçant le vaisseau de bois, les torpilleurs menaçant à leur tour d'amener la suppression des cuirassés. Voilà le drame, avec ses acteurs, ses décors et ses accessoires ; la tempête et la bataille ; les voyages aventureux autour du monde et les hivernages funèbres dans les glaces, le bateau de sauvetage et la barque du pêcheur.

C'est l'histoire d'une sorte de prise de possession de la mer, de la conquête par l'homme du redoutable élément, récit attrayant, certes ! mais que le cadre plus modeste de ce livre ne saurait contenir dans tous ses développements.

CHAPITRE II

CYCLONES DE LA MER DES ANTILLES ; TYPHONS DE L'OCÉAN INDIEN ; TORNADAS DU LITTORAL AFRICAIN ; PAMPEROS DU SUD DE L'AMÉRIQUE. LES PLUS MÉMORABLES OURAGANS SUR LES CÔTES D'ANGLETERRE, AUX ANTILLES, AUX ETATS-UNIS, AU BENGALE, DANS LA MANCHE, AU JAPON, SUR LE LITTORAL DE L'ALGÉRIE.

Au sein des mers, sous l'Equateur, dans cette immense courbe, formée d'isthmes, qui soude l'Amérique septentrionale à l'Amérique du Sud, il y a une sorte de mer intérieure séparée des grandes eaux de l'Atlantique par une chaîne d'îles : c'est la mer des Antilles. Elle est comme le cœur du vaste Océan. Là, s'active la circulation sous-marine, et des courants s'en échappent d'un jet puissant, ainsi que du cœur s'élance le sang dans les artères.

Le même phénomène se reproduit, avec moins d'intensité toutefois, dans l'océan Indien et, sous la même latitude, dans le Grand Océan, — d'un bassin si large que la circulation s'y produit librement. Partout ces courants ont pour cause la densité de la mer, rendue plus lourde, plus salée par l'évaporation de l'eau sous l'action très active et permanente du soleil.

C'est dans ces régions du globe que, sous l'influence de phénomènes électriques, se forment ces ouragans dévastateurs, ces cyclones, ces typhons qui s'en vont tournoyer et se perdre jusqu'au plus profond des continents. Les cyclones partis de la mer des Antilles montent souvent à l'extrême nord de l'Europe, pour aller expirer parfois dans la mer Noire. Ces ouragans présentent cette particularité qu'ils se déplacent en tournant sur eux-mêmes, entraînés irrésistiblement de l'Equateur vers les pôles. Leur approche est signalée par divers signes que connaissent les marins et aussi par les oscillations du baromètre.

Lorsque le cyclone développe ses fureurs, la mer s'élève en hautes lames qui retombent avec une force capable de briser la membrure des plus solides vaisseaux. Les navires sont particulièrement menacés par ces perturbations, et ce sont eux qui ont le plus à craindre ; mais les îles et les archipels éparpillés au milieu des océans se trouvent dans les mêmes conditions défavorables que des vaisseaux ou des flottes sous le passage d'un cyclone ; les lames déferlent sur leur littoral, comme elles déferlent sur le pont des navires ; elles enlèvent et engloutissent des populations entières, comme elles le feraient d'un équipage.

Aussi redoutables que dans l'Atlantique, — disons mieux : que dans la mer des Antilles, — se montrent les ouragans des mers des Indes et de la Chine. Sur le littoral africain de l'Atlantique, ils prennent le nom de *tornadas*. Un point noir apparait à l'horizon. Ce point s'étend. Bientôt tout disparait ; tout tourne comme avec une hâte d'en finir. Quelle résistance le navire peut-il opposer ? Le long de la côte orientale de l'Amérique du Sud, vis-à-vis des Pampas — vastes plaines qui s'étendent entre l'Atlantique et la Cordillère — ces tempêtes, accompagnées de grains violents, sont appelées *pamperos*.

Aux tourbillons, aux ouragans, se joignent parfois, s'associent des trombes, des typhons. Souvent, pour le navigateur, elles sont difficiles à distinguer. A vrai dire, on ne se préoccupait guère d'établir de classement rigoureux avant les premiers essais de codification de la loi des tempêtes, entrepris avec succès dans notre siècle, et qui marqueront une ère nouvelle dans la navigation. Sans espoir de s'y soustraire jamais, les marins, les populations éprouvées se bornaient à déplorer les effets de ces perturbations et le souvenir des plus désastreuses se conservait de mémoire d'homme, du moins pendant un temps : les récentes catastrophes font oublier les anciennes ; et pour l'enseignement du marin, les exemples les plus rapprochés de lui sont les plus précieux, car rien ne l'assure que depuis les siècles écoulés certaines conditions météorologiques n'ont pas subi de profonds changements.

Nous ferons donc sagement, nous aussi, en ne remontant pas trop haut dans le passé, pour rappeler le souvenir des ravages exercés sur des points du globe plus particulièrement exposés aux fureurs de la mer.

Les Anglais ont noté dans leur histoire maritime l'ouragan de 1703, qui couvrit leurs côtes de débris et de ruines et dans lequel périrent treize vaisseaux de la marine royale et plus de huit mille marins. Les effets de la tempête se firent sentir fort avant sur la Tamise.

Un autre ouragan est demeuré tristement célèbre, celui de 1772, aux Antilles, où la mer monta de soixante-dix pieds, au milieu d'une nuit éclairée par des lueurs électriques.

Un autre ouragan, celui du 10 octobre 1780, appelé le grand ouragan, s'étendit sur toutes les Antilles et jusque dans le nord de l'Atlantique. Sur le littoral, les lames renversèrent des maisons, et des navires furent portés assez loin au milieu des terres pour qu'il fût impossible de les remettre à flot.

Cet ouragan embrassait dès son origine les points extrêmes des îles Sous-le-Vent, sur la côte du Vénézuéla, se dirigeant vers les îles de la Barbade et Sainte-Lucie, qui furent complètement ravagées.

A Sainte-Lucie, six mille personnes restèrent écrasées sous les décombres des édifices et des maisons ; la flotte anglaise, qui s'y trouvait au mouillage, fut presque entièrement désemparée. « Il est impossible, dit dans un rapport sir George Rodney, de décrire l'horreur des scènes qui eurent lieu à la Barbade, et la misère de ses malheureux habitants. Je n'aurais jamais pu croire, si je ne l'avais vu moi-même, que le vent seul pouvait détruire aussi complètement tant d'habitations solides ; et je suis convaincu que sa violence seule a empêché les habitants de ressentir les secousses du tremblement de terre qui a certainement accompagné l'ouragan. Quand le jour se fit, la contrée, si fertile et si florissante, ne présentait plus que le triste aspect de l'hiver : pas une seule feuille ne restait aux arbres que l'ouragan avait laissés debout. »

Le cyclone atteignit presque aussitôt la Martinique, où il enveloppa un convoi français de cinquante bâtiments, à bord desquels se trouvaient cinq mille hommes de troupes ; quelques marins seulement échappèrent au désastre. Plusieurs vaisseaux de guerre anglais qui venaient de quitter ces eaux en route pour l'Europe, disparurent dans la tourmente, sans qu'on eût jamais d'eux aucune nouvelle. Dans l'île même, le cyclone atteignit les proportions d'une épouvantable catastrophe : on dit que neuf mille hommes périrent. A Saint-Pierre, cent cinquante habitations disparurent dès la première invasion du raz de marée. A Fort-de-France, la cathédrale, sept églises et cent quarante maisons furent renversées ; plus de quinze cents malades et blessés demeurèrent ensevelis sous les ruines de l'hôpital. Les bancs de corail furent arrachés du fond de la mer et transportés près du rivage, où on les vit ensuite apparaître. Dans les batteries, des canons furent déplacés par la force du vent, qui transporta l'un d'eux à une distance de plus de cent mètres.

Moins de deux ans après, le 16 septembre 1782, l'escadre anglaise,

Vue de Fort-de-France.

commandée par l'amiral Graves et composée de plusieurs vaisseaux de guerre et d'un grand convoi de navires marchands, fut rencontrée par un cyclone dans l'Atlantique. La plupart des vaisseaux sombrèrent, excepté *le Canada*. Ceux qui virent la fin du passage du cyclone demeurèrent désemparés. Un grand nombre de bâtiments de commerce périrent, et la perte de la marine anglaise fut de plus de trois mille hommes.

Ces redoutables tourbillons se précipitent parfois à raison de quarante milles à l'heure, vitesse qui ne peut qu'accroître leur fureur. En 1789, il suffit d'une lame pour briser dans le port de Coringa tous les vaisseaux, et les lancer sur la terre ; une seconde lame submergea la ville; la troisième acheva la ruine de la malheureuse ville, et fit périr vingt mille de ses habitants.

Un autre ouragan ravagea la mer des Antilles et atteignit la Barbade, le 10 août 1831. La foudre éclata dans toutes les directions. D'après un témoin oculaire, pendant l'obscurité, où une interruption momentanée des éclairs plongea Bridgetown, on vit « plusieurs météores tomber du ciel ; un surtout, d'une forme sphérique et d'un rouge foncé, sembla descendre verticalement d'une grande hauteur... En approchant de terre avec un mouvement accéléré, il devint d'une blancheur éblouissante, prit une forme allongée, et aux approches du sol il éclata en mille morceaux comme du métal en fusion et s'éteignit immédiatement.

Quelques minutes après l'apparition de ce phénomène, le bruit assourdissant du vent se changea eu un murmure solennel, ou plus exactement en un mugissement lointain, et les éclairs prenant un effrayant développement, une vivacité et un éclat extraordinaires, couvrirent tout l'espace entre les nuages et la terre pendant près d'une demi-minute. Cette masse immense de vapeurs semblait toucher les maisons, et elle lançait vers la terre des flammes que celle-ci lui renvoyait aussitôt.

« Immédiatement après cette prodigieuse succession d'éclairs, l'ouragan éclata de nouveau de l'ouest avec une violence terrible et indescriptible, chassant devant lui des milliers de débris de toute nature. Les maisons les plus solides furent ébranlées dans leurs fondements, et toute la surface de la terre trembla sous la force de cet effrayant fléau destructeur. Pendant toute la durée de l'ouragan, on n'entendit pas distinctement le tonnerre. Le hurlement horrible du vent, le grondement de l'océan dont les lames monstrueuses menaçaient d'engloutir tout ce que l'ouragan laissait debout, le bruit mat des tuiles, la chute des toits et des murs, mille autres bruits formaient un fracas épouvantable. Ceux qui ont assisté à une pareille scène d'horreur peuvent seuls se faire une idée de l'effroi et de l'immense découragement que l'homme éprouve en présence de cette rage de destruction de la nature. »

On se rappelle aussi la tempête tourbillonnante des Etats-Unis en 1815.

L'année 1822 fut marquée par un épouvantable cataclysme. Un cyclone assaillit le Bengale. Pendant vingt-quatre heures on vit les trombes d'eau monter dans l'air ; cinquante mille hommes périrent, engloutis dans la tourmente : ce fut pour eux comme un nouveau déluge.

La Barbade figure de nouveau dans cette liste funèbre pour le cyclone de 1838.

L'ouragan d'octobre 1859 sévit sur nos côtes de l'Ouest, le 24 et le 25 ; il reprit avec plus de fureur le 28, et dura encore quatre jours et quatre nuits, semant de naufrages tout notre littoral.

Le 5 octobre 1864, la ville de Calcutta fut éprouvée cruellement par un sinistre de même nature. L'ouragan remonta le Gange jusqu'à seize milles au-dessus de Calcutta. Cent vingt navires périrent brisés ; soixante mille personnes furent noyées ou écrasées ; des villages entiers disparurent. On évalua les pertes matérielles à 400 millions de francs. Calcutta devait être éprouvée encore trois ans plus tard. L'ouragan de 1864 atteignit aussi la ville et le territoire de Chandernagor et y causa de grands ravages.

En 1866, un cyclone qui se déchaîna sur l'île de la Nouvelle-Providence (l'une des îles Lucayes) détruisit plus de six cents maisons et jeta à la côte tous les navires qui se trouvaient dans le port.

Un ouragan de même violence ravagea l'île de Saint-Thomas (Antilles) l'année d'après. En moins de quatre heures, le cyclone fit périr de six à sept cents personnes, détruisit les deux tiers de la ville et soixante-quatorze navires sombrèrent, ou se brisèrent sur le rivage.

Le 9 septembre 1872, la Martinique subit les atteintes d'un terrible ouragan ; une trentaine de navires périrent. Les îles voisines eurent aussi beaucoup à souffrir.

Une tempête affreuse se déchaîna pendant plusieurs jours sur notre littoral de la Manche à la fin d'octobre 1882. A Calais, la marée monta à la hauteur des quais et des portes des écluses, les jetées furent submergées, surtout celle de l'Est qui éprouva des dégâts considérables. A l'extrémité de cette dernière se trouve une construction en fer, qui sert pour les feux de marée ; cette construction fut déplacée par la force des lames qui venaient s'abattre dessus avec fracas. A Grand-Camp (Calvados), au Tréport, à Dieppe, de nombreuses barques de pêcheurs ne rentrèrent jamais au port...

Le 4 septembre 1883, la plupart des navires qui se trouvaient dans le port de Saint-Pierre (Martinique) subirent les assauts d'un formidable cyclone. L'ouragan survint dans la nuit. A huit heures du soir, le baromètre était haut de 758 mm. et le temps fort beau. Peu à peu, la baisse s'accentua, le vent sauta du sud-ouest au nord-ouest, le baromètre baissa, et à onze heures, le vent se mit à souffler avec une violence inouïe, accompagné d'averses diluviennes.

Dans la vil e de Saint-Pierre, un grand nombre de maisons eurent leur toiture enlevée. Les dégâts de ce genre durent être évalués à plus de deux millions. Mais c'est la rade ouverte et toujours si animée de cette charmante ville qui fut le théâtre des scènes les plus émouvantes. Les navires chassaient sur leurs ancres, et, s'entraînant les uns les autres, se brisaient à la côte. Les caboteurs disparurent, ainsi que les chalands et toutes les embarcations. Les longs courriers français *Lemnos, Tapageur, P.-A.-J., Bayadère* et *Mysore* et le brick anglais *Clio* furent complètement perdus. Le petit steamer *la Perle*, qui faisait le service de Saint-Pierre, la ville commerciale de l'île, à Fort-de-France, siège du gouvernement, sombra, entraîné par le *P.-A.-J.* Un brick anglais, *le Ruby*, parti de Saint-Pierre quelques heures avant la tourmente, fut ramené à la côte où il se brisa. Le croiseur de l'Etat, *le Rigault-de-Genouilly*, reçut l'ouragan dans toute sa force dans la mer des Antilles. Par deux fois, il traversa le cyclone. Sur le rivage, toute la population s'était portée au secours des naufragés, et, à force de dévouement, on parvint à arracher à une mort certaine l'équipage des navires en perdition.

Un ouragan qui, dans les derniers jours de janvier 1884, traversa la Manche, occasionna aussi de nombreux naufrages de bâtiments de commerce.

Au mois de décembre de la même année, un terrible typhon causa des dommages considérables sur les côtes occidentales du Japon. Plus de deux mille personnes perdirent la vie ; une centaine de jonques coulèrent bas, et les rafales démolirent un millier de maisons.

Un ouragan souffla, le 9 février 1886, sur le littoral de l'Algérie. A Oran, sous l'assaut des lames, la jetée du nord fut défoncée en quatre endroits, et la mer, qui déjà passait par-dessus la jetée, s'engouffra alors par les brèches, mettant presque tous les bâtiments en danger. Quelques grands navires eurent de sérieuses avaries, à la suite des abordages causés par la rupture de leurs amarres. Quant aux chalands et bateaux de pêche, la plupart d'entre eux disparurent. A Arzew, le phare de l'entrée du port fut emporté dans la nuit ; les vagues furieuses avaient envahi les quais et inondé le rez-de-chaussée de deux hôtels. Une goélette mouillée au large et qui chassait sur ses ancres, tenta une manœuvre qui ne réussit pas, afin de tâcher d'entrer dans le port. Peu après, elle était jetée à la côte entre Arzew et Damesme.

Le 18 août 1891, un cyclone d'une extrême violence traversa la Martinique dans toute la longueur de l'île, tuant trois cent soixante-dix-huit habitants, détruisant les édifices et les maisons, ravageant les récoltes.

Les pertes furent évaluées à 88 millions.

Bateau de pêche par un gros temps.

Le 25 mai 1896, un cyclone couvrait de ruines l'une des plus riches cités des Etats-Unis, Saint-Louis sur le Missouri, causant d'affreux ravages, des pertes énormes dépassant peut-être 30 millions de dollars. Les digues du fleuve furent rompues, plusieurs milliers de personnes trouvèrent la mort dans la catastrophe, la terreur mit en fuite la population...

Que dire des raz de marée, si ce n'est que leurs effets sont peut-être encore plus soudains et plus terrifiants que les désastres venus de la mer sur les ailes de la tempête. Le dernier en date, qui eut lieu au Japon le 15 juin (5 mai) 1896, fit un très grand nombre de victimes.

La catastrophe arriva un soir de fête, alors que les jeunes garçons et les jeunes filles, suivant la vieille coutume de leur pays, célébraient les réjouissances de mai, le joli mois des fleurs. Elle surprit les populations maritimes des trois préfectures de Miyagi, d'Iwocté et d'Aomori, apportant partout en ce charmant pays la ruine et la mort.

Il y eut, à sept heures un quart du soir, un soulèvement du sol au fond de la mer, à quelque distance des côtes, marqué par un sourde détonation. Presque aussitôt une énorme masse d'eau fut projetée sur le littoral, envahissant une étendue de cent cinquante kilomètres de côtes. Une épouvantable vague, haute de trente mètres, se répandit dans le pays, s'avançant avec fracas, brisant et balayant sur son passage tout ce qui se trouvait dans les plaines, dans les vallées, roulant avec elle les débris des maisons et les cadavres des habitants.

La montagne d'eau fit de la sorte cinq kilomètres dans l'intérieur, puis se retira : quelques minutes après, la mer rentrait dans son lit. Mais ces quelques minutes avaient suffi pour anéantir et emporter tout ce que le raz de marée avait pu atteindre.

La mer avait tué vingt-neuf mille personnes, elle en avait blessé huit mille, elle avait détruit huit mille maisons, elle avait brisé ou englouti dix mille navires et barques de pêcheurs... D'une région peuplée, fertile et laborieuse, elle avait fait un désert.

Dans la ville de Kamaïshi, où il y avait huit mille habitants, on compta cinq mille morts ; trois maisons seulement résistèrent au cataclysme ! Des scènes d'horreur ont été rapportées par les survivants qui, placés ou réfugiés sur les hauteurs, ont pu assister à cette œuvre effroyable de destruction.

Comme toujours en pareil cas, il y eut des sauvetages véritablement miraculeux. On raconte qu'un berceau fut retrouvé sur les branches d'un arbre, un berceau dans lequel souriait une petite fille de trois ans, seule survivante d'un village de plusieurs centaines d'habitants...

Des pêcheurs qui se trouvaient au large lorsque le cataclysme se produisit, ne s'en doutèrent pas ; ils entendirent seulement au loin, vers la terre, un bruit inusité ; mais lorsqu'ils rentrèrent au port, ils ne retrouvèrent ni port, ni maison, ni famille, rien... D'autres pêcheurs, en revenant, pêchèrent des corps entraînés au large par la vague. L'un de ces hommes retrouva ainsi, dit-on, le cadavre de son enfant.

CHAPITRE III

LE NAVIRE DANS L'OURAGAN. LE CYCLONE DE L'*Eylau*; SIGNES PRÉCURSEURS; GRAINS SUCCESSIFS; FRÉQUENCE ET VIOLENCE DES RAFALES; LE VENT, LA MER, LA PLUIE SE CONFONDENT EN UN SEUL ÉLÉMENT; LA MATURE EST ABATTUE; « L'ŒIL DE LA TEMPÊTE »; FEUX SAINT-ELME; PASSAGE D'UN MÉTÉORE; VOIE D'EAU: LE VAISSEAU VA COULER. CYCLONES DE L'*Amazone*, DE L'*Atalante*, DE L'*Héligoland*.

Ces ravages effrayants occasionnés par les cyclones, trombes et typhons dans des rades, sur le littoral des côtes, au milieu de villes maritimes, peuvent donner une idée des émotions qui attendent le marin en pleine mer sous la menace de semblables ouragans et quand c'est la nuit!

Qu'on se figure cette nuit profonde, avec une atmosphère lourde, qu'aucun souffle d'air ne traverse... Un morne silence n'est interrompu que par les craquements du navire, dont toutes les voiles sont carguées, — c'est-à-dire qu'elles sont relevées, troussées de façon à donner le moins de prise possible au vent: car tout annonce une tempête. Le navire est tourmenté par une houle énorme et phosphorescente.

Tout à coup, l'espace s'embrase de toutes parts, sillonné par des éclairs, dont la vive lumière rend plus affreuse l'obscurité qui les suit; puis éclatent avec fracas les coups répétés de la foudre; ils se prolongent au loin; c'est à faire croire à une conflagration universelle. Pour témoins de cette épouvantable perturbation des éléments, et pour victimes assurées, semble-t-il, une poignée d'hommes cramponnés à la planche qui les sépare de l'abîme, aveuglés par l'éclair, assourdis par le tonnerre, et pourtant impassibles et confiants dans l'habileté du chef dont la voix s'élève de temps en temps calme et solennelle.

Tout cela n'est encore que le prélude de ce qui se prépare. De larges gouttes de pluie annoncent le danger réel ; des mugissements lointains se font entendre : c'est la mer qui, de l'un des points de l'horizon, s'avance en écumant, fouettée par un vent forcené, battue par la grêle ou la pluie.

Marin, laisse arriver ! fuis devant la tempête, car si le navire est pris par le travers, c'en est fait : il s'incline sur le flanc, il est engagé, submergé, peut-être il va sombrer ; mais non, il se relève... avec ses mâts brisés, sa muraille défoncée, son pont balayé de tout ce qui s'y trouvait. Alors, même fuir devant le temps, n'est pas toujours le moyen le plus sûr, car, si le navire est de faible dimension ou trop lourd, la mer va le couvrir d'un bout à l'autre, défoncer son arrière et noyer ses entreponts...

Mais la tempête redouble : « Rugissements sauvages, hurlements plaintifs, râles et cris de noyade, gémissements du malheureux vaisseau, qui redevient vivant, comme dans sa forêt, se lamente avant de mourir, tout cet affreux concert n'empêche pas d'entendre aux cordages d'aigres sifflements de serpents. Tout à coup un silence... Le noyau de la trombe passe alors dans l'horrible foudre, qui rend sourd, presque aveugle... Vous revenez à vous, dit Michelet dans son beau livre sur la *Mer*. Elle a rompu les mâts sans qu'on ait rien entendu.

« L'équipage parfois en garde longtemps les ongles noirs et la vue affaiblie. On se souvient alors avec horreur qu'au moment du passage la trombe, aspirant l'eau, aspirait aussi le navire, voulait le boire, le tenait suspendu dans l'air et hors de l'eau, puis elle le lâchait, le faisait plonger dans l'abime.

« En la voyant ainsi se gorger et s'enfler, absorber et vagues et vaisseau, les Chinois l'ont conçue comme une horrible femme, la mère Typhon, qui, en planant au ciel, choisissant ses victimes, conçoit, s'emplit et se fait grosse, pleine d'enfants de mort, les *tourbillons de fer*. »

Précisons, avec des détails moins généraux, l'assaut en pleine mer d'un navire enveloppé d'un cyclone. Nous avons justement sous les yeux des documents pouvant nous permettre de ne rien sacrifier à la vérité.

Le vaisseau *l'Eylau*, parti de la Vera-Cruz, ramenait du Mexique une centaine de malades. Il avait touché à la Havane le 5 octobre 1862, pour y faire des vivres frais et y prendre du charbon. Son équipage comptait seulement deux cent quarante hommes, nombre très insuffisant. Mais

Une trombe.

le navire avait pour commandant M. le capitaine de frégate Pagel, l'un des officiers les plus distingués de notre marine.

Le 10 octobre, *l'Eylau* se trouvait hors du canal de la Floride; sa route le conduisait un peu au nord des îles Bermudes, lorsqu'un cyclone d'une violence extrême vint l'envelopper. Dès le 15, vers une heure du soir, la brise avait paru fraîchir; deux heures plus tard, l'horizon se rembrunissait, puis survenaient des grains successifs, et le commandant dut faire diminuer la voilure; divers ris furent pris aux huniers, à la misaine; enfin, il fallut serrer la misaine et la grand'voile. Ces manœuvres s'accomplissaient péniblement faute de bras: cent vingt-trois hommes manquaient à l'effectif de l'équipage.

La brise fraîchissait de plus en plus, les grains arrivaient à de plus courts intervalles, la mer grossissait sensiblement, le baromètre baissait d'une façon inquiétante: tout annonçait l'approche d'un cyclone: la baisse continue du baromètre et la nature du vent, soufflant toujours par rafales, ne pouvaient se concilier avec les signes précurseurs d'une de ces tempêtes que les marins qualifient de « rectilignes ».

Bientôt la fréquence et la violence des bouffées de vent allèrent en augmentant, déchirant l'air de violents coups de fouet; le tourbillon approchait, rugissant et furieux. Le commandant de *l'Eylau* ne conserva guère que le petit hunier comme voile de manœuvre, pour la lutte qu'il se préparait à livrer. « L'idée fixe en présence d'un ouragan, dit le capitaine Pagel dans son rapport, c'est de fuir son centre, et pour l'éviter, il n'y a pas à hésiter devant un sacrifice quelconque; on doit à tout prix chercher à s'en éloigner, et quand même les voiles de l'avant n'éloigneraient de ce point redoutable que de quelques milles, elles peuvent être emportées après, elles ont rendu peut-être au navire le plus grand de tous les services. — Ce serait une bien grande imprudence d'attendre un ouragan à sec de voiles. »

A six heures du soir, le vaisseau se trouvait dans le demi-cercle « dangereux » du cyclone — l'autre demi-cercle est appelé par les marins « maniable ». Trois quarts d'heure après, les deux embarcations de tribord étaient emportées. Pour mieux tenir la mer, à défaut de voiles, le capitaine Pagel fit allumer les feux de cinq chaudières.

Le cyclone apparaissait dans sa redoutable énergie. L'air se précipitait en ouragan comme du haut de pentes rapides. Le vent, avec des mugissements étourdissants, des sifflements aigus, renversait tout à bord, arrachait tout, dispersait tout. Sous sa violence, la voile de misaine, bien que serrée, fut déferlée et déchirée. Un moment plus tard, la grande voile et la voile du grand hunier n'offraient pas une plus grande résistance.

Un des petits mâts tombe : c'est un avertissement sinistre. A huit heures trente minutes, les grondements de la tempête rendaient absolument inutiles les efforts les plus extraordinaires de la voix humaine pour se faire entendre ; les rafales, comme des décharges successives et formidables d'artillerie, déchiraient l'atmosphère ; les rugissements de l'ouragan dominaient le bruit clair des voiles, fouettant déchirées, et s'en allant en lambeaux. La mer devenait horrible. A un moment, le vaisseau se trouva couché sur son flanc gauche, mais couché à donner le vertige ; les deux canots de bâbord s'emplissent, l'un d'eux est emporté ; l'eau entre par les sabords des gaillards ; sous une épouvantable rafale le grand mât de hune cède et casse ; mais le bruit de la tempête ne permet pas d'entendre le craquement qui a dû se produire : on a la surprise terrifiante de voir, tout à coup, ce mât suspendu par son gréement, ayant brisé plus d'une vergue...

D'un sombre nuage qui, dans la nuit noire, s'étend constamment audessus de la mer, s'échappent des torrents d'eau, pluie torrentielle, salée par son mélange avec les embruns, — poudre des vagues que le vent emporte. C'est de ce nuage d'un si lugubre aspect que parfois se dégage cette ouverture circulaire qui laisse apercevoir au centre des cyclones le bleu du ciel ou les étoiles, et que les marins ont nommée « l'œil de la tempête ». Sous ce dôme suspendu à une grande hauteur, flottaient des masses nuageuses, déchiquetées, tordues...

Maintenant, le vent, la mer, la pluie se confondent en un seul élément destructeur, implacable, infatigable, qui s'abat sur le vaisseau comme pour l'écraser. *L'Eylau* était emporté dans un tourbillon d'écume ; la mer blanchissait sur le fond noir de l'horizon ; les vagues poussées dans diverses directions se heurtaient en acquérant de prodigieuses forces d'ascension, s'élevaient à des hauteurs énormes, retombaient lourdement et brisaient avec une écume phosphorescente, seule lumière dans la profonde obscurité. Rien ne changeait dans l'horrible.

Après la chute de son grand mât de hune, *l'Eylau* s'était relevé ; sous la main qui le dirige, le vaillant navire se comporte bien. Malheureusement, peu après, le petit mât de hune tombe à son tour : sans qu'il ait fait plus de bruit que l'autre mât de hune, on l'aperçoit, aussi suspendu de la même manière.

Le vaisseau l'*Eylau*.

C'était un peu avant que l'ouragan fût dans son plus fort. Ce moment d'épreuve arriva : les ponts se soulevèrent sous l'inclinaison du vaisseau, les épontilles partirent, la membrure craquait, les bas mâts paraissaient fatiguer beaucoup. A tribord, à bâbord, derrière, devant, la plus grande partie des bastingages avait volé à la mer ou s'était abattue sur le pont.

Toutefois, si grosse que fût cette mer démontée, elle eût pu l'être bien davantage, en raison de la violence du vent. De minute en minute, des lames plus fortes venaient déferler avec bruit le long du bord. Au plus terrible moment de la tourmente, le feu Saint-Elme, effroi des matelots superstitieux, parut plusieurs fois tout au haut de ce qui restait de la mâture.

Enfin, à dix heures du soir, la tempête mollit. L'intensité du vent diminua d'une manière très appréciable. Le baromètre commença à remonter rapidement. Une demi-heure après, on pouvait prévoir la cessation de l'ouragan. Un éclatant météore traversait le ciel, et son large disque lumineux fixait tous les regards surpris...

Mais l'eau qui avait pénétré dans la cale et gagné le parquet de la machine, empêchait la machine de fonctionner. On dut gouverner à la lame avec des lambeaux de voiles. Une voie d'eau était-elle ouverte ? On n'y songea pas d'abord : tant de lames avaient passé par-dessus bord, qu'il en devait bien rester dans la cale ! Ce ne fut qu'au matin, par une mer très houleuse, que l'on constata que le vaisseau menaçait de couler. Toutes les pompes furent mises en jeu, l'équipage entier forma des chaînes d'épuisement. Ces efforts eussent été vains, si le capitaine Pagel n'eût enfin soupçonné que la coulisse fermant à bâbord le tuyau d'évacuation des eaux de condensation, avait été emportée par le grand mât de hune dans sa chute, et que la mer entrait dans la cale par là. Cela pouvait constituer une ouverture d'un mètre carré environ.

Il ne se trompait pas, et son inspiration fut le salut du vaisseau. Le charpentier construisit à la hâte une coulisse en bois, lestée de gueuses de fer, et, pour la mettre en place, un marin, — un noir de nos colonies — fit preuve d'une rare énergie et d'un courage à toute épreuve ; il fallut le descendre, attaché par des cordes, le long des flancs du vaisseau. Cette opération périlleuse réussit au delà de toute espérance.

L'Eylau fut ramené en France par son habile commandant, moins glorieux peut-être d'avoir conservé à l'Etat l'un de ses grands navires, et d'avoir sauvé ses passagers malades et son équipage, que de rapporter de précieuses observations sur le genre d'ouragan avec lequel il s'était trouvé aux prises. M. Louis Pagel a publié, depuis, les savantes remarques faites par lui sur les cyclones. Elles ont pris place à côté des remarquables travaux de Peltier, du lieutenant Maury, de Piddington, de Redfield, de Reid, qui ont étudié la loi des tempêtes.

D'autres cyclones n'ont pas entraîné non plus la perte des navires atteints dans leurs tourbillons ; tel est le cyclone essuyé le 10 octobre 1871 par *l'Amazone*, commandé par M. Riondet, capitaine de frégate ; ce vaisseau-transport venait de la Martinique quand il fut assailli dans le nord-est de la Désirade, — l'une des îles du groupe de la Guadeloupe ; — tel est encore le cyclone rencontré dans les parages du cap Vert — qui est, on le sait, le point le plus avancé du littoral dans l'Afrique occidentale, par la corvette cuirassée *l'Atalante*, montée par l'amiral baron Roussin (7 septembre 1872) ; — le cyclone de l'*Héligoland*, corvette de guerre autrichienne ayant quitté l'île de Sainte-Hélène pour se rendre à Gibraltar (17 octobre 1874).

CHAPITRE IV

LE CYCLONE DU GOLFE D'ADEN ; PERTE DU *Renard;* L'OURAGAN S'ÉTEND A TOUT LE LITTORAL DE LA MER ARABIQUE ET DU GOLFE DU BENGALE. UN NAVIRE AUX PRISES AVEC LA TEMPÊTE ; LE GRAIN ; LE COUP DE VENT ; ON CARGUE LES VOILES ; UN HOMME A LA MER ! LA LAME RAPPORTANT LE MARIN QU'ELLE A ENLEVÉ ; LE NAVIRE EST ATTEINT ; SES CANOTS SONT BRISÉS ; UNE VOIE D'EAU SE DÉCLARE ; IL VA SOMBRER.

Après plus de cent ans qu'aucun cyclone n'avait fait son apparition dans le golfe d'Aden, un ouragan de cette nature vint causer la perte de l'aviso le *Renard*, le 3 juin 1885. C'était un navire à hélice et en bois construit en 1866, sur un plan quelque peu bizarre, et plusieurs marins expérimentés refusaient au *Renard* les qualités nautiques nécessaires pour affronter une navigation difficile.

Le Renard était parti d'Obock à destination d'Aden, avec des vents variables du sud-ouest à l'ouest, permettant d'établir toute la voilure ; à environ cinquante milles (le mille est de 1,852 mètres) de son point de départ, il aura eu une renverse de vent de l'est-nord-est probablement après un intervalle de calme. La brise était modérée à Obock, au moment de l'appareillage du *Renard*. Le centre du météore devait en être bien rapproché (quelque rapide que fût son mouvement de translation), puisque l'infortuné navire l'aurait rencontré après avoir parcouru seulement une distance de moins de vingt lieues marines.

Les cyclones montent bien rarement dans ces parages. *Le Renard* eût cette mauvaise fortune d'en rencontrer un. Il a dû se trouver dans une de ces situations qui dominent les forces humaines et mettent à une suprême épreuve ces vertus essentielles de la noble profession maritime : « Abnégation, dévouement, sacrifice de la vie, Honneur et Patrie ». Telle est, en effet, la devise que le marin a constamment sous les yeux, depuis le jour où il quitte le port jusqu'à celui où le vaisseau désarme. Elle est gravée en lettres d'or sur le fronton des dunettes, et mieux encore, au fond du cœur de chaque homme de l'équipage.

L'idée de la proximité d'une tempête tournante n'a dû entrer qu'en dernier lieu dans l'esprit du capitaine du *Renard*, pour deux raisons : d'abord l'absence de tout indice de perturbation avant son départ d'Obock, ensuite l'excessive rareté des cyclones dans la mer Rouge.

Le Renard appartenait au port de Toulon; mais la plus grande partie de l'équipage était composée de marins bretons ; le commandant, M. le capitaine de frégate Peyrouton Laffon de Ladebat, et le second, M. le lieutenant de vaisseau de Rotrou, étaient nés à Paris. L'enseigne de vaisseau Marcadé était du Havre, l'enseigne de vaisseau Lambinet et l'aspirant de première classe Héliès, étaient bretons. L'aide-commissaire, M. Baratte, était né en Belgique, à Bruges, et le médecin, M. Saint-Pierre, à Lanches (Cantal). D'après le rôle d'équipage, le personnel se décomposait ainsi qu'il suit : commandant et état-major, 7 personnes; personnel de la machine, 9 ; officiers mariniers, 10 ; matelots, 58 ; agents civils, 3 ; chauffeurs arabes, 21 ; total, 117 hommes.

L'ouragan dans lequel *le Renard* disparut fut suivi d'une autre tempête qui a fait sentir ses effets sur tout le littoral de la mer Arabique et du golfe du Bengale. La liste des navires de tout tonnage perdus ou ayant reçu des avaries considérables permit seule de mesurer l'étendue du sinistre.

Avec la perte de l'aviso *le Renard*, nous entrons dans les grands naufrages causés dans toutes les mers par des tempêtes dangereuses, des ouragans, des bourrasques. Il y a longtemps qu'il n'est plus possible de compter les navires perdus corps et biens et dont jamais on n'eut aucune nouvelle. Pour d'autres navires, quelques épaves ont pu être recueillies comme un témoignage lugubre des sinistres maritimes; plus souvent, des marins, sauvés dans des circonstances dramatiques, ont raconté la fin des navires sur lesquels ils ont failli périr. Hélas ! il en est des naufrages dans le souvenir des hommes comme des vagues de la mer sur la plaine liquide et tourmentée : la vague qui se dresse et déroule sa volute, efface toute trace de la vague qui l'a précédée : le naufrage d'hier fait oublier, par la sensation pénible même qu'il produit, le naufrage du jour d'avant.

Chaque pays, — chaque marine, possède son histoire des naufrages, toujours trop riche en sinistres de toute sorte, incessamment alimentée e faits nouveaux; mais il y a des catastrophes tellement terribles et amentables qu'elles s'imposent à la mémoire des marins du monde ntier. On le comprend bien : ce n'est pas l'horreur du drame qui frappe es imaginations, c'est le nombre des victimes. Quant à la perte maté-ielle, quelle que soit son importance, on n'en parle que pour mémoire, t les gens du métier, les ingénieurs, les constructeurs notent certains létails qu'il peut être utile de ne pas oublier pour l'avenir et le per-ectionnement de la construction maritime.

La tempête ! c'est-à-dire l'inconnu, — une nouvelle lutte pour le narin, un nouveau triomphe peut-être, mais peut-être aussi le dernier combat qu'il livre à l'élément redoutable ; peut-être la fin de sa course sur les mers, la fin aussi du vaisseau qu'il monte. Faut-il s'attacher aux signes précurseurs comme à un pronostic ? Beaucoup de confiance est nécessaire, un peu d'insouciance même ne messied pas à celui qui n'a qu'à obéir. C'est assez que celui qui commande sente peser sur lui une bien lourde responsabilité ; aussi observe-t-il attentivement. « Voici d'abord, dit La Landelle, des nuages légers et floconneux qui passent : — Laissons courir !

« Mais bientôt une masse noirâtre obscurcit la ligne qui sépare le ciel de la mer, une sombre nuée monte plus ou moins rapidement comme un fantôme : — Attention !

« Glissera-t-elle sur l'avant ou sur l'arrière, ou va-t-elle fondre à bord en sifflant ? Éclatera-t-elle en versant des torrents de pluie, ou n'amè-nera-t-elle qu'une lourde bouffée ? — l'œil du marin ne s'y trompe point. Si le grain n'est qu'une vaine menace, s'il ne doit produire d'effet qu'à deux ou trois milles, on sourit dédaigneusement : — Gouvernez droit, timonier ! il n'y a pas de soin !

« Si l'on juge que le grain frappera dans la mâture, c'est le cas de carguer les perroquets. La brigantine, le grand foc, la grand'voile seront ensuite les premières voiles à soustraire à l'action du vent. Si le vent fraîchit encore, on amène les huniers. Il est beau de voir un vaisseau diminuant de toile en bon ordre au fur et à mesure que la brise augmente, s'inclinant graduellement sous son effort, traversant fièrement le nuage qui tonne, et puis à peine sorti de la zone tourmentée, rétablissant voilure.

« Un grain est un épisode vulgaire qui ne fait aucune impression sur l'équipage, qu'on se borne à enregistrer sur la table de loch ou journal du bord et qui ne compte pas pour du mauvais temps. »

Autre chose est le coup de vent, le grand frais, la tempête, qui force à mettre à la cape ou à fuir. Le navire semble alors reconnaître la nécessité de redoubler de vitesse. Dès qu'il sent la pression des grandes voiles, il se penche davantage, et s'incline sur le lit d'eau qui s'élevait du côté du vent presque jusqu'à ses dalots. Sur son autre flanc plusieurs pieds de bordages noirs et de sa doublure de cuivre se montrent à découvert. Les vagues vertes qui roulent dans toute sa longueur y dessinent des festons d'une écume brillante. Tandis qu'il lutte ainsi contre les flots, les chocs deviennent à chaque instant plus violents et à chaque rencontre l'eau, en rejaillissant, forme une nappe vaporeuse qui enveloppe, tombe sur le pont, et est enlevée comme un brouillard, bien loin sous le vent. Chaque fois que le navire plonge, sa proue divise une masse d'eau qui de moment en moment devient plus considérable, et dans plus d'une de ces luttes, le bâtiment en s'avançant est presque enseveli dans quelque vague sur laquelle il lui est difficile de s'élever.

La mer s'est gonflée démesurément, le vent a fraîchi davantage, la tempête gronde ; elle éclate ; les lames vont grossissant. Elles obéissent aux courants marins et se dressent parfois contre un vent contraire. A la transparence de l'air ont succédé la poussière saline des embruns qui se suivent de près, et les torrents de pluie.

A bord d'un simple bâtiment de commerce, dont l'équipage n'est jamais nombreux, tout le monde est debout. Il s'agit de carguer toutes les voiles, jusqu'au dernier lambeau, depuis la proue jusqu'à la poupe! — Du monde aux cargues-points des huniers !... Qu'on mette les huniers sur les cargues! A l'ouvrage partout! De l'ardeur, mes amis, à l'ouvrage !

Dans les airs des hurlements, des lames échevelées, des nuages déchirés fuyant en bandes effarouchées, des sifflements sinistres, l'écume salée obscurcissant tout...

Les fonds bas de la mer teignent de leur limon les eaux lourdes et plombées. Au milieu de ce désordre de longs jets d'écume sont lancés en l'air. La nuit va venir, peut-être, doubler l'horreur de la situation.

Fréquemment, en exécutant une manœuvre, des hommes tombent de la mâture, emportés par le vent, souffletés par la rude toile des voiles ; et l'état de la mer ne permet pas de leur porter secours. D'autres se dévoueront à leur tour. Pendant un coup de vent, des chevilles de fer de porte-haubans, indispensables à la solidité de la mâture, jouent et peuvent échapper ; il faut à toute force, afin de les mieux river en dedans, les repousser au dehors à coups de masse. La lame emportera quelques-uns des matelots qu'on enverra accomplir cette besogne périlleuse. Dans l'entrepont, les caissons qui contiennent les effets de l'équipage, se déclouent et blessent plusieurs marins. Les boulets de la batterie, par l'effroyable inclinaison du navire, sortent des enchassures où ils étaient placés, et bondissant avec violence, viennent ajouter à la confusion et aux périls.

On a vu la mer, d'une de ses lames, enlever un homme du bord, et par une autre lame le rapporter sain et sauf, — lorsque dans le déchaînement de l'ouragan il eût été impossible de songer à un sauvetage. Cet événement nautique qui tient du miracle, se produisit dans des circonstances bien singulières au milieu de l'ouragan qui causa le naufrage du *Courrier* de la Vera-Cruz (1838). Le timonier avait de la peine à lutter contre l'indocilité du gouvernail. Le capitaine s'élance à son aide. Au même instant, un coup de vent les prend par le travers et les jette par-dessus bord. L'équipage est consterné. Le bâtiment, privé de son pilote, se couche sur le flanc et semble près de chavirer. Que se passe-t-il en cette minute d'une si poignante anxiété ? Soudain le capitaine et le timonier sont rejetés à bord par le ressac de la lame : le timonier en tombant avait eu la chance de saisir une drisse, à l'aide de laquelle il s'était tenu dans une position parallèle au navire ; le capitaine s'était accroché à sa jambe, et cela les sauvait tous les deux !

« Jusqu'ici, pourtant, le navire est encore intact ; mais dès qu'il est blessé, lui aussi, le combat de l'homme contre la tempête prend un caractère plus sombre. Chaque avarie nouvelle devient un péril général. Les embarcations sont brisées ; une ressource importante est perdue avec elles ; les mâts sont rompus, le gouvernail est enlevé, le manœuvrier se voit réduit à l'impuissance. La voie d'eau se déclare ; il faut pomper, et si la voie va en augmentant, si les bordages, disjoints par trop de secousses violentes, s'ouvrent à la mer, il faut pomper nuit et jour, sous peine de couler par le fond. Les vivres sont gâtés, la famine ajoute ses horreurs aux horreurs de la tempête qui gronde au dedans comme au dehors. On allège en vain la coque ; les ancres, les canons, la cargaison entière, les apparaux les plus nécessaires en d'autres circonstances, ont beau être jetés par-dessus le bord, il arrive un instant où le navire vaincu s'affaisse et sombre. Tout a péri (1) ! »

(1) La Landelle : *la Vie navale.*

CHAPITRE V

NAVIRES QUI SOMBRENT; LE BRICK *le Colibri;* LA FRÉGATE *le Captain;* LE STEAMER *London;* L'ÉCUEIL SOUS LA VAGUE; LA GALIOTE *Nottingham;* FALCONER ET SON POÈME DU *Naufrage;* LE TROIS-MATS *l'Amphitrite;* le VAISSEAU *le Superbe;* LE VAPEUR *Ville-de-Malaga;* UN VAISSEAU-ÉCOLE; LE CROISEUR *Reina-Regente*; LE STEAMER *Drummond-Castle*; LE VAPEUR *le Salier*.

Parfois le navire sombre tout à coup sous l'effort du vent, comme cela arriva pour *le Colibri*, pour *le Captain* et tant d'autres, hélas !

C'est avec une brise très fraîche, une mer grosse, et des grains successifs que périt le brick-aviso *le Colibri*, dans les eaux de Madagascar, en février 1845. Le navire fatiguait fort par la violence des coups de tangage, « le grain tomba à bord si rapidement et avec tant de force, a écrit, dans son rapport M. Anquez, l'un des officiers survivants, que, quoique je fisse mettre la barre au vent et amener le grand hunier en faisant le commandement pour le petit, l'inclinaison devint dangereuse, et l'eau, passant par-dessus les bastingages, entra par les sabords. Ne voyant pas le navire arriver, je demandai au timonier si la barre était au vent; il me dit que oui, et que le navire n'obéissait pas. Je sautai au grand panneau et j'appelai tout le monde sur le pont pour me débarrasser du grand hunier et de la grand'voile; mais en jetant un regard autour de moi, je m'aperçus qu'il était trop tard, et j'ordonnai de larguer les écoutes des huniers. Malheureusement cet ordre ne fut pas exécuté et l'eau commença à gagner les panneaux.

Avant même que le capitaine eût pu répondre au timonier qui l'appelait, le brick s'engloutit et tout disparut.

Un fort coup de vent, une mer en un moment agitée, vent et mer n'ayant néanmoins rien de menaçant pour la plupart des navires, peuvent causer encore bien des malheurs !

Dans la matinée du 8 septembre 1870, l'Angleterre apprit avec stupeur et désolation que *le Captain,* frégate de croisière à tourelles de la marine britannique, dont le capitaine Burgoyne avait le commande-

Six cents hommes avaient trouvé la mort dans ce naufrage.

ment, venait de sombrer dans la baie de Biscaye. Six cents hommes avaient trouvé la mort dans ce naufrage. La nouvelle du sinistre maritime parvenait par télégramme émané du vice-amiral Alexander Milne, commandant l'escadre de la Manche. L'amiral déclarait que *le*

Captain avait dû couler dans la dernière nuit, par un coup de vent du sud-ouest avec grains très lourds. A deux heures du matin, ce navire naviguait de conserve avec le vaisseau-amiral; au point du jour le *Captain* manquait.

Dans l'après-midi, les divers navires composant l'escadre furent envoyés dans toutes les directions, jusqu'à dix ou quinze milles ; mais ils ne virent rien. Rappelés, et rangés sur une ligne de front, ils recommencèrent les recherches. Cette fois, un grand nombre de débris furent rencontrés, des canots et des espars, et même le cadavre d'un matelot. Il n'en fallait plus douter : *le Captain* avait coulé pendant un des gros grains de la nuit.

L'amiral Milne envoya deux de ses navires pour inspecter le littoral du cap Finisterre; l'un d'eux eut la satisfaction de ramener un officier et dix-sept hommes, qui, montés dans la chaloupe, avaient touché terre à quatre heures du matin. Chose remarquable, tous ces hommes appartenaient aux marins de quart : c'est-à-dire que tous ceux qui dormaient, ceux qui dirigeaient ou chauffaient les machines, avaient trouvé une horrible et prompte mort.

On sut alors que, pendant le coup de vent de la nuit, *le Captain* avait eu un grand roulis sur le tribord : avant de pouvoir se relever, il avait été atteint par une lame ; la passerelle, ou pont de mauvais temps, présentant au vent un obstacle comme aurait pu le faire une voile, *le Captain* chavira, et coula en peu de minutes, d'abord par l'arrière...

Ce fut un épouvantable malheur pour les populations maritimes de l'Angleterre ; les familles et les amis de six cents victimes étaient plongés dans le deuil ! Plymouth avait fourni plus d'un tiers de l'équipage ; Portsmouth, Devonport étaient aussi particulièrement éprouvés. A Portsea, dans une seule rue, trente femmes devenaient veuves par cette catastrophe. L'une d'elles mourut de saisissement.

Avec le capitaine Burgoyne, fils du maréchal de camp Burgoyne, se trouvaient à bord du navire naufragé, et périrent, celui qui en avait donné les plans, le capitaine Phipps Coles, un fils de M. Childers, alors premier lord de l'amirauté, le plus jeune fils de lord Northbrook, le troisième fils de lord Herbert de Lea et lord Lewis Gordon, frère du marquis de Huntley.

Le Captain avait été construit sur les plans du capitaine Coles. Cet officier distingué avait remarqué que lors de la prise de Kinburn par les batteries françaises, tandis que la carapace de ces batteries arrêtait les boulets russes, ceux qui pénétraient par les larges sabords des bâtiments causaient d'assez graves dommages à l'intérieur. Un navire percé de vingt sabords offre, en effet, vingt-deux mètres de surface ouverte aux projectiles ennemis. Partant de là, le capitaine Coles imagina ces navires à tourelles que les Américains s'empressèrent d'adopter. Le type *Monitor* est devenu fameux durant la guerre civile dans les Etats-Unis.

Le *London*.

Ces sortes de navires servirent de modèle au *Captain* : l'innovation consistait principalement en une tour de bois, cuirassée, établie sur un plateau semblable à celui dont on se sert sur les chemins de fer pour faire passer les locomotives d'une paire de rails à une autre paire.

La plate-forme tournante permettait de diriger la bouche des canons des tourelles à travers un ou deux trous assez étroits pour qu'il n'y eût d'exposé que la bouche du canon.

D'assez remarquables qualités nautiques furent reconnues à ce navire à la suite d'essais comparatifs faits dans une division de l'escadre de la Manche, sous voile et sous vapeur ; toutefois, comme le plat bord ras laissait la grosse mer inonder complètement le pont, quelques appréhensions, malheureusement prophétiques, se produisirent.

D'autres fois, la lutte est longue, l'invasion de la mer progressive, l'agonie lente et atroce : les naufragés semblent n'exister plus, avant même que le navire ait péri. Il n'y a pas d'exemple plus saisissant de ce naufrage inévitable, de cette condamnation sans appel, que la perte du *London*. Longtemps l'impression en demeura douloureuse ; et on cite encore souvent ce naufrage comme l'un des plus épouvantables drames maritimes.

Le bateau à vapeur anglais *le London*, capitaine Martin, périt dans le golfe de Gascogne pendant le coup de vent du 11 janvier 1866. C'était un navire à passagers accomplissant une fois de plus la traversée entre l'Angleterre et l'Australie. Ce steamer, très bon marcheur, commença à être fatigué par la mer dès le 1er janvier en débarquant de l'île Wight. Il n'avait quitté définitivement les eaux anglaises que le 5, se mettant en route à toute vapeur avec une petite brise debout qui tendait à fraîchir.

Le surlendemain la mer était devenue très forte. Se trouvant assez éloigné de toute terre, le capitaine Martin, marin d'expérience et de sang-froid, prit le parti d'arrêter la machine et d'établir les huniers pour appuyer le navire. Le 8, dans le milieu du jour, le vent faiblit un peu, et l'on se remit à marcher doucement ; mais deux jours après, la bourrasque avait repris une telle intensité que plusieurs petits mâts furent brisés. Leurs débris demeurèrent suspendus aux étais et aux galhaubans, billardant contre le bord avec violence.

La tempête augmentait dans un jour livide et froid ; mais les passagers, très confiants malgré tout, se reposaient sur le capitaine, dont la calme attitude leur faisait illusion sur le péril de la situation. Cependant, depuis plusieurs jours la grande voix du vent gémissait autour d'eux, s'enflait, se faisait profonde. Il y avait là de quoi glacer les plus mâles courages, un sinistre avertissement...

Sous les coups redoublés des hautes vagues de l'Atlantique, se ruant avec des bruits sourds sur le navire jouet des flots, *le London* éprouva successivement des avaries considérables : ses canots lui furent arrachés ; le vent soufflait de l'arrière et la mer venait par le travers, ce qui occasionnait d'énormes roulis ; les lames déferlaient sur le pont ; des montagnes liquides d'un vert sombre se suivaient, se heurtaient, s'enroulaient en volutes frémissantes d'écume blanche, se lançaient en gerbes contre le steamer, avec des secousses répétées. Une lame plus impitoyable vint tomber sur le roufle de la machine, plate-forme qui mesurait douze pieds sur huit ; elle l'effondra entièrement, et remplit d'eau toute cette partie centrale du steamer.

Voiles de rechange, couvertures, matelas, tout fut employé pour masquer cette ouverture ; mais chaque lame qui embarquait, balayait en un instant les objets que l'on cherchait à fixer sur les débris de cette construction. Au bout de dix minutes, l'eau avait gagné les fourneaux ; les faux ponts furent envahis. Chassé par l'eau qui lui arrivait au-dessus de la ceinture, le mécanicien en chef abandonna sa machine et vint sur le pont rendre compte que ses feux étaient éteints. Le capitaine Martin répondit avec calme qu'il n'en était pas surpris et que l'on devait s'y attendre.

Voyant que son navire n'était plus qu'une épave, il fit établir le grand hunier, espérant ainsi tenir la cape. Mais cette voile était à peine bordée, que la force du vent l'arracha en lambeaux, ne laissant qu'un point, sous lequel le navire se maintint tout le reste de la nuit. La pompe à vapeur fut alimentée au moyen d'une chaudière placée sur le pont, et toutes les autres pompes fonctionnèrent sans interruption pendant la nuit, manœuvrées par l'équipage et par les passagers, dont l'imminence du danger stimulait l'ardeur.

Malgré ces efforts, l'eau gagna encore sur les pompes ; la tempête ne faisait qu'augmenter de fureur, les lames déferlant sans cesse sur le pont venaient s'engouffrer dans l'ouverture béante. Le steamer commença dès lors à s'élever plus difficilement à la lame, ses mouvements devinrent plus lourds. Enfin, après trois jours de lutte, le 11, à quatre heures du matin, le *London* reçut par l'arrière un coup de mer qui, défonçant quatre sabords, introduisit encore une énorme masse d'eau.

A partir de ce moment, tous les efforts devinrent inutiles, et, au point du jour, le capitaine Martin, dont la froide intrépidité ne s'était pas démentie un seul instant, entra dans la salle où les passagers s'étaient réfugiés, et, répondant aux questions que tous lui adressaient à la fois, il déclara qu'il ne restait plus rien à espérer des hommes.

Les paroles du capitaine furent reçues avec une surprenante résignation. Les passagers, l'équipage semblaient subir l'influence du capitaine, qui ne tentait rien pour le salut commun. Que n'essayait-on de former un radeau ? Vers une heure, le navire se trouvait enfoncé jusqu'à la hauteur des porte-haubans ; plus de doute : on coulait ; la chaloupe fut mise à la mer. A ce moment-là même, ce moyen de salut paraissait si précaire, que cinq des passagers, placés à portée d'en user, semblèrent préférer le triste refuge que leur offrait un bâtiment qui s'enfonçait sous leurs pieds, aux dangers plus prochains qu'allait courir une frêle embarcation au milieu d'une mer démontée.

La chaloupe était à peine sortie de la houache du navire, sur l'arrière duquel une cinquantaine de personnes s'étaient réunies, qu'une véritable trombe d'eau s'abattit sur ces malheureux, qu'elle entraîna en se retirant. *Le London* se releva lentement et pour la dernière fois ; un instant après il s'enfonça par l'arrière en lançant sa proue dans les airs et disparut dans l'abîme.

Dans la chaloupe avaient pris place dix-neuf personnes, parmi lesquelles trois passagers de deuxième classe. Mais les naufragés n'emportaient pour toute provision qu'un peu de biscuit ; pas une goutte d'eau. N'ayant pas de voiles, la chaloupe put seulement se maintenir à flot vent arrière, exposée à chaque instant à être submergée. Le lendemain les survivants du *London* furent recueillis par le trois-mâts-barque italien *Marianople*, venant de Constantinople avec un chargement de blé pour Cork.

Souvent, dans cette mer en fureur, où les vagues énormes creusent entre elles des vallées qui sont des gouffres, sous un ciel noir où se déchirent les nuages, le navire qui se cabre, après avoir gravi mille fois les pentes verdâtres où bouillonne l'écume que le vent emporte, après avoir redescendu mille fois, sans sombrer, ces hideuses pentes des vagues, rencontre tout à coup l'écueil qui assure sa perte. Le marin allait mourir entraîné au fond de cette mer où le laissent s'abîmer ses forces vite épuisées, ses membres raidis par le froid de l'eau ; maintenant, à cette horreur dans la mort s'en ajoute une autre : il peut aussi être broyé, — mourir d'un trépas sanglant. Ici les exemples abondent.

Dans une bourrasque accompagnée de pluie, de grêle et de neige qui empêcha pendant plusieurs jours de faire aucune observation nautique, la galiote anglaise *le Nottingham*, armée de dix canons, et montée par quatorze hommes d'équipage, fit naufrage sur le rocher de Boon-Island, à proximité du littoral de l'Amérique septentrionale, le 11 décembre 1710.

Le poète anglais Falconer a décrit, dans son poème du *Naufrage*, les phases d'une tempête qui assaillit, non loin de la côte de Candie, le vaisseau *Britania*, sur lequel il se trouvait, et qui fit naufrage dans cette tempête (1760). Tout l'équipage périt, sauf trois personnes, en comptant Falconer.

Le vent fraîchissait, le vaisseau longeait la côte. On prend un ris dans les huniers. Le vent augmente. Bientôt s'élève une bourrasque ; on prend un second ris : la grande voile est déchirée. Le vaisseau fatigue beaucoup et donne tellement à la bande que l'on craint de le voir sub-

Huit hommes sont emportés.

mergé. Alors on met la barre au vent, le vaisseau vire de bord vent devant, fendant les vagues avec la rapidité de la flèche... Soudain, le vent saute à un coin opposé ; on change toute la disposition des manœuvres, et on remplace la grande voile déchirée en lambeaux.

Le vaisseau est emporté hors de sa route ; le vent souffle du sud-ouest avec une impétuosité redoublée. On serre les huniers ; on amène les vergues de perroquets ; la mer brise avec furie sur le bâtiment. Il n'y a plus d'espoir de voir le temps se radoucir ; au coucher du soleil, tout fait pressentir que la nuit sera terrible. Il s'élève une discussion sur la manière de serrer la grand'voile. On prend des ris dans les basses voiles ; une vague énorme s'élève ; elle menace de tout engloutir. — Tenez-vous ferme ! crie-t-on à bord. La masse d'eau retombe et enfonce à moitié un des côtés du vaisseau. — Huit des matelots placés sur la grande vergue sont emportés ; c'est en vain qu'on tente de les sauver.

On sonde les pompes, on trouve cinq pieds d'eau dans la cale. Les pompes mises en mouvement, l'impossibilité de franchir la voie d'eau est bientôt reconnue. Les côtés du vaisseau surchargés du poids de quelques canons semblent prêts à sentr'ouvrir ; on jette l'artillerie à la mer. Le bâtiment est un peu allégé ; mais la fureur des vagues le couvre sans cesse d'un déluge d'eau. Les éclairs sillonnent les nues ; le désespoir commence à s'emparer de l'équipage. Sous le vent sont des écueils contre lesquels on tremble d'être brisé. On se décide à faire vent arrière. La voile d'étai de misaine est déchirée en pièces aussitôt que hissée, toutes les voiles de l'avant sont serrées, le mât d'artimon coupé.

Le navire fatigue beaucoup. En longeant les roches, on aperçoit un phare ; les éclairs, le tonnerre, la grêle, la pluie ajoutent à l'horreur de la nuit. Au point du jour, on découvre le rivage de l'Attique. Un éclair aveugle le timonier ; le vaisseau, que l'on ne peut plus gouverner, est jeté de travers à la côte. Le beaupré, le mât de misaine, le grand mât de hune sont emportés ; le bâtiment est poussé contre un rocher, est entr'ouvert à une première secousse ; une seconde l'engloutit. Cinq personnes essayent de se sauver sur les débris du mât de misaine, quatre sont noyées ; la cinquième arrive à terre et y trouve un ami expirant. De tout l'équipage trois personnes seulement survivent au naufrage, que l'une d'elles racontera en un beau poème.

C'est encore *le Nautile*, corvette anglaise détachée de l'escadre des Dardanelles, qui échoue sur un rocher de l'archipel, non loin de Cerigotto. C'était par une nuit noire sillonnée d'éclairs et fouettée par un grand vent. La mer mit promptement en pièces la corvette. L'équipage se réfugia dans les haubans. Son unique espoir était que le mât venant à tomber, on pourrait s'en servir pour arriver jusqu'à un petit rocher peu éloigné. Cet espoir se réalisa. Mais le rocher était étroit, bas et envahi par les vagues ; on dut songer à atteindre un refuge moins périlleux : c'était un plus grand rocher, mais peu élevé, où l'on ne put parvenir qu'en traversant la mer dans l'intervalle des hautes vagues.

Sur ce rocher nu, les marins anglais eurent à supporter les angoisses de la faim, les rigueurs du froid, la privation de sommeil. Réduits à la dernière extrémité, ils dévorèrent le cadavre de l'un d'eux. Un navire

Des marins du port mirent un canot à la mer.

passa assez près pour apercevoir leurs signaux, et un canot détaché de son bord se dirigea vers leur rocher ; mais à portée de pistolet, le canot s'arrêta ; ceux qui le montaient — vêtus comme des marins du continent — parurent, à la vue des Anglais, se concerter entre eux sur ce qu'ils feraient... et s'éloignèrent.

Enfin des secours arrivèrent de Cerigotto ; mais le capitaine Palmer, un homme encore très jeune, était mort de douleur et de misère, ainsi que plusieurs des matelots du *Nautile.*

Il faut aussi nommer *l'Amphitrite.* Un peu avant son naufrage en vue de Boulogne, le 31 août 1833, ce trois-mâts anglais fut signalé en détresse vers trois heures de l'après-midi. La population se rendit sur la plage avec des longues-vues, et malgré le voile des embruns de la tempête, on reconnaissait que le voilier cherchait en vain à gagner le large ; le vent le poussait à la côte : s'il échouait, c'en était fait de lui.

La mer était furieuse et tout annonçait une terrible nuit. Des marins du port mirent un canot à la mer ; mais ils ne purent approcher du navire. Alors un patron de bateau-pêcheur, nommé Hénin, déclara qu'il allait se jeter à la mer.

Il se débarrassa de ses vêtements et d'une main saisit une corde. Personne n'osa le suivre. Il était six heures. On le vit lutter contre les vagues ; au bout d'une heure d'efforts, il approcha assez près du trois-mâts pour crier en anglais : — Jetez-moi une corde pour vous conduire à terre ; la mer monte, et vous êtes perdus.

Le capitaine de *l'Amphitrite* semblait ne pas comprendre l'imminence du danger, ou peut-être voulait-il par son sang-froid donner le change à tout un convoi de femmes déportées qu'il avait à son bord ; peut-être encore craignait-il, en mettant les embarcations à la mer, de voir lui échapper quelques-unes de ces infortunées créatures.

Toutefois, les matelots jetèrent deux cordes au patron Hénin. Il put se saisir de l'une d'elles ; et alors il se dirigea en nageant vers la plage. Fatalité ! la corde qu'il tenait se trouvait trop courte et ne lui permit pas de prendre pied. Il eut le courage de revenir vers le bâtiment ; il s'y accrocha, cria à l'équipage de le hisser à bord ; mais en ce moment ses forces l'abandonnaient. Il se sentait épuisé, et ce ne fut qu'avec la plus grande peine qu'il put regagner la terre.

L'Amphitrite, capitaine Hunter, comptait seize hommes d'équipage, et avait à son bord cent huit femmes condamnées à la déportation en Australie ; onze de ces malheureuses emmenaient leurs enfants avec elles. Ces femmes étaient enfermées ; mais devinant le péril qui les menaçait, elles forcèrent les portes et envahirent le pont ; il y avait déjà six pieds d'eau à fond de cale.

Lorsque la mer commença à monter, l'équipage, voyant qu'il n'y avait plus d'espérance de salut, escalada la mâture ; mais les femmes restèrent sur le pont. Alors, pendant plus d'une heure et demie, ces malheureuses, qui avaient pu se faire jusque-là illusion sur leur sort, assistèrent au plus terrible des spectacles. La marée haute faisait rouler ses vagues par-dessus le pont du navire échoué ; et dans ces assauts répétés, les flancs du trois-mâts, violemment secoués, craquaient comme s'ils allaient éclater. Une dernière lame enleva à la fois toutes les femmes, les enfants, le capitaine, le chirurgien et les matelots.

La nuit était tombée. La foule atterrée qui couvrait la plage, distinguait à peine le bâtiment au milieu d'une mer où les vagues se succédaient avec rapidité, agitées par un vent violent. Le bruit qu'elles faisaient, empêchait d'entendre les cris de détresse des naufragés.

A quelle extrémité se trouvait le navire ? Un mât roulé par le flot aux pieds de toute une population angoissée vint donner la réponse. Des tonneaux, toutes sortes de débris suivirent bientôt ce mât ; puis des cadavres de femmes, des cadavres d'enfants furent apportés par les vagues... A onze heures du soir la mer avait rendu déjà une trentaine de corps : on rappela un peu de chaleur dans quelques-uns de ces corps : deux femmes ouvrirent les yeux, mais pour mourir aussitôt. Trois hommes de l'équipage survécurent seuls à la catastrophe : un bosseman — c'est le second contre-maître dans la marine anglaise — nommé John Owen, et deux matelots.

C'est au milieu d'un ouragan qu'échoua en travers de l'entrée de Parakia, petit port de l'Archipel, le vaisseau de haut bord *le Superbe*, faisant partie de la division du Levant et qui portait huit cents hommes d'équipage (14 décembre 1833). Ce beau vaisseau se brisa sur les récifs ; mais l'équipage fut sauvé, à l'exception d'un marin tué par la chute du mât de beaupré et huit autres noyés.

Dans l'impossibilité d'établir un va-et-vient, on avait dû procéder au sauvetage en jetant à la mer tout ce qui pouvait flotter, — portes, tables, cloisons, caisses ; tout cela fit autant de petits radeaux sur lesquels prirent place les hommes les plus hardis. Le grand canot, à peine à flot, avait été jeté sur des rochers et brisé. La chaloupe, avec plus de bonheur, put transporter à terre quatre-vingts naufragés. Un grand radeau, construit à la hate, fut également utilisé ; enfin un caïque parvint à sauver les derniers hommes demeurés accrochés aux débris du vaisseau.

Le 8 septembre 1885, *la Ville-de-Malaga* sombrait dans la Méditerranée. Ce navire de la Compagnie Morelli (autrefois Valery) était un vapeur de 1,000 tonneaux, usé, très ancien et se comportant mal à la mer. Il avait embarqué à Livourne une quarantaine de passagers et un chargement de marbre à destination de Nice et de Marseille. Durant la relâche qu'il fit à Gênes, il embarqua cent dix bœufs. Il quittait ce port avec soixante-six passagers et vingt-huit hommes d'équipage.

Au moment du départ, des capitaines marins et plusieurs officiers du port observèrent que le chargement avait été très mal aménagé, ce qui provoquait une inclinaison très sensible sur le flanc droit, et comme un navire chargé de marbre ne se relève pas à la lame, tous assurèrent, qu'en cas de gros temps, une catastrophe était inévitable.

Le vapeur était à peine au large qu'il rencontra une mer démontée et furieuse : il roulait horriblement sur place sans pouvoir avancer. Enfin, vers 9 heures du soir, on signalait les feux du port de Savone. A ce moment une lame monstrueuse, balayant le pont du bateau, brisa la cloison qui séparait les bœufs, qui se répandirent furieux sur le pont. Une seconde lame fit pencher brusquement le vapeur, et les blocs de marbre mal arrimés glissèrent à tribord. *La Ville-de-Malaga*, couchée sur le flanc, enfonçait visiblement...

Alors ce fut un sauve-qui-peut général. L'équipage, malgré les ordres réitérés du capitaine, refusa de sauver d'abord les passagers. Les hommes s'embarquèrent sur les trois canots faciles à mettre à la mer, en emmenant seulement quelques passagers. Pendant ce temps les lames se succédaient, emportant des victimes : en une seule fois dix pauvres enfants calabrais, cramponnés à un mât. Quelques passagers robustes et le capitaine, dans un effort désespéré, parvinrent à mettre à la mer la grande chaloupe, et tous les survivants s'embarquèrent. Il était onze heures du soir. Le navire sombra presque aussitôt.

Les malheureux, après douze heures de lutte contre une mer furieuse, atteignirent Savone. Quant aux trois canots de l'équipage, deux vapeurs envoyés à leur secours les recueillirent successivement. Mais par suite de la conduite inqualifiable de l'équipage, quarante-cinq passagers sur soixante-six périrent. En revanche, les vingt-huit hommes de l'équipage se retrouvaient au complet.

Mais ce qui est navrant au delà de toute expression, c'est la perte totale de ces navires dont on n'a plus jamais de nouvelles ! Et quelles sont nombreuses ces catastrophes ! Chaque année en compte des centaines ! Après l'événement, lorsqu'un temps plus que suffisant s'est écoulé sans aucun indice, on cherche à se rendre compte des causes qui ont pu amener la perte du navire.

Un des faits les plus douloureux à citer, est la disparition, il y a quelques années, du vaisseau-école anglais, à bord duquel chaque grande famille d'Angleterre comptait un ou plusieurs de ses enfants parmi les élèves. Le Royaume-Uni tout entier fut plongé dans le deuil. Ces vaisseaux-écoles ne sont jamais des navires neufs. Celui-ci était sorti pour manœuvrer au large, par un temps favorable. Il est permis de supposer qu'une voie d'eau se fit jour assez promptement dans ses flancs pour rendre même impossible la mise à la mer des embarcations.

Au mois de mars 1895, ce fut au tour de l'Espagne d'être affligée par une catastrophe du même genre; mais celle-ci produite par un gros temps: nous voulons parler de la perte totale du croiseur *Reina-Regente*. Ce navire parti de Tanger pour Cadix ne parvint jamais à destination. On sut qu'il avait été rencontré dans sa traversée par deux vapeurs étrangers: le vent soufflait en tempête et la mer était très grosse; le croiseur était désemparé d'une de ses cheminées et de sa passerelle; sa situation semblait assez critique; mais comme il ne demandait pas de secours et que l'état de la mer rendait fort difficile toute manœuvre pour l'approcher, l'un après l'autre les deux navires qui avaient aperçu *la Reina-Regente* poursuivirent leur route.

L'absence de nouvelles du croiseur qui n'avait eu à effectuer qu'un si court voyage, laissait l'Espagne sous le coup d'une émotion poignante et de la plus cruelle des incertitudes, lorsque le 19 mars on apprit de source certaine que le malheureux navire avait coulé à fond à peu de distance de la côte espagnole, au nord-ouest du cap de Trafalgar, sur le banc dit Aceitunas Bajos, en face de la petite ville de Cornil: le croiseur *Alfonso XII* venait de découvrir l'épave de *la Reina-Regente*, dont les mâts seuls dépassaient de quelques pieds à peine la surface de la mer. Cent douze marins et officiers composant l'équipage avaient péri à quelques encablures des côtes de la patrie !

Le croiseur espagnol mesurait cent mètres de long sur quinze de large; sa machine de 12,000 chevaux, actionnant deux hélices, lui donnait vingt nœuds de vitesse. Son armement était très puissant, mais d'un poids inégalement réparti. On présume que les quatre canons de vingt et un centimètres, placés trop près des extrémités, auront contribué à empêcher de s'élever à la lame un navire ayant éprouvé de sérieuses avaries dès le début d'un mauvais temps.

Sur la côte dangereuse d'Ouessant, le 16 juin 1896, le steamer anglais *Drummond-Castle*, qui se rendait du cap de Bonne-Espérance à Londres, toucha sur une roche située à l'ouest de l'île Molène et coula à pic en moins de trois minutes.

Il avait à son bord cent hommes d'équipage et deux cents passagers, parmi lesquels beaucoup de femmes et d'enfants. Trois hommes seulement purent être recueillis vivants. L'un d'eux, M. Charles Marquardt, le seul passager qui ait survécu au sinistre, a raconté que le jour du naufrage il y avait fête à bord du steamer. Un concert avait été organisé dans le grand salon des premières, et le commandant Pierce, qui y avait paru un instant, avait reçu pour lui et ses officiers les remerciements des passagers, heureux de leur prochaine arrivée en Angleterre après une longue traversée. A onze heures le concert était terminé et les passagers rentrés dans leurs cabines, lorsque quelques retardataires réunis dans le fumoir et parmi lesquels se trouvait M. Marquardt, éprouvèrent une secousse.

— Est-ce une collision ? demanda M. Marquardt à un officier de la marine de guerre qui voyageait comme simple passager.

Il n'attendit pas la réponse. *Le Drummond-Castle* venait de stopper tout à coup. On entendait le télégraphe marcher avec rapidité et les sonneries électriques retentir bruyamment dans les machines. Le narrateur comprit que quelque chose de grave avait lieu.

Au même moment se produisait une scène indescriptible. Pendant que l'équipage tentait de mettre à l'eau les embarcations, les passagers affolés couraient sur le pont.

« Tout cela, dit le narrateur, ne dura qu'un instant, et le steamer disparut dans un tourbillon fantastique. » M. Marquardt coula à cheval sur une traverse, et quand il se retrouva vivant, sept ou huit personnes se trouvaient près de lui, cramponnées à la pièce de bois qui surnageait ; mais les forces leur manquèrent et l'une après l'autre elles disparurent. M. Marquardt lui-même perdit conscience de ce qui se passait, et ne rouvrit les yeux que rappelé à la vie par les soins d'un pêcheur.

Les braves marins d'Ouessant et de l'île Molène recueillirent et inhumèrent une soixantaine de cadavres. Un moment, il fut question de faire sauter *le Drummond-Castle* pour dégager les cadavres qu'il contenait, mais les armateurs du steamer y renoncèrent. Des pêcheurs avaient indiqué l'endroit où se trouvait le navire coulé...

La commission d'enquête, composée de magistrats et de marins, déclara que *le Drummond-Castle* avait été mal dirigé comme navigation. On négligeait de se servir de la sonde, et le steamer marchait trop vite par un temps de brouillard, surtout aux environs d'une côte dangereuse. Il résulta d'une statistique produite au cours de l'enquête, que, depuis vingt et un ans, cinquante-six navires de haut bord se sont perdus dans les parages d'Ouessant.

Les habitants de l'île Molène, pêcheurs pour la plupart, avaient, nous l'avons dit, recueilli les corps rejetés par la mer, parmi lesquels plusieurs cadavres de femmes et d'enfants. Ils leur firent de touchantes funérailles, veillant et ensevelissant les morts. Les Anglais furent vivement émus et reconnaissants de ces pieuses et sympathiques démonstrations. Les remerciements envoyés à ces braves gens, si dévoués, furent suivis d'une importante souscription, destinée à doter leur île de plusieurs bienfaits.

Les bateaux de pêche envoyés à la découverte purent recueillir un naufragé cramponné à une épave.

L'année 1896 ne devait pas se terminer sans que les eaux de l'Atlantique fussent témoins d'une catastrophe du même genre.

Le vapeur *Salier*, capitaine Wempe, était parti de Brême pour Buenos-Ayres, le 1er décembre; il était arrivé à la Corogne avec des avaries qu'on répara en hâte, ce qui lui permit de prendre à son bord deux cent quatorze émigrants espagnols à destination de la République Argentine, et de continuer sa traversée.

Il devait arriver à Villagarcia dans la journée du lendemain.

Le malheureux paquebot ne devait pas aller si loin : battu par la tempête quelques heures après son départ de la Corogne, il se heurtait sur un écueil situé sur la côte galicienne, à 30 milles au sud du cap Finisterre, et la mer l'engloutissait.

Les autorités maritimes de Villagarcia, prévenues du sinistre par des pêcheurs qui avaient trouvé de nombreuses épaves, explorèrent la côte et acquirent la preuve que le *Salier* était venu se perdre sur les bas-fonds de Corrubedo, sur la côte de Galice, non loin du lieu où le steamer français *Dom Pedro* sombra le 27 mai 1895, causant la mort de quatre-vingt-cinq personnes.

Les bateaux de pêche envoyés à la découverte purent recueillir un naufragé cramponné à une épave, à demi-mort de froid et de faim. Ce malheureux n'avait plus la force de parler. Ranimé par un cordial, il put prononcer quelques paroles, mais sans pouvoir retracer les terribles péripéties du naufrage. On sut depuis qu'un bruit formidable l'avait réveillé, comme il venait de s'endormir sur le pont, roulé dans une couverture. Quelques secondes après, il se débattait dans les flots et s'accrochait désespérément à une caisse qui flottait et sur laquelle il se jucha. Des cris horribles, des appels effrayants retentissaient dans la nuit ; puis les vagues, qui manquaient à chaque instant de l'enlever, le portèrent en peu de temps loin de l'endroit du naufrage, et il n'entendit plus rien.

L'équipage était composé de soixante-six hommes, ce qui porte le nombre des victimes à plus de deux cent cinquante.

CHAPITRE VI

LES VOILIERS MENACÉS D'ALLER A LA CÔTE; LE VAPEUR *le Papin*; LE STEAMER LE *Tweed;* TEMPÊTE DANS LA MER NOIRE; LE *Henri IV* ET LE *Pluton*; LA FRÉGATE *la Sémillante;* NAUFRAGES AUX ILES AUCKLAND : LE *Grafton*, L'*Invercauld*, LE *Général Grant;* LE VAPEUR *le Borysthène;* LE STEAMER *le Daniel-Steinmann;* LA CORVETTE *la Marne*, ET VINGT-QUATRE BATIMENTS DE COMMERCE PERDUS DANS LA RADE DE STORA.

Des grains de pluie et de grêle se succèdent avec rapidité; un brouillard épais voile l'horizon. De l'arrière du navire, on aperçoit à peine la partie de l'avant. Bientôt la mâture craque, les voiles se déchirent, fouettent avec bruit et sont emportées par l'ouragan.

La voix du vent secoue dans la tumultueuse étendue d'aigres sifflements, et par instant éclate en détonations répétées. Sous la pression du vent les vagues s'élèvent, bondissent, retombent lourdement. Les voiliers, menacés d'aller à la côte, n'ont que deux moyens d'échapper au naufrage : louvoyer au risque de se coucher sur l'eau pour ne plus se relever, ou mouiller s'il est possible que l'ancre trouve fond. Malheureusement les courants, la dérive, la grosse mer, les mâts qui se cassent, rendent trop souvent le louvoyage impossible, et quand les lames sont soulevées par un impétueux vent du large, il est encore plus douteux que les ancres puissent tenir bon.

« Tel bâtiment, à l'ancre dans une baie bien fermée, est plus exposé que celui qui fuit, emporté par la tempête, à travers les solitudes de l'Océan. Aussi les cœurs des marins eux-mêmes s'émeuvent-ils profondément alors qu'ils aperçoivent une voile aux prises avec une brise violente qui tend à la jeter au rivage.

« La situation est extrême alors, il faut à tout prix remonter le lit du vent; l'on a d'un côté la tempête furieuse, de l'autre la terre immobile : c'est à la tempête qu'il faut faire face. C'est dans la tempête même qu'il faut se frayer une route, ainsi qu'un corps d'armée dont la retraite est coupée, n'a d'autre ressource que de s'ouvrir un passage à travers les baïonnettes et les canons ennemis.

— A l'ouvrage, matelots! du courage, garçons! manœuvrons sans perdre un pouce de chemin; nous jouons ici à quitte ou double notre navire et notre vie.

« On se charge donc de toile, au risque d'être démâté, roulé en un instant sur les récifs, écrasé contre le mur de granit des falaises, ou englouti par les brisants qui hurlent avec une rage telle que les anciens, en leur donnant les noms de Charybde et Scylla, les comparèrent à des monstres ouvrant mille gueules pour dévorer les navigateurs. On se charge de toile afin de louvoyer, si toutefois c'est possible. Le navire qui remonte le lit du vent entre deux terres rapprochées, est obligé de virer de bord très souvent, et s'il évolue bien, il peut gagner beaucoup par le fait même de cette manœuvre répétée coup sur coup, en décrivant chaque fois une ligne arrondie.

« Mais si la mer est très mauvaise, si, par vice de construction, par défaut de qualités ou par la faute de ceux qui le manœuvrent, le bâtiment vire mal de bord, il perd au lieu de gagner; parfois encore il manque son évolution, — ce qui, dans les passes étroites, suffit pour occasionner le naufrage à la côte. La vitesse est amortie, le vent pousse le navire à reculons et le jette au plein avant qu'on ait eu le temps de le sauver par une manœuvre nouvelle.

« Les courants, ceux du flux et du reflux entre autres, selon qu'ils sont favorables ou contraires, exercent une influence puissante sur la destinée des navires. Le meilleur des voiliers, par un gros temps, ne parviendra guère à se soutenir contre vent et marée, et un bâtiment médiocre sera toujours entraîné à la côte.

« Et maintenant, qu'un navire soit surpris ou chassé par un gros temps en face d'une terre n'offrant aucun abri, voici venir la lutte acharnée (1)! »

On se souvient encore, dans la marine, du naufrage de la corvette à vapeur *le Papin*, parti de Cadix le 5 décembre 1845 à destination du

(1) La Landelle : *la Vie navale*.

Sénégal. Le lendemain, à onze heures et demie du soir, le navire fit côte au nord de Mazagan, sur le littoral marocain. Il s'ensabla à deux ou trois encâblures de terre.

Peu d'années auparavant, on eût pu voir accourir sur le rivage des populations avides de pillage et de meurtre, leurs cris de joie se mêlant au vacarme de la tempête. Heureusement les temps étaient changés.

A quatre heures du matin, le 7, le navire était rempli d'eau, son pont balayé par une mer que le vent fouettait. Peu après, la cheminée tombait et écrasait plusieurs personnes.

Plusieurs hommes s'élancèrent dans la mer pour saisir les débris des embarcations dont le navire était entouré, ou tenter de se sauver à la nage. La plupart périrent. Ceux qui abordèrent à la plage trouvèrent des Marocains empressés à leur venir en aide. Ils allumèrent un grand feu pour réchauffer les naufragés.

A onze heure du matin, le grand mât, qui jusque-là avait résisté, bien que *le Papin* fût coupé en deux, à l'arrière des tambours, s'abattit en écrasant dans sa chute un grand nombre de personnes.

Enfin les Marocains, encouragés par M. Redmann, agent consulaire de France et d'Angleterre, tentèrent d'opérer le sauvetage. En moins de deux heures, ils eurent ramené quarante-quatre personnes à terre, en les portant sur leurs épaules, et en nageant par une mer encore très grosse. Dans ce naufrage périrent M. Marey-Monge, consul à Mogador, M. Fleuriot de Langle, commandant du navire, tout l'état-major, à l'exception de M. de Saint-Pierre, volontaire, et près de la moitié de l'équipage.

C'est encore une tempête qui jeta sur le récif d'Aleranes, dans le golfe du Mexique, le bateau à vapeur de la compagnie des Indes Occidentales, *le Tweed*, de 1,800 tonneaux, et de la force de 500 chevaux, commandé par le capitaine George Parsons (9 février 1846). La perte de ce beau steamer fit soixante-douze victimes. Le navire faisait voile de la Havane se rendant au Mexique, portant à son bord un équipage de quatre-vingt-neuf hommes, plus soixante-deux passagers ; sa cargaison, composée principalement de mercure, valait environ 20,000 livres sterling (500,000 francs).

Au milieu de la nuit, le capitaine se tenait sur le pont lorsque retentit le cri d'une des vigies : Brisants devant !

« Aussitôt, lisons-nous dans la relation d'un des naufragés, le capitaine s'élança à l'avant avec l'officier de quart et les matelots de service, et l'on entendit coup sur coup se succéder les ordres. J'avais été réveillé par les cris du timonier ; le bruit de pas de ceux qui couraient sur ma tête m'apprit qu'il se passait quelque chose de grave et, à moitié habillé, je me précipitai sur le pont. J'aperçus bientôt la tête blanchissante des brisants : — Y a-t-il du danger ? demandai-je au capitaine. — N'ayez pas peur, voici que nous allons en arrière.

« C'était de la machine qu'il voulait parler, sans doute ; le navire emporté par son erre ne recula malheureusement pas, et quelques secondes après il était précipité sur les récifs de toute sa vitesse, car nous venions de marcher à toute vapeur et avec les voiles sur les mâts. Au choc, le navire abattit un peu sous le vent, puis se releva, et, emporté par les vagues, vint s'échouer de tout son poids sur les rocs.

« A cette seconde secousse, il sembla qu'il allait se briser en mille pièces. La machine s'arrêta aussitôt, les chaudières ouvertes vomirent la vapeur qui les remplissait, et qui, après avoir inondé la chambre de la machine, s'échappait par tous les panneaux comme un épais nuage blanc. La cheminée était tordue. Il n'y avait pas à espérer de dégager le navire du récif : l'ordre fut donné de préparer les bateaux de sauvetage placés sur les tambours, et de se tenir prêt à amener les autres embarcations. C'était un ordre superflu : à la seconde secousse, le navire était tombé sur le flanc de tribord, du côté du vent, c'est-à-dire du côté d'où venait la mer, qui en un instant eût emmené et fait disparaître la chaloupe, la baleinière et toutes les embarcations du porte-manteau. Dans sa violence elle imprimait des secousses terribles au navire, dont les fonds se brisaient sur le roc avec un bruit effrayant.

« Une vague qui balaya le pont, enleva l'embarcation des tambours de bâbord, l'une de nos dernières espérances ! Le spectacle que présentait le navire était épouvantable. La nuit était noire et froide ; partout c'étaient des gens à moitié nus qui s'attachaient avec la force du désespoir aux mâts, au gréement, aux haubans, à tout ce qui leur était tombé sous la main, et incessamment couverts par les lames qui déferlaient sur le navire. A l'intérieur, tout était plongé dans l'obscurité, tout était en désordre. On n'entendait que le bruit des membrures de la coque, des cloisons, des ponts intérieurs, qui se brisaient avec fracas, que les cris des blessés, des désespérés. Oh ! c'était affreux, et ce qui rendait la scène plus affreuse encore, c'est qu'il n'y avait moyen de rien tenter, de rien faire pour aller au secours de personne. J'étais près du capitaine : — Que faire ? lui dis-je.

« Il me répondit d'une voix calme :

— Tâchez de tenir bon encore, car j'espère que le navire résistera jusqu'au jour.

« En même temps, il donna l'ordre d'abattre les mâts, et de remiser sous le vent, pour les protéger, les deux embarcations qui nous restaient encore, et de ne les amener qu'au dernier moment. Elles étaient déjà encombrées de monde. Rien ne pourrait donner l'idée de l'horreur de notre situation. Le navire s'en allait en débris sous nos pieds, il n'y avait aucune espérance de pouvoir conserver les embarcations à flot au milieu d'une mer pareille ; d'ailleurs elles n'auraient pu sauver qu'un très petit nombre d'entre nous; puis il n'y avait pas de terre en vue : la mort était partout ! Il fallait bien croire qu'il n'y avait plus d'espérance; quelques-uns priaient à voix haute et imploraient la miséricorde divine. Quelques minutes encore et la destruction du navire fût complète. Le navire se sépara par le milieu, ne laissant plus que la machine et les chaudières immobiles sur les rochers. Une ou deux lames emportèrent l'arrière du navire presque au moment où il se sépara de la machine.

« Au dernier moment, l'ordre fut donné d'amener les canots, mais ils n'avaient ni gréement, ni avirons, et ils disparurent; il n'est pas douteux qu'ils furent chavirés et brisés par les lames contre le flanc du navire; tous ceux qui les montaient durent périr. Un instant après tout l'arrière du navire, avec les mâts et les embarcations, était enlevé par la mer en mille pièces, et dispersé au milieu des flots. J'étais alors avec le capitaine et quelques autres, attaché au flanc noyé du navire, plongé dans l'eau jusqu'au milieu de la poitrine. On entendit un cri effrayant, et le capitaine s'écria :

— Oh ! les pauvres gens des embarcations, c'en est fait d'eux; Dieu veuille leur faire merci !

« Puis tout à coup il nous sembla que des masses de débris de bois rompus étaient précipitées sur nos têtes , nous fûmes enlevés, engloutis sous les lames. C'était la mort qui arrivait sur nous.

« Moins d'une demi-heure avait suffi pour détruire complètement *le Tweed*. La rapidité avec laquelle il fut dispersé en débris est effrayante, et l'on ne peut expliquer que par un miracle qu'il se soit encore sauvé tant de personnes. Je ne sais pas bien ce qui arriva des autres ; mais pour moi, après avoir été englouti par les vagues, elles me jetèrent, en se retirant, sur un des débris qui se trouva être une des fenêtres de l'arrière, tenant encore à une partie de l'étambot. Je m'y attachai avec neuf autres personnes, entraînés et couverts à tout instant par les lames, heurtés par elles contre des débris qui nous faisaient mille contusions cruelles. Nous tînmes bon cependant jusqu'à ce que la lame nous eût conduits en dedans des brisants et dans les eaux plus calmes. Ainsi portés, nous fûmes jetés si avant dans le récif, que l'un de nous sentit le fond avec ses pieds. Ce fut une bonne nouvelle quand il nous dit qu'il voyait beaucoup de gens rassemblés à peu de distance, se tenant comme ils pouvaient aux débris que la mer avait chassés dans l'intérieur des brisants. Il pouvait être alors quatre heures et demie du matin.

« Quelques-uns d'entre nous quittèrent les débris qui nous avaient sauvés, mais les blessés y restèrent attachés jusqu'au point du jour. Quel désolant tableau se présenta alors à nos regards ! Sur un mille au moins d'étendue, on ne voyait que des débris de notre naufrage, des membrures, des bordages, des portes, des embarcations brisées, des lits, des malles, des barils, des coffres, etc. Tout ce qui restait de notre navire si magnifique la veille, c'était la machine et une des roues, sur le tambour de laquelle se trouvait encore une embarcation. Sur ce dernier débris étaient suspendues une quarantaine de personnes, auxquelles nous ne pouvions prêter la moindre assistance.

« Nous apprîmes alors que le récif sur lequel nous nous étions perdus devait être l'Alcranes. C'est un bas-fond, long d'environ 15 milles sur 12 de large, distant d'environ 65 milles de la côte la plus prochaine. C'est un rocher complètement noyé, mais sur lequel on ne trouve en certains endroits, à marée basse, que dix-huit pouces d'eau. Heureusement pour nous, nous nous étions échoués à marée basse ; si l'événement fût arrivée à marée haute, où l'on trouve toujours au moins quatre à cinq pieds d'eau de profondeur, nous étions perdus sans ressource, et aucun de nous n'eût échappé.

« Dès que nous pûmes nous reconnaître, nous construisîmes avec les débris du navire une plate-forme élevée pour nous mettre à l'abri de la marée qui allait revenir, et nous nous y plaçâmes à la hâte, avec les quelques provisions que nous avions pu recueillir parmi les épaves. Grande fut notre anxiété pendant quelques heures ; nous nous demandions si les flots ne renverseraient pas ce frêle édifice pour lequel nous n'avions même pu trouver de cordes, ou si leur hauteur ne dépasserait pas celle de la plate-forme sur laquelle nous nous étions réfugiés. La mer se contenta d'arriver jusqu'à nos pieds, puis se retira paisiblement. Mais un supplice d'un autre genre nous était réservé : une quarantaine de personnes environ n'avaient pas été jetées par les lames dans l'intérieur des brisants, mais étaient restées sur un dé-

Ils virent paraître le brick *l'Emilia*.

bris du navire. Au retour de la marée, elles furent toutes submergées, et nous les vîmes périr sous nos yeux sans pouvoir leur porter secours.

« Quand la mer se fut retirée, nous mîmes à flot la seule embarcation qu'eût respectée la tempête ; on la fournit de vivres, et quelques-uns d'entre nous y montèrent pour aller chercher du secours sur la côte de Yucatan. Ceux qui étaient restés attendirent trois jours sur le rocher battu des flots, en proie à la faim, au froid et à toutes les anxiétés de l'attente. Au bout de ce temps ils virent paraître le brick *l'Emilia*, qui leur apportait des vivres et qui les transporta sur la côte où nous trouvâmes le moyen de retourner dans notre patrie. »

Le 14 novembre 1854, une effroyable tempête qui parcourut la mer Noire, jeta à la côte de Crimée un grand nombre de navires de transports français et anglais : les bâtiments anglais dominaient. Cette tempête coûta la vie à plus de quatre cents marins et fit périr une quinzaine de navires.

Au milieu d'une mer monstrueuse, les rafales de vent amenaient des grains où la grêle se mêlait à la neige. Le vaisseau *le Henri IV*, la corvette à vapeur *le Pluton*, et un vaisseau turc portant pavillon de contre-amiral, rompirent leurs chaînes et allèrent échouer dans le sable devant Eupatoria. Pour ces deux navires, il n'y eut pas de perte d'hommes. Mais les transports et les bâtiments de commerce s'abîmèrent, pour la plupart, corps et biens. Ceux qui n'étaient pas portés par les lames à la côte, s'abordaient entre eux, s'entr'ouvraient, s'engloutissaient. Cette affreuse tourmente dura vingt-quatre heures.

Sur le rivage, des bandes de Cosaques venaient assister à ce désastre, et ils se réjouissaient d'avoir les flots et les vents pour auxiliaires. Peut-être même espéraient-ils tirer quelque aubaine de tant de malheurs.

La perte de *la Sémillante* dans les bouches de Bonifacio eut un bien douloureux retentissement. Aucun survivant à cette épouvantable catastrophe n'en put rapporter les circonstances. On dut y suppléer par la position des épaves retrouvées — corps humains et débris de navire — et par les déclarations assez vagues du chef de phare de la Testa et d'un berger de l'île Lavezzi. Et il y avait à bord de cette frégate, outre son équipage, trois cent quatre-vingt-treize soldats de l'armée d'Orient!

La Sémillante, capitaine Jugan, était partie de Toulon le 14 février 1855 à destination de Crimée. Le temps menaçait, mais il fallait faire hâte. Dans la journée du 15, un ouragan d'une violence telle que les vieux marins du littoral sarde ne se souvenaient pas d'en avoir jamais vu, éclata dans les bouches de Bonifacio, et dura de cinq heures du matin à minuit. Les bouches ne présentaient plus qu'un immense brisant où l'on ne pouvait rien distinguer ; il n'y avait plus ni passes ni rochers ; de nuit comme de jour il était impossible de s'y reconnaître. Un vieux capitaine de vaisseau anglais, retiré à la Madeleine, affirma depuis que dans le cours d'une longue carrière, dans aucun parage, par aucune latitude, il n'avait jamais rien ressenti, rien éprouvé qui approchât de la furie de l'ouragan du 15 février.

Les recherches qui furent faites trois semaines plus tard permirent d'établir que *la Sémillante* avait dû toucher d'abord sur la pointe sud-ouest de l'île Lavezzi ; c'est là, en effet, que l'on trouva quelques tronçons de ses mâts et de ses vergues brisés, encore à flot et retenus dans cette position par un enchevêtrement de cordages fixés au fond. « Au milieu des tronçons, dit le rapport du commandant de *l'Averne*, se trouve aussi un morceau de la coque de la frégate, qui paraît provenir de la partie comprise entre les porte-haubans de misaine et la flottaison : il y a là un hublot. »

On se mit à la recherche des cadavres ; on en découvrit peu à peu une soixantaine, la plupart nus ; ces infortunés avaient eu le temps de se déshabiller pour lutter avec plus de chances contre la mort. Le corps du commandant Jugan fut aussi retrouvé, et seul reconnu d'une manière positive, grâce à son uniforme. Il y avait là de tristes devoirs à remplir pour les matelots de *l'Averne*. « Plusieurs, dit le rapport, ont été tellement impressionnés qu'ils n'ont pas pu continuer ce service : d'autres ne le remplissaient plus qu'en pleurant. » Il fallut prier le commandant de place de Bonifacio de donner comme auxiliaires aux marins de *l'Averne* un détachement de cinquante hommes.

Sous l'impression du lugubre récit qui lui fut fait par un matelot corse, M. Alphonse Daudet, dans ses *Lettres de mon moulin*, a essayé de reconstituer les différentes péripéties de l'agonie du malheureux navire.

« Je voyais, dit-il, la frégate partant de Toulon la nuit. Elle sort du port. La mer est mauvaise, le vent terrible ; mais on a pour capitaine un vaillant marin, et tout le monde est tranquille à bord... Le matin, la brume de mer se lève. On commence à être inquiet. Tout l'équipage est en haut. Le capitaine ne quitte pas la dunette... Dans l'entrepont où les soldats sont renfermés, il fait noir ; l'atmosphère est chaude. Quelques-uns sont malades, couchés sur leurs sacs. Le navire tangue horriblement ; impossible de se tenir debout. On cause assis à terre, par groupes, en se cramponnant aux bancs ; il faut crier pour s'entendre. Il y en a qui commencent à avoir peur. Ecoutez donc, les naufrages sont fréquents dans ces parages-ci. Tout à coup un craquement... Qu'est-ce que c'est ? Qu'arrive-t-il ?... « Le gouvernail vient de partir », dit un matelot tout mouillé qui traverse l'entrepont en courant.

« Grand tumulte sur le pont... la brume empêche de se voir. Les matelots vont et viennent, effrayés, à tâtons... Plus de gouvernail ! La manœuvre est impossible... *La Sémillante*, en dérive, file comme le vent... C'est à ce moment que le douanier la voit passer. Il est onze heures et demie... A l'avant de la frégate, on entend comme des coups de canon... Les brisants ! les brisants !... C'est fini, il n'y a plus d'espoir. On va droit à la côte... Le capitaine descend dans sa cabine... Au bout d'un moment, il vient reprendre sa place sur la dunette, en grand costume... Il a voulu se faire beau pour mourir.

« Dans l'entrepont, les soldats, anxieux, se regardent sans rien dire... Les malades essayent de se redresser. C'est alors que la porte s'ouvre et que l'aumônier paraît sur le seuil avec son étole : « A genoux, mes enfants ! » Tout le monde obéit. D'une voix retentissante le prêtre commence la prière des agonisants.

« Soudain un choc formidable, un cri, un seul cri, un cri immense, des bras tendus, des mains qui se cramponnent, des regards effarés où la vision de la mort passe comme un éclair... Miséricorde ! »

Les corps relevés sur le rivage de la mer furent réunis dans un petit cimetière ouvert pour eux.

« Dieu ! qu'il est triste le cimetière de *la Sémillante !* poursuit M. Alphonse Daudet. Je le vois encore avec sa petite muraille basse, sa porte de fer, rouillée, dure à ouvrir, sa chapelle silencieuse, et des centaines de croix noires cachées par l'herbe... Pas une couronne d'immortelles, pas un souvenir, rien... Ah ! les pauvres morts abandonnés, comme ils doivent avoir froid dans leur tombe de hasard ! »

Tout le monde a lu la relation de la perte de la goélette *le Grafton* et des aventures de M. Raynal dans les îles Auckland, situées à cent lieues marines au sud de la Nouvelle-Zélande (octobre 1864). Ce navire s'était rendu à ces îles pour la pêche du lion marin. Un orage qui s'éleva subitement dans la nuit, détermina son naufrage sur un récif. M. Raynal et ses compagnons prirent pied sur un rivage désolé, où ils allaient passer de longs jours dans l'attente de la délivrance.

Au mois de mars de la même année, un autre navire *l'Invercauld*, parti de Melbourne pour Valparaiso, avait été jeté dans une tempête contre un récif des mêmes îles. D'un équipage de vingt-cinq personnes, le capitaine, son second et un matelot purent seuls être sauvés par un brick espagnol, après douze mois de la plus triste existence.

En 1866, les îles Auckland virent un autre naufrage : celui du *Général-*

Grant, parti de Melbourne pour Londres avec de nombreux passagers et une précieuse cargaison de laine, de peaux et d'or. Le navire alla à la côte et s'enfonça dans une excavation ayant une longueur d'environ deux cent trente mètres. Les mâts en heurtant la voûte se brisèrent, tandis que de gros quartiers de rocs s'écroulaient sur le gaillard d'avant. Il y eut soixante-huit victimes. Les dix survivants, dont une femme, demeurèrent enfermés dans les rochers d'une île déserte pendant dix-huit mois. Le brick baleinier *Amherst* les recueillit.

Les bateaux à vapeur ont moins de risques de mer à courir. Il n'est pas rare, malheureusement, qu'ils échouent sur des récifs peu connus. Par une nuit de beau temps, le paquebot à vapeur *le Borysthène* toucha un récif près d'Oran (15 décembre 1866). Dans une lettre adressée à sa famille, M. Vérette, aide-major, passager à bord et échappé au naufrage, a tracé une émouvante relation des faits. « Je sommeillais vers onze heures, quand j'entendis une voix crier : « Stop, nous sommes dessus, machine en arrière ; vite ! » Puis le bruit sourd de l'hélice cessa de se faire entendre : le bâtiment sembla s'arrêter, on courait sur le pont.

« Allons, allons, dis-je à mon voisin, nous sommes arrivés, nous entrons dans le port, on manœuvre en haut. Tout en disant cela, et comme saisi d'un vague pressentiment, je sautai à bas de mon hamac pour monter sur le pont. Au même instant, un craquement terrible se fait entendre, accompagné de secousses si violentes, que je tombai à terre ; puis j'entends un matelot qui crie : « Mon Dieu ! nous sommes perdus, priez pour nous ! »

« Nous venions de toucher le rocher et le navire s'entr'ouvrait ; l'eau entrait dans la cale, on l'entendait bouillonner. Les soldats, qui couchaient sur le pont, se sauvent pêle-mêle, n'importe où, en poussant des cris affreux ; les passagers, demi-nus, s'élancent hors des cabines ; les pauvres femmes s'accrochaient à tout le monde et suppliaient qu'on les sauvât ; on priait le bon Dieu tout haut, on se disait adieu. Un négociant arme un pistolet et veut se brûler la cervelle ; on lui arrache son arme. Les secousses continuaient ; la cloche du bord sonnait le tocsin, mais le vent mugissait affreusement, la cloche n'était point entendue à cinquante mètres. C'était des cris, des hurlements, des prières ; c'était je ne sais quoi d'affreux, de lugubre, d'épouvantable ; jamais je n'ai vu, jamais je n'ai lu de scène aussi horrible, aussi poignante. Etre là, plein de vie, de santé, et en face d'une mort que l'on croit certaine, et d'une mort affreuse !... Derrière nous, la mer furieuse ; à droite, la mer encore ! Au bout d'une minute, nous entendons des cris, c'était l'arrière tout entier du navire qui craquait et s'engouffrait tout d'un coup, entraînant avec lui une soixantaine de personnes... puis le silence !

« La nuit était noire, et les vagues d'une phosphorescence telle qu'elles nous retombaient sur le dos comme une pluie de feu ; cela sentait l'éther, la créosote. Jamais je n'avais vu cela. Les lames balayaient le pont avec une rage inouïe, entraînant tous ceux qui ne se cramponnaient pas ; on les entendait venir de loin, et quand elles arrivaient, on baissait la tête et on se serrait les uns contre les autres. Nous en avons reçu de si violentes, que nous craignions que le tambour de l'escalier sur lequel nous nous trouvions ne craquât et ne nous entraînât dans sa chute...

« Les vagues ne nous laissaient plus de repos. L'eau nous coulait dans le dos, nous en avions plein les yeux et la bouche. Quand une lame balayait le pont, on voyait encore se détacher quelqu'un d'un groupe, glisser sur la pente inclinée du pont ; le malheureux criait : « O mes amis ! » La vague se retirait en l'emportant, et c'était tout ; d'autres criaient : « Soutenez-moi, je glisse, je suis perdu ! » Un contrôleur voit sa femme enlevée par une lame : elle avait son enfant de dix-huit mois sur les bras ; ne pouvant la retenir, il saute à la mer en disant : « Nous mourrons ensemble ! » Le vicaire, M. Moisset, a coulé près de moi ; je lui ai tendu la main, mais il l'a manquée et il s'est accroché au bas de mon pantalon ; le morceau lui est resté dans la main, et la lame l'a enlevé.

« Vers trois heures du matin, nous essayâmes de quitter notre refuge et de grimper sur le bord non submergé du navire ; mais, pour accomplir ce trajet, il nous fallait franchir un espace de trois ou quatre mètres en montant une pente verticale et glissante comme un savon gras. Impossible de tenter une pareille escalade, d'autant plus qu'il fallait grimper dans l'intervalle de deux vagues. On nous jeta alors une corde que nous nous passâmes autour du corps et les soldats, qui avaient pu réussir à se mettre à cheval sur le bord qui était hors de l'eau, nous montèrent chacun à notre tour. » Les naufragés ne furent secourus que le lendemain.

Le steamer *Daniel-Steinmann*, allant d'Anvers à New-York, vint se heurter contre un récif, près de l'île de Sambro, à cinq kilomètres d'Halifax, dans la nuit du 3 au 4 avril 1884. Le sinistre fut occasionné par une tempête. Ce steamer était parti d'Anvers ayant à son bord trente-sept hommes d'équipage et quatre-vingt-treize

Vue du port d'Anvers.

émigrants allemands. Neuf personnes seulement purent échapper au naufrage : le capitaine, cinq matelots et trois passagers.

Il y a des tempêtes qui viennent assaillir les navires dans le port, au mouillage. Telle est la tempête du 25 janvier 1841, qui, dans la rade de Stora, jeta à la côte la corvette *la Marne*, ainsi que vingt-quatre bâtiments de commerce. En outre, trois navires sombrèrent sous leurs ancres. Le commandant Gatier, dans son rapport au ministre de la marine, signala la belle conduite de l'équipage de *la Marne* : « Pas un cri, dit-il, pas une plainte, pas une marque de faiblesse ; mes ordres, jusqu'au dernier instant, ont été exécutés comme dans les circonstances ordinaires, et de grandes preuves d'affection m'ont été données. Blessé à la jambe, c'est par les soins de mes matelots que j'ai pu gagner le grand mât, et il m'a fallu employer toute mon autorité pour les forcer à le quitter avant moi. »

L'enseigne de vaisseau Nougarède, seul de tous les autres officiers échappé au naufrage, demeura constamment près de son capitaine, faisant exécuter ses ordres avec un admirable sang-froid et contribuant à diminuer le nombre des victimes.

CHAPITRE VII

NAVIRES QUI ÉCHOUENT PAR IMPÉRITIE, PAR NÉGLIGENCE, PAR ERREUR DE CALCUL ; LE NAVIRE TALONNE ; CRAQUEMENTS SINISTRES ; TOUT LE MONDE SUR LE PONT ; MANŒUVRE DES POMPES ; ON COUPE LES MATS ; LA MER BRISE LE NAVIRE, ENLÈVE LES EMBARCATIONS ; LA QUILLE SE CASSE ; LA TERRE EST ÉLOIGNÉE ; BRISANTS ; LES VAISSEAUX *le Batavia* ET *le Sussex ;* LA *Blanche-Nef ;* LE *Sant-Jago ;* NAUFRAGE D'UN MANDARIN SIAMOIS ; LE *Grosvenor ;* LA *Méduse ;* LE *City-of-Columbus* ; L'ATTOLE DE VANIKORO ; L'*Astrolabe* ET LA *Boussole ;* LE *Sydney ;* INSUFFISANCE DES CARTES MARINES : LE *Sénégal* ET LA *Ville-de-Para ;* LE STEAMER *le Teuton.*

Les navires vont se briser à la côte au milieu de la tempête ; ils vont aussi s'échouer — et c'est le plus grand nombre — par des vents maniables et des mers qui ne peuvent être un péril. Les causes de ces catastrophes sont diverses. Souvent la nuit se fait complice de l'impéritie de ceux qui commandent à bord, d'une négligence coupable, d'une erreur de calcul.

De moment en moment la nuit s'épaissit, la brise est plus fraîche, la mer plus dure... on vient de s'assurer du fond, et la sonde a donné un nombre de brasses d'eau plus que suffisant pour naviguer en sûreté ; du moins on le pense. Soudain on croit entendre des brisants sur l'avant du navire. Qu'est-ce donc ? Ce bruit dénoncerait-il la présence très rapprochée de la côte ? Vite l'ordre est donné de virer de bord. La voilure ne permettant pas de le faire vent devant et la mer étant d'ailleurs fort grosse, on hale la barre au vent, on diminue de toile derrière... mais il est trop tard ; le navire, qui alors se trouvait déjà dans une barre, est poussé par des lames qui le font toucher si rudement que dès ce moment on peut juger que sa perte est certaine.

Aux premiers coups de talon, aux craquements horribles qui les accompagnent, ceux qui sont endormis à bord se réveillent saisis d'effroi ; les uns s'élancent en haut demi vêtus, d'autres cherchent si cette affreuse réalité n'est point un reste de leurs songes inachevés ; on crie, on se rue, on appelle les chefs ; en vain ces derniers donnent quelques ordres dans cette confusion...

Et la mer couvre déjà l'avant du navire ; d'énormes lames viennent en grondant se briser avec fracas sur le côté incliné du bâtiment et emportent avec elles les débris de tout ce qui se trouve sur leur passage... A quelle distance de terre se trouve-t-on ? On ne sait. On ne sait si la côte qu'il va falloir chercher à atteindre avec les canots, — ou peut-être à la nage, accroché à un espars, à cheval sur un mât qui roule, — si cette côte est accessible. Le navire, après avoir talonné d'une manière épouvantable, s'incline dans le vide des lames, livrant son pont à l'envahissement de la mer.

Pour surcroît de malheur, la première lame qui tombe à bord enlève plusieurs embarcations, — interdit le salut.

Pour soulager le navire, le commandant fait couper les mâts, quand ils ne s'abattent pas d'eux-mêmes. Mais la lame ramène tous ces mâts contre les flancs, qu'ils battent à coups redoublés comme des béliers.

Ce qui fait que le navire qui touche sur un récif, sur un banc de sable est destiné à une prompte destruction, c'est que n'étant plus porté par les vagues, ne marchant plus avec elles, subitement il est devenu obstacle. Les lames le couvrent, déferlent sur son pont ; s'il est soulevé d'un côté, il retombe aussitôt de tout son poids, et ses flancs sont près de s'entr'ouvrir, des voies d'eau se déclarent, parfois sa quille se casse dans le milieu et le vaisseau présente à la mer deux ou trois grands débris. Bientôt ce n'est plus qu'une masse confuse que surmontent quelques tronçons de mâts.

Les hommes qui n'ont pas été blessés s'élancent à l'aide des cordages dans les haubans du côté où le navire s'élève. — Mais l'air est froid, les malheureux naufragés sont inondés par une eau glacée qui leur coule dans le dos, les pénètre, éclabousse de sel leur visage, leurs yeux. Grimpés dans les haubans, les pieds nus et endoloris, coupés par les enfléchures, ces pauvres marins voient s'écouler dans une lamentable agonie les derniers moments d'une existence toute de labeur, d'énergie, d'amour du métier : épaves humaines ne faisant qu'un avec les débris du navire.

Enfin, après des heures d'une inexprimable angoisse, le jour parait. Avec quelle avidité tous les yeux se dirigent du côté où l'on s'attend à reconnaître la terre ! Quelle impatience de vérifier si l'on en est bien loin ! c'est à qui tentera de l'apercevoir; on la voit enfin ; mais à quelle distance ! on est séparé d'elle par des barres et des brisants où la mer s'engouffre et vole en écume à un hauteur prodigieuse. C'est alors que l'on peut juger de la vraie position du navire; ses mâts et son beaupré sont rompus; le pont est défoncé, la coque éventrée ; tout ce qu'il en reste représente l'effondrement. La cargaison s'éparpille autour d'un point central, — restes désagrégés de ce qui fut un vaillant navire et où maintenant rendent l'âme quelques malheureux livides et tremblants, le regard errant avec effroi sur cette mer de destruction.

Ici les souvenirs désastreux, les noms de navires naufragés se présentent en foule. Nommons ceux dont la perte a eu le plus de retentissement.

C'est le vaisseau hollandais *le Batavia*, commandé par François Chelsart, qui échoua près de la Concorde, sur le littoral de l'Australie, ayant à son bord trois cents personnes environ en y comprenant les passagers ; parmi ceux-ci se trouvaient des femmes et des enfants (1630). Ce naufrage causa longtemps une profonde impression sur les esprits, à cause des souffrances qu'eurent à endurer les survivants, débarqués sur des îlots : on vit se produire la rébellion d'une partie de l'équipage, le massacre d'une trentaine d'opposants, et d'autres scènes d'horreur.

Le vaisseau *le Sussex*, de la Compagnie des Indes, abandonné par son capitaine et la plus grande partie de l'équipage à la suite d'une tempête qui avait produit des voies d'eau, fut conduit par John Dean et quelques-uns de ses camarades près de la côte de Madagascar; mais le vaisseau toucha et fut poussé par une grosse mer contre les écueils (1738). Ajoutons que cinq hommes seulement abordèrent à Madagascar, et bientôt quatre des malheureux compagnons de John Dean expirèrent de faim et de fatigue, malgré les quelques secours qu'ils reçurent de la population de l'île.

Mais ce n'est pas toujours la tempête qui cause la perte des navires qui vont se jeter sur des récifs à fleur d'eau ou se briser à la côte. Un exemple mémorable de la témérité ou de l'inexpérience d'un pilote est fourni par le naufrage de *la Blanche-Nef* où périrent les deux fils du roi d'Angleterre Henri Ier, et toute leur suite, le 25 novembre 1120. Peu de sinistres maritimes ont eu autant de retentissement. Ce fut un désastre public; les chroniqueurs en notèrent les moindres détails, les poètes en firent le sujet de leurs vers.

Louis VI, dit le Gros, régnait en France, Henri Ier en Angleterre; Henri possédait aussi le duché de Normandie; mais il se vit obligé de passer en France avec toute sa noblesse pour défendre ses droits et ses domaines. Après avoir mis ordre à ses affaires en Normandie, et avoir généreusement récompensé les chevaliers normands qui avaient combattu pour lui, Henri songea à reprendre le chemin de l'Angleterre, et fit réunir une flotte nombreuse à Barfleur.

Le roi allait s'embarquer, lorsqu'un Normand, Thomas fils d'Etienne, se présenta devant lui et, lui offrant en hommage un marc d'or, il lui dit :

— Mon père, Etienne, fils d'Erard, a servi le vôtre sur mer toute sa vie. Ce fut mon père qui, sur son vaisseau, transporta le duc Guillaume en Angleterre lorsqu'il alla combattre Harold. Il reçut à titre de récompense l'office de pilote du roi, sa vie durant, et fut comblé d'honneurs et de biens. Plaise à vous, seigneur roi, de m'accorder en fief le même office ; j'ai là pour votre royal service un vaisseau bien équipé qu'on appelle *la Blanche-Nef*.

Le roi répondit :

— Ta requête me plaît. J'ai choisi le vaisseau sur lequel je passerai et n'en veux point changer ; mais je te confie ce que j'ai de plus cher au monde, mes fils Guillaume et Richard, ainsi qu'une partie de la noblesse de mon royaume.

Lorsqu'ils apprirent l'heureux résultat de cette démarche, les matelots de *la Blanche-Nef* allèrent saluer les fils du roi ; et ceux-ci s'empressèrent de leur faire donner trois muids de vin pour se réjouir ensemble. Ils burent tellement qu'ils se trouvèrent bientôt très excités.

Cependant, sur l'ordre du roi, un grand nombre de barons, — trois cents environ, — avaient pris leurs dispositions pour le voyage. Plusieurs emmenaient avec eux leurs enfants : dix-huit dames de grande naissance, filles, sœurs, nièces ou épouses de rois et de comtes, étaient dans leur compagnie. Mais lorsqu'il s'agit de s'embarquer, en voyant l'ivresse des matelots, quelques-uns refusèrent de monter à bord du navire : il y avait là une cinquantaine de rameurs et autres matelots qui, sous l'influence du vin, pouvaient à grand'peine prendre leur rang et s'occuper de la manœuvre.

Tous les chevaliers embarqués sur le vaisseau de Thomas le pressaient de rejoindre la flotte royale qui depuis longtemps fendait la mer. Mais lui, se fiant à son habileté et à la vigueur de ses hommes, promettait audacieusement de devancer tous ceux qui étaient partis avant lui.

Il donne enfin le signal : aussitôt les rameurs font force de rames et l'aveugle pilote prend sans hésitation à travers les écueils du raz de Catteville. Là il heurte un énorme rocher, que chaque jour le flux et le reflux de la mer couvre et découvre, et le flanc gauche de *la Blanche-Nef* s'entr'ouvre béant, menaçant le navire d'une prompte submersion. Un seul cri s'échappe de toutes les poitrines, cri de détresse aussitôt noyé dans la mer, mais qui avait été entendu du rivage.

Seuls, deux naufragés, un boucher de Rouen, nommé Bérold, et le jeune Godefroid, fils de Gilbert de l'Aigle, réussissent à s'emparer de la grande vergue du navire et y restent suspendus une partie de la nuit. A un moment apparaît auprès d'eux un homme qui surnage : c'est le pilote Thomas. Il aperçoit les deux naufragés. Qu'est devenu le fils du roi ? leur demanda-t-il. Et apprenant qu'il a péri avec toutes les personnes de sa suite : Malheur à moi, s'écrie-t-il, je ne mérite pas de vivre plus longtemps. Il ne fait plus aucun effort et s'abandonne à la mer.

Les deux naufragés s'encourageaient mutuellement. La nuit était glacée : le jeune Godefroid ne put résister davantage ; à bout de forces, il lâche la vergue et se laisse couler à fond. Et Bérold, le plus pauvre de tous, seul de tous ses compagnons, échappa à la mort et fut recueilli le lendemain par des pêcheurs. Ce fut par lui que l'on connut certains détails du naufrage.

En 1586, le vaisseau portugais *le Sant-Jago*, monté par l'amiral Fernando Mendoza, fut conduit par impéritie sur les écueils appelés Baïxos de Juida, à soixante-dix lieues des côtes orientales de l'Afrique.

Cent ans plus tard, en 1686, un vaisseau portugais de trente canons, amenant en Europe une ambassade du roi de Siam, envoyée au roi de Portugal Pierre II, fit naufrage sur un récif près du cap des Aiguilles, à l'extrémité de l'Afrique australe. Le Jésuite Tachard a écrit sous la dictée d'un mandarin siamois, Doccum Chamnan, la relation de ce voyage.

« J'aperçus tout à coup sur la droite, dit le naufragé, une ombre épaisse et peu éloignée de nous. Cette vue m'épouvanta ; j'en avertis le pilote, qui veillait au gouvernail. Au même instant, on cria de l'avant du vaisseau : « Terre, terre, devant nous ! Nous sommes perdus ; virez de bord ! » Le pilote fit aussitôt pousser le gouvernail pour changer de route ; mais nous étions si près du rivage, qu'en virant, le navire donna trois coups de sa poupe sur une roche et perdit aussitôt son mouvement. Ces trois secousses furent très rudes. On crut le vaisseau crevé, on courut à la pompe. Cependant, comme il n'était pas encore entré une seule goutte d'eau, l'équipage fut un peu rassuré.

« On s'efforça de sortir d'un si grand danger en coupant les mâts et en déchargeant le vaisseau ; mais on n'en eut pas le temps. Les flots que le vent poussait au rivage, y portèrent aussi le bâtiment. Des montagnes d'eau, qui allaient se rompre sur les brisants avancés dans la mer, soulevaient le vaisseau jusqu'aux nues et le laissaient retomber sur les rochers avec tant de vitesse et d'impétuosité, qu'il n'y put résister longtemps.

« On l'entendait craquer de tous côtés. Les parties se détachaient les unes des autres, et l'on voyait cette grosse masse de bois s'ébranler, plier et se rompre de toutes parts, avec un fracas épouvantable. Comme la poupe avait touché la première, elle fut aussi la première enfoncée. En vain les mâts furent coupés, et les canons jetés à la mer, avec les coffres et tout ce qui était de poids, pour soulager le corps du bâtiment : il toucha si souvent, que, s'étant ouvert enfin sous la Sainte-Barbe — lieu où l'on renferme les poudres — l'eau, qui y entrait abondamment, eut bientôt gagné le premier pont et rempli la Sainte-Barbe. Elle monta jusqu'à la grand'chambre, et peu d'instants après elle était à hauteur de ceinture sur le second pont.

« A cette vue, il s'éleva de grands cris. Chacun se réfugia sur l'étage le plus haut du navire, mais avec une confusion qui augmenta le danger. L'eau continuant de monter, nous vîmes le vaisseau s'enfoncer insensiblement jusqu'au moment où, la quille ayant atteint le fond, il demeura quelque temps immobile dans cet état.

« Il serait difficile de représenter l'effroi et la consternation qui se répandirent dans tous les esprits, et qui éclatèrent par des cris et des sanglots. On se croisait, on se heurtait à tout moment l'un contre l'autre. Les clameurs et le tumulte étaient tels, qu'on n'entendait plus le fracas du vaisseau qui se rompait en mille pièces, ni le bruit des vagues qui se brisaient sur les rochers avec une furie incroyable. Cependant, après s'être livrés à des gémissements inutiles, ceux qui n'avaient pas

Les vagues se brisaient sur les rochers.

encore pris le parti de se jeter à la nage pensèrent à se sauver par d'autres voies. On fit plusieurs radeaux des planches et des mâts du navire. Les malheureux à qui la frayeur avait fait négliger ces précautions, furent engloutis dans les flots ou écrasés par la violence des vagues, qui les jetaient sur les rochers du rivage. »

Ajoutons à ces exemples, qu'il nous serait malheureusement trop facile de multiplier, le naufrage du *Grosvenor*, vaisseau de la Compagnie des Indes qui avait quitté Ceylan, faisant route pour l'Angleterre, ayant à bord des femmes et des enfants, et qui échoua sur le littoral de l'Afrique australe, par suite d'une erreur de calculs de son commandant (1782).

Dans la succession de ces désastres maritimes, se présente, à la date de 1816, le plus douloureusement célèbre de tous les naufrages : on a compris que nous voulons parler du naufrage de *la Méduse*. Cette frégate périt sur le banc d'Arguin en se rendant au Sénégal.

On reprenait possession de cette colonie, en exécution des traités de 1815, et *la Méduse*, frégate de 44 canons, était accompagnée de la corvette *l'Echo*, de la gabare *la Loire* et du brick *l'Argus*. Ces navires transportaient des troupes et le nouveau gouverneur du Sénégal. Le commandement en chef de l'expédition avait été donné à M. Duroys de Chaumareys, officier incapable qui devait sa position au favoritisme. Il ne sut pas éviter les périls de la navigation le long de la côte d'Afrique, et le 2 juillet, à trois heures un quart de l'après-midi, *la Méduse* échoua, au moment où son commandant ordonnait, mais trop tard, une manœuvre destinée à lui faire prendre le large. La frégate, en loffant, donna presque aussitôt un coup de talon ; elle courut encore un moment, en donna un second, enfin un troisième. Elle s'arrêta dans un endroit où la sonde n'accusait qu'une profondeur de 5 m. 60, encore était-ce au moment de la pleine mer ; cette hauteur d'eau ne pouvait donc que baisser.

Cependant on put prendre certaines dispositions pour essayer de dégager la frégate ; après l'avoir allégée, on mouilla successivement des ancres dans diverses directions et l'on vira sur les grelins ; mais ce travail poursuivi pendant deux jours ne donna aucun résultat satisfaisant. La construction d'un radeau fut alors décidée ; on devait y descendre deux cents hommes — soldats pour la plupart — avec des vivres. Les six embarcations de la frégate étaient insuffisantes pour le sauvetage des quatre cents personnes se trouvant à bord.

Pendant la construction du radeau, le vent s'était levé, la mer avait grossi ; la frégate fut de plus en plus remuée, sa quille se brisa en deux ; l'eau entrait en telle quantité qu'on ne pouvait plus se faire illusion sur le sort du navire : il fallait s'en éloigner le plus promptement possible.

Le radeau était long de vingt mètres avec une largeur de sept. Il se composait des mâts de hune de la frégate, des vergues, des jumelles, d'espars, etc. : ces diverses pièces jointes les unes aux autres par des cordes. Deux mâts de hune, pièces principales de la construction, étaient placés sur les côtés ; quatre autres mâts avaient été accouplés deux à deux au centre du radeau. Des planches clouées sur toutes ces pièces de bois formaient une sorte de parquet, laissant toutefois de grands vides.

On fit descendre sur le radeau cent vingt-deux militaires, vingt-trois marins et passagers. Le grand canot reçut trente-cinq personnes ; le canot major quarante-deux ; le canot du commandant, vingt-huit ; la chaloupe, quatre-vingt-huit ; un canot de huit avirons vingt-cinq, personnes, et la plus petite embarcation, quinze. On voulut embarquer sur le radeau et dans les canots des provisions, du vin et des pièces d'eau ; mais tout se fit avec tant de confusion, que l'eau et les vivres furent abandonnés ou jetés à la mer, au moment du départ, pour alléger les embarcations et le radeau, tellement chargés, que force était de laisser à bord de la frégate dix-sept hommes, qui se considéraient comme à peu près abandonnés, quelque promesse qu'on leur fît d'envoyer bientôt à leur secours.

Les embarcations devaient remorquer le radeau. *La Méduse* ayant échoué à douze ou quinze lieues de la terre, ce n'était pas, les courants aidant, une entreprise impossible à mener à bonne fin ; mais quelques heures après avoir quitté la frégate, les embarcations coupèrent les amarres et le radeau fut livré à lui-même. C'était un « sauve-qui-peut » qui plongea dans un mortel abattement les malheureux qui avaient pris place sur le radeau.

Nous aurons à parler des souffrances qu'ils eurent à supporter, et des drames affreux qui se produisirent sur l'étroit espace où se pressaient cent quarante-cinq naufragés. Qu'il nous suffise de rappeler ici que, secourus enfin après quatorze jours, par le brick *l'Argus*, les infortunés qui avaient pris place sur le radeau étaient réduits au nombre de quinze et dans le plus lamentable état : neuf seulement survécurent.

Les canots avaient abordé la côte africaine et, malgré bien de douloureuses difficultés, les naufragés purent atteindre Saint-Louis en suivant le littoral, sauf toutefois les canots de M. de Chaumareys et du gouverneur qui abordèrent à Saint-Louis même, sans avoir été exposés à aucun danger sérieux.

Enfin, on songea aux pauvres gens laissés à bord de la frégate naufragée ; une goélette qui leur fut envoyée, arriva près de ce qui restait de *la Méduse* le cinquante-deuxième jour de l'abandon de ce navire. On ne retrouva plus que trois hommes, des dix-sept qu'on y avait laissés. Dix jours auparavant, douze d'entre eux, voyant les vivres épuisés, avaient tenté de se sauver en construisant un petit radeau : on n'eut jamais de leurs nouvelles. Deux autres étaient morts à bord même de la frégate. Ajoutons que M. de Chaumareys, rappelé en France, fut traduit devant un conseil de guerre. Déclaré coupable de la perte de *la Méduse*, il fut rayé des cadres de la marine et condamné à trois ans de prison militaire.

Une catastrophe de même ordre — où le commandant assuma une grave responsabilité, est celle qui amena la perte du *City-of-Columbus*, échoué le 17 janvier 1884 sur les côtes du Massachusetts (Etats-Unis), dans un trajet entre Boston et Savannah (Géorgie). Le navire sombra dix minutes après avoir touché, et sa perte entraîna la mort de plus de cent personnes, parmi lesquelles de nombreux passagers.

Tout avait bien marché jusqu'au 17, quatre heures du matin. A ce moment, malgré la sérénité du ciel, illuminé par un clair de lune, un vent glacé du nord-ouest soufflait dans la mâture du navire. On se trouvait près du *Gay Head* (la Pointe Gaie), ainsi nommé en raison des brillantes couleurs des rochers qui le bordent.

C'est contre ces rochers que le *City-of-Columbus* alla donner avec une violence inouïe. On ne s'expliqua pas tout d'abord comment le navire, par un temps si clair, n'avait pu les éviter, d'autant que le promontoire est surmonté d'un phare dont les feux rayonnent à cent soixante-dix pieds au-dessus du niveau de l'eau. Depuis, le pilote avoua, dit-on, qu'ayant eu très froid, il avait quitté son poste d'observation et était allé passer vingt minutes dans le refuge des fumeurs installé sur le pont. En retournant à son poste, il s'était aperçu que le bâtiment avait viré, et se trouvait engagé parmi les récifs. Il était trop tard pour conjurer le danger. Quelques instants après, le navire heurtait contre les rochers.

Une déchirure énorme se fit sur le flanc du steamer, et par cette ouverture béante les vagues entrèrent tumultueuses. Les passagers, réveillés en sursaut par le choc et le bruit de l'eau montante, s'élancèrent épouvantés sur le pont, ceux-ci à demi vêtus, ceux-là en chemise, d'autres munis des appareils de sauvetage que faisait distribuer le capitaine.

On voulut lancer les bateaux de sauvetage. Mais la rafale avait grossi : la mer était devenue terriblement houleuse. La plupart des canots s'émiettèrent dans l'air ; les autres, aussitôt à flot, furent engloutis

Le sauvetage des malheureux accrochés en grappe aux cordages.

par la lame. Pendant ce temps, le navire, — un beau navire presque neuf, de 81 mètres de long — coulait bas avec une effrayante rapidité ; et bientôt la mer, envahissant le pont, emporta comme des fétus de paille, hommes, femmes et enfants qui luttèrent quelques secondes avec des cris déchirants, puis disparurent pour toujours. En moins d'un quart d'heure, plus de quatre-vingt-dix personnes, parmi lesquelles M. J.-N. Morton, rédacteur en chef du *Boston Globe*, et M. Oscar Iasigi, consul général de Turquie, périrent de cette façon.

Sept passagers avaient réussi à s'échapper sur un radeau. Restaient une trentaine de passagers et marins qui s'étaient accrochés aux agrès, et qui demeuraient là suspendus, glacés, épouvantés à la vue des eaux montant rapidement, et qui n'allaient pas tarder à arriver jusqu'à eux.

Vers huit heures du matin, on aperçut du haut du promontoire de Gay-Head le drame qui se passait en mer. Un premier bateau de sauvetage fut mis à l'eau, et, à sa suite, le bâtiment douanier *le Dexter*. Le sauvetage des malheureux accrochés en grappe aux cordages offrit, comme toujours, beaucoup de difficultés.

Les canots ne pouvaient approcher, de crainte de se briser contre la mâture du *City-of-Columbus* qui, seule, dépassait maintenant le niveau de l'eau. Les naufragés durent lâcher les agrès et se jeter à la mer pour nager jusqu'aux bateaux qui les recueillaient un à un. Cela dura jusqu'à midi. Plusieurs d'entre eux se noyèrent en cherchant à atteindre les canots; un autre, épuisé par la fatigue, tomba comme une masse et disparut; trois autres encore, recueillis à bord du *Dexter*, moururent de froid avant d'arriver à New-Bedford, où les conduisait le bâtiment douanier.

On nota quelques exemples de véritable héroïsme : celui du capitaine Wright, qui demeura le dernier sur le steamer sombré, et surtout celui du lieutenant Rhodes du *Dexter*, qui se fit attacher une corde autour de la ceinture, se jeta à la mer pour aller sauver des naufragés, heurta un débris de navire qui lui fit à la jambe une profonde entaille, retourna sur *le Dexter* pour se faire panser, et se rejeta de nouveau à l'eau pour accomplir sa mission de dévouement.

Dans le grand Océan, de nombreuses îles sont entourées, à quelques milles de leur littoral, d'une véritable ceinture de récifs madréporiques. Chaque île, avec ses récifs, constitue un ensemble auquel on a conservé le nom indien d'Attole. C'est sur les récifs de Vanikoro que périrent les deux frégates conduites par la Pérouse dans un voyage autour du monde : *l'Astrolabe* et *la Boussole*. Ce n'était le fait ni de l'impéritie, ni d'une ignorance coupable : ces parages du grand Océan n'étaient pas encore connus.

Longtemps on ignora le sort du célèbre navigateur, ou plutôt le lieu où ses navires s'étaient perdus ; des recherches entreprises en 1791, en exécution d'un décret de l'Assemblée nationale, étaient demeurées sans résultat, lorsqu'en 1826, le capitaine anglais Dillon, qui avait déjà fait plusieurs voyages en Océanie, ayant abordé à l'île de Tucopia,

L'*Astrolabe*.

voisine de l'archipel de Viti, y trouva entre les mains d'un indigène une poignée d'épée en argent sur laquelle était gravée un chiffre qui pouvait être celui de la Pérouse.

Le sauvage, interrogé sur la provenance de cet objet, indiqua une île assez éloignée, nommée Vanikoro, près de laquelle deux grandes « pirogues » avaient autrefois fait naufrage.

L'année suivante, le capitaine Dillon venait de Pondichéry à Vanikoro, sur un bâtiment dont la Compagnie du Bengale lui avait offert le commandement. Il put recueillir divers objets et débris provenant, selon toute apparence, des navires de la Pérouse : une grande cloche de bronze portant la marque de la fonderie de Brest, quatre pierriers, et un morceau de bois décoré de fleurs de lis et d'autres sculptures, ayant dû appartenir au couronnement de l'une des frégates naufragées.

Le capitaine Dumont d'Urville, chargé, en 1826, de reconnaître avec *l'Astrolabe* des régions peu fréquentées de l'Océanie et d'y rechercher les traces de la Pérouse, se trouvait devant la terre de Van-Diémen, lorsqu'il apprit la découverte du capitaine Dillon à Vanikoro. Sans perdre de temps, il se dirigea vers cette île, où il arriva le 21 février 1828. Il fit explorer les récifs et questionna les insulaires. Ce qu'il apprit d'eux, lui permit de reconstituer les phases du sinistre maritime. Nous laissons la parole à l'illustre navigateur.

« A la suite d'une nuit très obscure, durant laquelle le vent du sud-est soufflait avec violence, le matin, les insulaires virent tout à coup sur la côte méridionale, vis-à-vis le détroit de Tanema, une immense pirogue échouée sur les récifs. Elle fut promptement démolie par les vagues, et disparut entièrement sans qu'on pût rien sauver par la suite. Des hommes qui la montaient, un petit nombre seulement purent s'échapper dans un canot et gagner la terre. Le jour suivant, et dans la matinée aussi, les sauvages aperçurent une seconde pirogue semblable à la première, échouée devant Païou. Celle-ci sous le vent de l'île, moins tourmentée par le vent et la mer, d'ailleurs assise sur un fond régulier de douze ou quinze pieds, resta longtemps en place sans être détruite. Les étrangers qui la montaient descendirent à Païou, où ils s'établirent avec ceux de l'autre navire, et travaillèrent sur-le-champ à construire un petit bâtiment des débris du navire qui n'avait point coulé... Enfin, après six ou sept lunes de travail, le petit bâtiment fut terminé, et tous les étrangers quittèrent l'île.

« Tout nous porte à croire que la Pérouse, après avoir visité les îles des Amis et terminé la reconnaissance de la Nouvelle-Calédonie, avait remis le cap au nord et se dirigeait sur Santa-Cruz.. Il crut pouvoir continuer sa route pendant la nuit, comme cela lui était souvent arrivé, lorsqu'il tomba inopinément sur ces terribles récifs de Vanikoro, dont l'existence était entièrement ignorée. Probablement la frégate qui marchait en tête (et les objets rapportés par Dillon ont donné lieu de penser que c'était *la Boussole* elle-même) donna sur les brisants sans pouvoir se relever, tandis que l'autre eut le temps de revenir au vent et de reprendre le large ; mais l'affreuse idée de laisser leurs compagnons de voyage, leur chef peut-être, à la merci d'un peuple barbare, ne dut pas permettre à ceux qui avaient échappé au premier péril, de s'écarter de cette île funeste ; et ils durent tout tenter pour arracher leurs compatriotes au sort qui les menaçait. Ce fut là, nous n'en doutons point, la cause de la perte du second navire. L'aspect même des lieux où il est resté, donne un nouvel appui à cette opinion. Car au premier abord, on croirait y trouver une passe entre les récifs. Il est donc possible que les Français du second navire aient essayé de pénétrer par cette ouverture en dedans des brisants, et qu'ils n'aient reconnu leur erreur que lorsque leur perte était aussi consommée. »

Les objets retrouvés par Dumont d'Urville, joints à ceux déjà rapportés en France par le capitaine Dillon, figurent aujourd'hui au musée de la marine au Louvre, disposés sur une pyramide. Depuis, de nouvelles recherches ont été entreprises. En 1883, le lieutenant de vaisseau Bénier, commandant *le Bruat*, a réussi à retirer de la mer trois ancres, trois canons, diverses plaques de fer blanc et de plomb. L'un des canons portait le millésime de 1621 ; un petit canon de bronze trouvé sur le grand récif marquait la place où *l'Astrolabe* avait sombré. Ces objets, rapportés d'abord à Nouméa, y ont été reçus avec les honneurs qu'on eût rendus aux dépouilles mêmes des victimes du célèbre naufrage.

D'après les ordres du gouverneur, les compagnies de débarquement des bâtiments de guerre et les troupes de la garnison avaient été mises sur pied. Tous les fonctionnaires de la colonie accompagnaient le gouverneur, qui présidait à cette cérémonie, et la population entière s'était massée sur les quais pour assister au débarquement de ces épaves.

Elles quittèrent *le Bruat* dans une chaloupe ornée de fleurs et de feuillage, remorquée par deux embarcations commandées par un officier. A ce moment *le Bruat* les salua de vingt et un coups de canon. Le capitaine de vaisseau Pallu de la Barrière, gouverneur de la Nouvelle-Calédonie, prononça une allocution en recevant à leur arrivée à terre, des mains de M. le lieutenant de vaisseau Bénier, les épaves des deux bâtiments. Et la cérémonie fut close par une seconde salve de vingt et un coups de canon.

Pareille aventure sinistre arriva, en 1806, au *Sydney* allant de Port-Jackson (Australie) au Bengale, et qui se préparait à passer le détroit de Dampierre, lorsqu'à une heure du matin, il toucha sur un banc de corail qui n'était marqué sur aucune carte — peut-être ayant surgi récemment à la surface des eaux, comme cela a lieu sans cesse dans ces mers. Le bâtiment avait heurté avec violence ; son avant commença aussitôt à s'ouvrir. Deux heures après, on mesurait six pieds d'eau dans la cale. Le navire paraissant irrémédiablement perdu, on mit les canots en état de recevoir l'équipage, composé de cent huit hommes.

Le capitaine du *Sydney* rapporte comment, après avoir distribué son équipage entre toutes ses embarcations et fait répartir entre elles autant de vivres qu'elles en pouvaient contenir, il abandonne, le cœur serré, son pauvre navire. Il s'embarque dans la chaloupe avec son second officier et soixante-quatorze Lascars; deux autres officiers prirent place dans le canot, avec quatorze hommes; la yole fut occupée par quinze Malais et un Cypaye. Le vent fraichit pendant la nuit et la houle devenant fort grosse, la yole remorquée par le canot coula à fond, et aucun de ceux qui la montaient ne put être secouru. Mais le reste de l'équipage fut débarqué sans avoir trop souffert sur plusieurs points de la Malaisie : à Céram, et à Poulo-Pinang, sur la côte occidentale de Sumatra.

Il peut arriver qu'un navire s'approche trop de la terre, porté par des courants, ou mal dirigé par suite d'une déviation des compas. Certaines cartes marines indiquent une roche comme émergeant qui est au contraire, et le plus souvent, un danger caché sous l'eau. C'est ainsi que périrent aux Canaries, il y a quelques années, un vapeur anglais, *le Sénégal*, et en octobre 1884, le steamer *la Ville-de-Para*, capitaine Laperdrix.

Tout cela c'est l'inévitable, et toute la science du marin ne peut suppléer au défaut de connaissances complètes, que tous les gens de mer cherchent à acquérir, mais qui sont le plus souvent conquises une à une, au prix de quelque perte douloureuse.

C'est ainsi que *le Teuton*, grand bateau à vapeur de *l'Union Steamship Company*, commandé par le capitaine Manning, ayant quitté l'Angleterre le 6 août 1831, avec deux cent quarante passagers et quatre-vingts hommes d'équipage, à destination de Natal, poursuivait son voyage, par un très beau temps, vers Algoa-Bay, au delà du Cap; lorsqu'à sept heures du soir, le 31 août, il toucha près d'Aguilhas, à quatre milles de la côte, sur une roche non indiquée sur la carte. Le capitaine fit mettre sans délai tous les canots à la mer et préparer l'embarquement des passagers. Soudain *le Teuton* s'enfonce et coule à pic. Quatre grands canots sont entraînés dans le gouffre avec lui ; trois seulement, plus éloignés, échappent au remous du bâtiment qui sombre.

Près de deux cents passagers et soixante marins, parmi lesquels le capitaine Maning, périrent dans ce naufrage.

CHAPITRE VIII

VOIES D'EAU A LA SUITE DE GROS TEMPS ; ON ALLÈGE LE NAVIRE ; INSUFFISANCE DES POMPES ; NAUFRAGE DE L'*Epervier*, DU *Degrave*, DU VAISSEAU *le Bourbon*, DE L'*Union*, DE LA *Junon*, DE L'*Hercule*, DE LA *Clio*; RUPTURE D'UNE HÉLICE ; LE *Silistria ;* SIMPLE ACCIDENT ; LE *Royal-George*.

Fréquemment des voies d'eau se déclarent sous l'action de la tempête, l'assaut de la vague disjoint les bordages — cela s'entend surtout des navires anciens ou appartenant aux nations maritimes qui ne suivent que de loin les progrès dans la construction navale — les coutures du bâtiment sont dégarnies de leurs étoupes. Bientôt, l'eau s'élève de plusieurs pieds au-dessus du lest ou de la cargaison. Alors, tandis qu'une partie de l'équipage se met aux pompes, l'autre partie cherche, tout le long de la membrure, par où l'eau entre avec le plus de force. Mais toutes les voies d'eau ne sont pas accessibles. La seule ressource effective est de vider l'eau à mesure qu'elle s'introduit : heureux l'on est si elle n'augmente pas, tandis qu'on cherche à l'épuiser. Quel travail que celui des pompes ! Tout le monde s'y met, sans distinction de rang et jusqu'à l'anéantissement des forces ; chacun peine là pour sa vie. L'eau qui remplit la cale, les ponts, coupe le chemin des vivres ; de sorte que ce rude labeur se fait dans les pires conditions.

On allège aussi le navire, en jetant par-dessus bord canons, marchandises et provisions ; parfois on coupe le mât d'artimon, sauf à se décider après à couper le grand mât. A mesure que le navire coule, les brèches s'élargissent et de nouveaux passages s'ouvrent à l'eau. La cale est pleine, le faux-pont envahi. Tout équilibre se trouve rompu.

Au roulis, les flots battent lourdement les flancs intérieurs du navire. L'on en voit sourdre des gerbes d'eau qui retombent en cascades par les écoutilles.

C'est par une de ces voies d'eau qui se déclarent au plus fort d'une tempête, et lorsque le navire longtemps secoué n'offre plus la résistance des premières heures, que périt *le Perow* (*l'Epervier*), vaisseau de la Compagnie hollandaise des Indes Orientales, monté par soixante-quatre hommes d'équipage et qui fit naufrage sur les côtes de l'île de Quelpaert, dans la mer de Corée, en 1653.

Ce sont également plusieurs voies d'eau qui amenèrent la perte du vaisseau anglais de la Compagnie des Indes, *le Degrave*, en 1701. Ce navire qui avait touché, en descendant dans le Gange, entreprit malgré le mauvais état de sa coque, de revenir en Europe, et tenta de doubler le cap de Bonne-Espérance. Mais son équipage étant épuisé de fatigue par un travail sans relâche aux pompes, soutenu depuis plusieurs mois pour garder le bâtiment à flot dans sa marche, il fallut renoncer à atteindre le Cap, et aller s'échouer à Madagascar. Ce naufrage est célèbre par les aventures de Robert Drury, un tout jeune passager, que son père avait laissé partir pour le Bengale, et dont les infortunes ont défrayé les *Histoires des naufrages*.

En 1741, le vaisseau de la marine française *le Bourbon*, commandé par le marquis de Boulainvilliers, revenait des Antilles, et avait été séparé par le mauvais temps de l'escadre de l'amiral d'Antin qui avait eu à soutenir plusieurs combats contre les Anglais.

Le coup de vent qui venait d'assaillir l'escadre avait disjoint les bordages du vieux vaisseau de guerre. Il faisait eau de toutes parts. Les marins furent mis aux pompes ; mais la situation n'alarmait personne. *Le Bourbon* se trouvait à proximité des côtes d'Espagne et l'on s'était familiarisé avec ses défectuosités. Mais dans la nuit du 10 au 11 avril, la cruelle vérité apparut, non sans jeter un certain émoi dans cet équipage de huit cents hommes, se voyant exposés à un péril imminent. Toute l'artillerie, tous les corps lourds furent précipités à la mer, mais on respecta la mâture : chargée de voiles, d'elle seule pouvait venir le salut.

Malheureusement, le vent faiblit sensiblement, le vaisseau ne marcha plus, chaque minute l'alourdit par une accumulation d'eau montant toujours devant les pompes devenues impuissantes. C'en est fait. Il faut songer à abandonner ce navire qui a fait son temps et dont l'existence

Le *Bourbon* fut englouti.

n'a pas été sans gloire. Ordre est donné de construire un radeau ; on le lance, et les embarcations mises à l'eau s'emplissent de marins. Au moment où tout semblait disposé pour le sauvetage, — et sans doute on n'avait pas assez fait pour cela — *le Bourbon* dont la ligne de flottaison se trouvait au niveau des sabords fermés, fut englouti soudainement : vaisseau, chaloupe et radeau disparurent aux yeux de ceux, plus favorisés, qui avaient pris place dans les embarcations et qui ne durent leur salut qu'à la distance où ces embarcations se trouvaient. Ce jour-là périrent le capitaine du *Bourbon*, cinq de ses officiers, et six cent dix-sept marins de son équipage.

Une voie d'eau s'était déclarée dans la coque du vaisseau anglais *l'Union* qui faisait voile pour Gibraltar (1775) avec de nombreuses troupes à bord. Le capitaine Neal perdit la tête, commanda plusieurs fausses manœuvres, périt en voulant se sauver des premiers, et les passagers n'eurent que la ressource d'aller s'échouer sur un banc de sable de l'île de Ré. Le sauvetage fut accompli très courageusement par la garnison de l'île.

C'est aussi par une voie d'eau que périt la *Junon*, bâtiment de 450 tonneaux, parti de Rangoun avec une cinquantaine d'hommes d'équipage et quelques passagers, au nombre desquels plusieurs femmes. Il toucha, peu après son départ, sur un fond de sable fin, ce qui occasionna dans la coque des avaries que l'on ne connut pas tout d'abord. Le voyage fut poursuivi ; mais une grosse mer fatigua beaucoup le navire ; et enfin une voie d'eau se déclara. On para tant bien que mal aux difficultés de la situation, surtout par le jeu actif de toutes les pompes ; mais après quinze jours d'un labeur incessant, l'équipage commença à concevoir des craintes sérieuses pour son salut.

La Junon était commandée par le capitaine Bremner, et avait pour second maître John Mackay, qui a donné une intéressante relation de ce naufrage. Lorsque les hommes se montrèrent épuisés par la fatigue et la privation de repos, on se décida à mettre dehors toutes les voiles que le vaisseau pouvait porter, et d'arriver vent arrière, de manière à gagner la partie la plus proche de la côte de Coromandel. « On mit donc dehors les huniers et les basses voiles, en prenant tous les ris, mais les pompes exigeaient un travail si assidu, qu'il ne fut pas possible de donner l'attention nécessaire aux voiles, de sorte que bientôt le vent les eut toutes enlevées, à l'exception de la misaine. Nous mîmes donc en travers, dit John Mackay. Le bâtiment s'enfonçait tellement et devenait si lourd, que souvent nous désespérions qu'il pût jamais s'élever de nouveau. L'alarme était à bord, et il fut très difficile de maintenir chacun à son poste. Vers midi, nous orientâmes la misaine, et nous marchâmes vent arrière à sec, en même temps que nous unissions tous nos efforts pour vider avec les pompes et les seaux, l'eau qui remplissait le bâtiment : mais ce fut en vain...

« Vers neuf heures du soir, on coupa le grand mât pour alléger le bâtiment, et l'empêcher de couler bas, au moins jusqu'au lendemain ; mais par malheur, ce mât tomba sur le pont, et, dans la confusion que cet accident occasionna, les hommes placés au gouvernail laissèrent le bâtiment présenter le travers à la lame, et l'eau entra de tous côtés. Un peu après, le bâtiment arriva de toute la ligne du vent, et s'arrêta aussitôt : la secousse soudaine qu'il donna nous fit penser qu'il coulait à fond ; mais il ne s'enfonça plus dès que le pont fut sous l'eau. Tout le monde grimpa dans les haubans, s'élevant de plus en plus haut, à mesure que les lames qui se succédaient, submergeaient plus profondément le navire. »

Cependant le bâtiment ne coula pas à fond, comme tout l'avait fait craindre, et une grande partie de l'équipage et des passagers passèrent vingt jours dans la plus horrible situation, endurant toutes les souffrances, ayant recours, pour soutenir leur misérable existence, aux moyens odieux que la faim suggère aux survivants de ces catastrophes : dépecer et manger les morts. Les courants finirent par porter *la Junon* à la côte birmane (1795).

A la suite d'une tempête, le navire américain *l'Hercule* qui avait quitté l'Indoustan, ayant à son bord un chargement de riz pour Londres, se trouva à deux cents lieues de la côte orientale d'Afrique, avec plusieurs voies d'eau dans ses flancs. Tout ce qu'on fit pour lutter contre l'invasion de la mer, ne put que retarder le moment de la catastrophe. Il fallut gagner le littoral africain et s'estimer heureux d'échouer : c'était non loin de l'endroit où *le Grosvenor* avait péri en 1782, et lorsque le capitaine Benjamin Stout se trouva en communication avec les Cafres, il constata que le souvenir du naufrage du *Grosvenor* était encore très présent à l'esprit des indigènes. Il apprit que le capitaine Coxon et la plupart de ses hommes avaient été tués en s'opposant à ce qu'un des chefs cafres emmenât à son kraal deux femmes blanches, passagères du *Grosvenor*.

Une voie d'eau, occasionnée par de très mauvais temps subis, faillit amener la perte du bâtiment marchand *la Clio* en 1818. Ce qu'il y a de particulier dans la traversée difficile que fit ce navire, de la Martinique à Falmouth (Angleterre), c'est que pendant quarante-neuf jours il demeura en péril de sombrer, ayant toujours la mer mauvaise, sa mâture abattue par les lames et l'eau augmentant dans la cale, bien que les pompes fussent sans cesse en mouvement. Un navire américain, puis un brick suédois rencontrés donnèrent au bâtiment en détresse quelques provisions : le premier, une barrique d'eau, un quart de biscuit, un fanal et quelques chandelles ; le second, deux barriques d'eau, du biscuit, des légumes, un peu de bœuf. — Il faut avouer que le capitaine de *la Clio*, François Clémence, de Dieppe, et son équipage donnèrent en cette circonstance un rare exemple d'énergie.

Il arrive qu'une voie d'eau se produit accidentellement et dans des conditions telles que les pompes ne suffisent pas toujours à vider le navire à mesure qu'il se remplit. L'eau gagne et l'équipage n'a que la ressource d'abandonner le navire en perdition ; heureux s'il se trouve à proximité quelque bâtiment en mesure de sauver les hommes réfugiés dans des canots.

Une voie d'eau se déclara à l'arrière du bateau à vapeur ottoman *le Silistria*, à la suite de la rupture de l'hélice (1859). Ce navire, parti d'Alexandrie pour Constantinople, avait à son bord trois cent soixante personnes, — équipage et passagers. L'accident eut lieu vingt-quatre heures après que le bateau à vapeur avait levé l'ancre. On ne se trouvait donc pas très loin du littoral égyptien et l'on pouvait s'attendre à rencontrer quelque navire.

On en rencontra deux successivement. Le premier ne tint compte ni des signaux de détresse, ni des appels par le canon et s'éloigna ; le second, un brick égyptien, *le Reis-Ibrahim*, ne voulut consentir à porter secours au navire en péril que moyennant une grosse somme d'argent payée comptant, et un contrat en bonne forme pour le surplus.

L'équipage turc du *Silistria*, sous l'influence du fatalisme musulman, ne faisait rien pour combattre l'invasion de l'eau ; et le capitaine et les siens, yatagans dégainés, résistaient aux remontrances et aux exhortations des passagers. On vit rouler la tête d'un Croate, et plusieurs matelots autrichiens portèrent les marques du tranchant de l'acier. Par toutes ces raisons, le dénouement inévitable arriva. Le troisième jour, le bâtiment à vapeur s'abîmait à la vue du voilier égyptien, et cinquante-six personnes périssaient; dans le nombre l'irritable capitaine turc et treize de ses marins.

La perte des navires n'est pas toujours causée par le désordre des éléments. Elle a lieu aussi fortuitement par un fâcheux concours de circonstances que rien ne pouvait faire prévoir ni conjurer.

Le Royal-George, vaisseau anglais de cent huit canons, armé en 1755, bon marcheur, fin voilier, et sur lequel avaient commandé Anson, Boscaven, Rodney, Howe et Hawke, périt dans la baie de Spithead, sur la côte d'Angleterre, par une cause dont l'insignifiance n'aurait jamais pu faire soupçonner le résultat. Cette épouvantable catastrophe dans laquelle neuf cents personnes perdirent la vie, a laissé un souvenir persistant et douloureux chez nos voisins d'outre-Manche.

C'était un bien beau navire que le *Royal-George*, et ses états de service étaient bien remplis !

Le matin du 28 août, pendant le lavage du pont et des entreponts, le maître charpentier reconnut que le tuyau amenant dans le navire l'eau du nettoyage se trouvait en fort mauvais état, et qu'il était nécessaire de le remplacer par un tuyau neuf. Or, l'orifice de ce tuyau était placé à bâbord, à trois pieds au-dessous de la ligne de flottaison ; il fallut donc pour cette réparation faire pencher le vaisseau sur un côté. Les canons furent éloignés des sabords, et ceux de tribord traînés au milieu du vaisseau, qui montrait ses sabords du rang inférieur ouverts presque au niveau de l'eau. « Vers neuf heures du matin, a écrit un survivant de l'épouvantable sinistre, nous avions à peine fini de déjeuner, lorsque vint se ranger le long du *Royal-George* un sloop de cinquante tonneaux, appartenant à trois frères qui s'en servaient pour apporter des vivres à bord du vaisseau de guerre. Ce sloop transborda des barils de rhum, opération qui empêcha de remarquer que le vaisseau penchait au point que les vagues pénétraient par les ouvertures des canons. Des souris s'enfuirent du côté immergé et les matelots s'amusèrent un moment à leur faire la chasse. Mais ce sport improvisé devait être cruellement interrompu.

« Le maître charpentier, s'apercevant enfin que le vaisseau courait un réel danger, vint par deux fois sur le pont demander au lieutenant de garde qu'il ordonnât de le faire redresser. La première fois le maître charpentier fut rembarré ; comme il insistait, il ne reçut que cette réponse : « Si vous êtes plus capable que moi de savoir ce qu'il faut faire, prenez le commandement du vaisseau ! »

Peu après, le lieutenant reconnut enfin lui-même l'imminence du danger, et il donna des ordres pour le conjurer : trop tard : le navire commençait à enfoncer ; une fraîche brise en s'élevant soudain assura et accéléra sa perte. Les canons, les boulets, tout ce qui était lourd fut entraîné vers le côté qui penchait, la plus grande partie des personnes se trouvant à bord s'y porta involontairement, et l'eau envahissant le vaisseau par les sabords, il sombra avec une vitesse telle qu'il ne fut possible de faire aucun signal de détresse, ni d'organiser des secours.

La grande vergue du *Royal George* saisit le sloop et l'entraîna dans les profondeurs de la mer.

A ce moment, douze cents personnes environ devaient se trouver à bord du vaisseau anglais. Deux cent trente marins qui se tenaient sur le pont, réalisèrent leur salut en grimpant aux agrès et furent recueillis peu après par les bateaux accourus sur le lieu de la catastrophe. Environ soixante-dix autres personnes s'évadèrent par les sabords ; tout le reste périt enfermé dans les entreponts du vaisseau de haut bord. L'amiral Kempenfellt, occupé à écrire dans son cabinet, suivit son navire au fond de l'eau.

Un jeune enfant fut miraculeusement sauvé de la mort par un mouton avec lequel il jouait sur le pont, et auquel il se cramponna : l'animal le soutint sur l'eau. Le père et la mère de cet enfant furent noyés et le pauvre petit ne put pas même dire leur nom ; la seule chose à sa connaissance, c'est qu'il s'appelait Jack. Ceux qui l'avaient recueilli sur la vague le prirent sous leur protection et l'élevèrent.

On ne connut jamais exactement le chiffre des victimes. Parmi les personnes étrangères à l'équipage du vaisseau et qui encombraient ses ponts au moment où il fut submergé, figuraient deux cent cinquante femmes appartenant aux familles de marins, et avec elles beaucoup d'enfants ; en outre, un certain nombre de marchands attirés là par les intérêts de leur commerce.

Des tentatives infructueuses furent faites pour remettre à flot *le Royal-George*. Ce n'est qu'en 1839-40, près de soixante ans après sa perte, que, sur les plans du colonel Pasley, on réussit à amener à la surface de la mer les débris du vieux « guerrier », comme disent les Anglais. Mais ce ne fut que pour donner cours à un commerce de reliques qui enrichit plus d'un industriel de Portsmouth. Ce commerce prospéra si largement qu'on vendit, assurent les sceptiques, autant de bois et de vieilles ferrailles qu'en auraient pu produire plusieurs vaisseaux de premier rang tels que *le Royal-George*.

CHAPITRE IX

COLLISIONS ; LA NUIT ; TRANSATLANTIQUES CHARGÉS D'ÉMIGRANTS ; SCÈNES DE TUMULTE ET D'HORREUR ; INDISCIPLINE ; LE NAVIRE VA COULER ; SECOURS DONNÉS PAR LE NAVIRE ABORDEUR ; PARFOIS LE NAVIRE ABORDEUR SE DÉROBE ; COLLISIONS ENTRE LE *Governor Fenner* ET LE *Nottingham*, LA *Favorite* ET LE *Hesper*, LA *Joséphine-Villis* ET LE *Mangerton*, LE *Général-Abbatucci* ET LE *Edward Hvridt*, LE *Northfleet* ET LE *Murillo*, LA *Ville-du-Havre* ET LE *Loch-Earn*, LE *Liberia* ET LE *Barton*, L'*Avalanche* ET LE *Forest*, LA *Princesse-Alice* ET LE *Bywell Castle*, LE *Saint-Germain* ET LE *Woodburn*, LE *Gijon* ET LE *Laxham*, LE *Luke-Bruce* ET LE *Durango*, L'*Onéida* ET LE *Bombay* ; ÉCLAIRAGE ÉLECTRIQUE ; COLLISIONS ENTRE CUIRASSÉS ; LE *Forfait* ET LA *Jeanne-d'Arc*, LE *Vanguard* ET L'*Iron-Duke*, LE *Kœnig-Wilhelm* ET LE *Grosser Kurfürst*, LA *Defence* ET LE *Valiant*, L'*Elbe* ET LE *Crathie*, LA *Bourgogne* ET LE *Cromartyshire*.

Parmi les accidents de mer, il n'en est pas de plus fréquents que les collisions.

Les abordages de navires devraient pourtant être rendus presque impossibles, par l'observation rigoureuse des prescriptions arrêtées par les règlements maritimes concernant le nombre et la position des feux, ainsi que les signaux acoustiques, tels que cornets, cloches ou sifflets ; la route — la mer — est assez large pour qu'il y ait place pour deux ; et l'on ne saurait s'entourer de trop de précautions dans les nuits obscures, pendant la brume et par les gros temps, — car les gros temps rendent plus meurtrières encore les conséquences des collisions. Au moment du choc, le navire le moins éprouvé, qu'il y ait de sa faute ou non dans l'abordage, ne se montre pas toujours disposé à faire l'impossible pour sauver les malheureux qu'il a exposés à la mort.

Le plus souvent les collisions ont lieu dans la nuit. Soudain un choc terrible ébranle le navire. Quel réveil ! Les marins sont habitués au danger ; mais quand il y a des passagers sur un bâtiment, comptant avec impatience les jours et les heures qui diminuent d'autant la traversée...

Ils ne parviennent pas à se rendre compte tout de suite de ce qui arrive; ils entendent courir sur le pont, où se heurtent des commandements, hélas ! trop tardifs ; où l'on s'interpelle avec d'étranges accents dans la voix. Des exclamations furieuses, des imprécations dévoilent bientôt l'horreur d'une situation désespérée. Les passagers sortent de leurs cabines à demi vêtus et, par toutes les issues, envahissent le pont, où se pressent déjà les matelots interdits : si les passagers se montrent plus affolés, les marins, par leur contenance, laissent voir plus de crainte sérieuse.

Il arrive que dans la collision le navire abordeur, en pénétrant dans les œuvres vives de l'autre navire, a fait d'abord quelques victimes. Des cris lamentables sortent de dessous les débris ; ceux qui survivent de ces premiers atteints, apparaissent ensanglantés.

Mais une voie d'eau est ouverte ; la mer entre en bouillonnant. Le travail des pompes ne peut avoir aucune utilité. Il va falloir quitter ce navire qui semble déjà se dérober sous les pieds de chacun. Malheureusement, plusieurs canots ont été brisés par le fait de l'abordage — il en est presque toujours ainsi ; — et cela diminue les chances de salut. On veut mettre à l'eau ceux que l'on possède encore ; mais dans la hâte extrême, les manœuvres s'exécutent mal, ou bien passagers et matelots se précipitent en si grand nombre dans les embarcations, qu'ils les font chavirer à peine sont-elles à flot.

Et cependant, quelques minutes encore, et le navire va s'engloutir, et la mort — une mort horrible — semble réservée à tous ces gens pleins de vie tantôt, qui n'attendaient pas la mort, ainsi que peuvent le faire les malades comme une délivrance à leurs maux, et les criminels comme un châtiment mérité. Aussi des scènes indescriptibles se produisent-elles ; les femmes se lamentent, les enfants pleurent ; on n'entend que des cris affreux ; les épouses s'efforcent de rejoindre leurs maris, les mères de retrouver leurs enfants ; une mère, égarée par la douleur, veut retourner dans les cabines que l'eau envahit déjà et où elle a laissé ses pauvres petits en les rassurant par une caresse ; une fille s'attache à sa mère et lui montre le ciel, des femmes s'embrassent et se font leurs adieux.

A bord d'un navire chargé d'émigrants, que de regrets ! Combien de reproches se fait le père de famille qui avait rêvé un avenir meilleur pour les siens, la fortune peut-être, et qui les a menés à l'abîme, tandis que là-bas, où ils se sentaient si mal à l'aise, c'était, après tout, le plancher de la patrie !

Il n'est pas rare de voir, au milieu d'une si horrible confusion, un prêtre oublieux pour lui-même du péril, allant de groupe en groupe, pour encourager, pour consoler, pour bénir. C'est une action méritoire et qui dénote une réelle force d'âme.

Mais le navire oscille d'une façon inusitée. Maintenant, un à un, les mâts inclinés, n'étant plus suffisamment soutenus par les cordages, se brisent et tombent avec fracas, écrasant les malheureux qui se pressent sur le pont, broyant les canots que l'on travaille à mettre à la mer, où parfois même déjà des naufragés ont réussi à prendre place. Les blessés, les mourants, mêlent leurs cris aux prières ardentes faites à haute voix par ceux qui n'attendent plus aucun secours des hommes, aux ordres des chefs donnés tour à tour sur le ton de la supplication, et sur celui de la menace, aux lamentations, aux appels des noms, aux hurlements, — aux craquements du navire, à tous ces bruits sinistres qui sont les voix de l'inévitable catastrophe.

Les chefs supplient et menacent, disons-nous : à bord d'un navire d'émigrants qui va sombrer, le capitaine dirige son revolver sur quiconque s'opposera à l'embarquement, dans les canots, des femmes, des enfants. Son attitude résolue impose à tous, excepté à quelque malheureux qui veut passer outre, et sur lequel le capitaine décharge son arme, réussissant par cet acte de vigueur à ramener un semblant de discipline parmi ceux qui l'entourent.

La dernière minute est arrivée ; l'avant ou l'arrière du vaisseau plonge sous la vague, et ceux qui ont encore conscience de la situation se sentent tout à coup descendre dans le vide. Un long cri d'horreur et de suprême angoisse marque ce moment ; l'eau tourbillonne, et puis, plus rien.

Cependant au-dessus du gouffre apparaissent des gens qui luttent encore avec la mort. Comment se retrouvent-ils à la surface de la mer ? Ils ne sauraient le dire. L'instinct de la conservation les a fait peut-être s'attacher à un débris qui, par sa nature, devait revenir flotter. Surpris de se sentir vivre encore, ils font des efforts pour atteindre un mât, une vergue à leur portée. Ils saisissent la pièce de mâture ; mais elle roule, et à chaque tour quelques-uns des malheureux qui s'y cramponnent, à bout de force, paralysés dans leurs mouvements par le froid de l'eau, disparaissent en poussant un long cri : Sauvez-moi ! Sauvez-moi ! répètent ces infortunés dans leur frayeur d'une mort prochaine, inévitable, car ils sentent qu'ils succombent dans la lutte soutenue. Il y a des appels plus déchirants encore : — Mon père ! mon père ! — Oh ! mon enfant !... Quelquefois un adieu résigné à des camarades de bord avec qui on avait partagé tant de dangers ! Un sourire décoloré qui semble dire : Au revoir !

Cette agonie dure parfois des heures !

Le sauvetage a commencé, — quand il y a sauvetage ! Les canots recueillent ceux qui surnagent, ceux qui, se trouvant sur le pont au moment où le navire sombrait, sont revenus sur l'eau et ont réussi à s'y maintenir ; d'autres, en grand nombre, ont coulé de nouveau, cette fois pour ne plus reparaître...

On ne sait ce que doit le plus redouter un navire, d'être abordé en pleine mer par un autre navire ou de toucher sur un écueil. Quand un navire passe au-dessus d'un bas-fond et s'y arrête, si furieuse que soit la mer contre cet obstacle qui surgit tout à coup devant ses vagues, elle met encore un certain temps à le briser, à le détruire. Dans l'abordage, si la voie d'eau est trop grande pour qu'on puisse songer à l'aveugler, la perspective de sombrer est en quelque sorte immédiate. Il est vrai que, comme compensation, le navire n'est pas seul alors, un autre navire ne se trouve pas bien loin : celui qui a occasionné le sinistre et d'où peut venir le secours.

Ce secours d'un navire à un autre fait rarement défaut. Il est pourtant arrivé trop de fois que, par crainte de réclamations pécuniaires pour le dommage causé, le navire abordeur poursuit sa route à la faveur de la nuit ou du brouillard, comme un malfaiteur. Réclamation de secours, appels éperdus, cris désespérés : rien n'y fait. Ce sont là des choses qui révoltent...

Après les échouements, ce sont les collisions qui fournissent le plus de naufrages. La liste en serait bien longue s'il était possible de l'établir ! Bornons-nous, sans remonter trop loin dans le passé, de rappeler ceux de ces sinistres qui ont causé le plus de deuil.

Le 19 février 1841, *le Governor-Fenner*, parti de Liverpool pour l'Amérique, est coulé, près de Holyhead, par le steamer *le Nottingham*, de Dublin ; cette collision causa la mort de cent vingt-deux personnes.

Le 29 avril 1853, autre collision, dans la Manche, entre *la Favorite*, se rendant de Brême à Baltimore, et le navire américain *Hesper* : deux cent un morts.

Le 3 février 1856, le steamer anglais *Joséphine-Willis* est coulé, encore dans la Manche, par le vapeur à hélice *Mangerton* : soixante-dix victimes.

Le 7 mai 1869, vers deux heures du matin, par une mer houleuse, le paquebot *le Général-Abbatucci*, capitaine Nicolaï, de la Compagnie Valery, allant de Marseille à Civita-Vecchia, fut abordé par le brick norvégien *Edward-Hvidt*, capitaine Jensen. Le brick, après avoir fait au paquebot une grande ouverture à l'avant, s'était éloigné, assez mal arrangé lui-même. Il fallut que le capitaine Nicolaï envoyât un canot à son bord pour réclamer du secours ; dans ce canot, quatre matelots et le second du capitaine devaient prendre place : quatorze hommes de l'équipage du *Général-Abbatucci*, obéissant à la peur, abandonnèrent le paquebot en péril, et, lorsque le second voulut revenir, aucun de ces hommes ne voulant l'aider à ramener le canot, il ne put lutter contre la mer et fut englouti.

En l'absence de tout secours, le capitaine Nicolaï fit route désespérément sur le brick norvégien, et l'élongea à tout risque par tribord de l'arrière à l'avant, manœuvre grâce à laquelle plusieurs passagers et matelots purent sauter sur le pont du navire abordeur ; mais le brick refusait de mettre en panne et d'envoyer ses embarcations ; le capitaine Nicolaï, faisant machine en arrière, réussit une seconde fois à l'accoster, ce qui permit encore à une quinzaine de passagers de se sauver. « Malheureusement, écrit le capitaine dans son rapport, ne recevant ni amarres, ni aucun secours de ce navire qui s'éloignait de plus en plus de nous, après deux heures de fatigues et de manœuvres, je commençais à désespérer, quand vers quatre heures, le jour se faisant à l'horizon, j'aperçus un navire au large. Je mis immédiatement mon pavillon en berne, et, à mes signaux de détresse, ce navire fit route sur nous ; mais la pression de l'eau enfonça la cloison étanche, et alors l'eau gagna avec une rapidité effrayante le bateau qui nous manquait sous les pieds.

« Je criai le « sauve qui peut », et le premier je donnai l'exemple en me jetant à la mer. Deux minutes après, le navire sombrait.

« Je vis alors une vingtaine de personnes, passagers et équipage, se débattre sur l'eau, et, aidées de quelque débris, se maintenir à la surface. Le navire qui venait à notre secours, le trois-mâts norvégien *Embla*, capitaine Toudalh, mit deux embarcations à la mer, et recueillit ainsi vingt des naufragés, à qui il s'empressa de prodiguer tout ce dont ils avaient besoin.

Il y avait à bord du *Général-Abbatucci* quelques soldats. L'un d'eux, le nommé Paillard, se mit à la roue du gouvernail après la désertion de l'équipage. « Tout à coup, dit un de ces braves militaires, la cloison étanche cède, l'eau gagne l'avant qui s'affaisse, et pénètre peu à peu dans la machine. Le mécanicien laisse échapper la vapeur et se jette à la mer. Une vague balaie tout le pont jusqu'à la dunette et envahit avec fracas l'entrepont et le logement de la chaudière ; le capitaine crie : « Sauve qui peut ! » et s'élance à l'eau muni d'une bouée.

« Quand le capitaine sauta, raconte Paillard, nous nous mîmes tous à genoux; un jeune prêtre récitait des prières; les dames disaient : — Nous allons mourir, faisons des actes de contrition. Les voyageurs des premières avaient déposé sur le pont leur or, leurs bijoux, leurs montres ! — Il ne faut pas, disait-on, paraître devant Dieu avec tout cela. »

On a vu comment un petit nombre de survivants furent sauvés. Quarante-neuf passagers et matelots périrent dans ce sinistre.

Trois ans plus tard, dans une autre collision dont les effets furent désastreux, le capitaine du navire abordeur montra encore plus d'inhumanité : il essaya de se soustraire par la fuite à la responsabilité encourue.

Il s'agit de la collision qui amena la perte du *Northfleet*, pendant la nuit, près de Douvres, le 22 janvier 1872. Le navire abordeur, — un bateau à vapeur, qui fut connu après enquête pour être *le Murillo*, navire de nationalité espagnole, ne se détourna point de sa route après le choc, malgré les appels de l'équipage du *Northfleet* et les cris désespérés des passagers.

Le Northfleet, navire d'émigrants de 940 tonneaux, transportait à Hobart Town (Tasmanie) trois cent cinquante passagers, avec des femmes et des enfants. Il comptait quarante hommes d'équipage. Il avait à bord une cargaison de rails pour un chemin de fer à établir dans la colonie anglaise où il se rendait. Au moment du départ, le capitaine Oates avait été retenu par un mandat judiciaire le citant comme témoin dans

le procès Tichborne, et le second, capitaine Knowles, avait pris le commandement.

Au moment de la collision, la mer n'était pas grosse et le navire était bien ancré en vue de Dungeness. Les passagers étaient descendus, et il ne restait plus sur le pont que les officiers et les hommes de service. A onze heures sonnant, la vigie aperçut un gros bâtiment à vapeur qui s'avançait droit sur *le Northfleet* à toute vitesse. *Le Northfleet* ne pouvait essayer d'éviter le choc, puisqu'il était à l'ancre. Le veilleur de quart n'avait que la ressource d'avertir par ses cris le vapeur qui poursuivait sa marche sans dévier d'une ligne. Aux cris de la vigie, le capitaine Knowles monta sur le pont, où il arriva au moment même où le gros vapeur défonçait son navire au-dessous de la ligne de flottaison avec un bruit pareil à un coup de canon.

Après ce choc terrible, le steamer se dégagea et disparut rapidement. On comprendra toute l'horreur de la situation où se trouva le malheureux navire par le résumé de l'émouvante déposition faite par le maître d'équipage du *Northfleet* devant le coroner chargé de l'enquête.

« A huit heures, le soir de la catastrophe, nous étions commodément ancrés dans la baie de l'Est (de Dungeness), en vue du phare, et en compagnie de deux cents autres navires. Les matelots de quart prirent la veille de nuit, et passagers et équipage rentrèrent dans leurs cabines pour se coucher. Le maître d'équipage resta sur le pont jusqu'à environ dix heures et demie, et après avoir remarqué que la nuit, bien qu'obscure, était relativement belle, il descendit se mettre au lit. Il n'y avait pas vingt minutes qu'il était couché qu'il entendit l'homme de veille crier : « Steamer, faites attention ! »

« Ce cri ne reçut aucune réponse, et au moment où l'homme de vigie le répétait, le navire fut ébranlé dans toutes ses membrures par un choc terrible. Le maître d'équipage se précipita sur le pont, et la première personne qu'il aperçut fut le capitaine. « Tout l'équipage sur le pont, s'écria ce dernier, et aux pompes ! » Il devait être onze heures.

« Comme il courait pour appeler l'équipage, le contre-maître vit distinctement la coque noire d'un grand vapeur passant lentement à l'arrière.

« Les passagers, terrifiés, s'étaient jetés à bas de leurs lits et encombraient le pont du navire, surtout du côté où se trouvait le vapeur, en criant : « Sauvez-nous ! sauvez-nous ! nous sombrons ! »

« Le capitaine et le pilote, montés dans les haubans du mât de misaine, priaient instamment le navire qui s'éloignait de s'arrêter. Mais il ne leur fut pas répondu un seul mot, et le vapeur continua sa route, laissant le bâtiment qu'il venait d'enfoncer, à la merci des flots.

« Alors le capitaine, se voyant abandonné, ordonna au maître d'équipage et au pilote de descendre dans la cale pour s'assurer de l'étendue du mal, tandis que lui-même allait au milieu des passagers et tâchait de rétablir un peu d'ordre.

« Un seul coup d'œil jeté sur l'ouverture faite au flanc du navire suffit pour prouver l'inutilité du travail des pompes, l'eau entrait par tonnes. Le maître d'équipage remonta sur le pont et fit son rapport au capitaine, alors à la poupe, où il aidait à tirer des fusées en signe de détresse.

— « Chargez le canon, contre-maître, et faites feu, dit le capitaine, puis lancez les chaloupes, c'est tout ce qui nous reste à faire.

« Si l'on avait pu tirer le canon, le bruit de la décharge aurait attiré l'attention des navires ancrés à proximité, qui confondirent les fusées avec des signaux demandant un pilote. Ces navires n'auraient pu se tromper sur la signification, les vaisseaux marchands ne tirant jamais le canon pour attirer le pilote. Mais le refouloir se brisa, et il fut impossible de charger. Il ne restait plus d'autres ressources que les chaloupes.

« Déjà cette idée s'était emparée des passagers, qui, dans une lutte désespérée, se précipitaient vers ces embarcations, pendant que le capitaine suppliait et menaçait tour à tour pour obtenir qu'on ouvrît passage aux femmes et aux enfants. Si les malheureux passagers avaient conservé leur calme, il était possible de les sauver tous. Nous avions assez de canots pour les transporter sur le remorqueur qui était près de nous. Mais il était inutile de chercher à leur faire entendre raison. L'épouvante les avait rendus fous. Lorsqu'on mit la chaloupe à la mer, ils s'y jetèrent en foule aussitôt qu'elle eut touché l'eau; le capitaine m'avait confié sa femme, j'attendais ses ordres, avirons en main; il s'approcha du bord et je lui dis que nous coulions.

— « Partez, répondit-il, et que Dieu vous protège !

« Je ne le revis plus ; cependant, au moment où nous touchions le remorqueur, je tournai la tête et je l'aperçus à la poupe, à son poste, avec le docteur.

« Tout le navire était éclairé des feux qu'on avait allumés et l'on voyait les gens sur le pont comme s'il avait fait grand jour. Leurs cris étaient épouvantables. Encore deux ou trois coups d'aviron, et nous étions à bord du vapeur à l'ancre. Alors je me retournai de nouveau, mais les lumières étaient éteintes, les cris avaient cessé, *le Northfleet*, avait disparu.... »

Le vapeur *la Cité-de-Londres*, qui avait aperçu les signaux de détresse, vint en toute hâte sur le lieu du sinistre et réussit à recueillir la plupart des personnes qui se trouvaient dans la chaloupe. Il recueillit également plusieurs passagers et des hommes de l'équipage qui s'étaient jetés à la mer : trente-quatre personnes en tout. *La Cité-de-Londres* continua à croiser sur le lieu du naufrage jusqu'au matin, sauvant ceux qui avaient pu se soutenir au moyen des épaves du navire. Le lougre *Mary* fut assez heureux pour recueillir, de son côté, trente des infortunés passagers. Le côtre-pilote de Londres n$_o$ 3, et *la Princesse*, stationnée à Douvres, se portèrent aussi sur le théâtre du sinistre et réussirent à sauver vingt et une personnes, dont dix qui s'étaient réfugiées sur les agrès.

Parmi les rares personnes échappées à la mort, on cite une petite fille de dix ans, inconnue de tout le monde. Elle raconta que son père l'avait mise dans le bateau, lui disant qu'il allait chercher sa mère, mais qu'il n'était pas revenu...

On retrouva *le Murrillo* dans le port de Cadix.

Vingt-deux mois plus tard, le magnifique transatlantique français *la Ville-du-Havre*, venant de New-York avec de nombreux passagers, fut abordé, au milieu de sa traversée, par le trois-mâts en fer, *le Loch-Earn*. Le choc fut reçu par le bateau à vapeur du côté de tribord, en face du grand mât ; il ouvrit une brèche de plusieurs mètres par laquelle la mer se précipita. Le bâtiment commença à vaciller ; ses mâts s'abattirent l'un après l'autre, écrasant dans leur chute les malheureux qui essayaient de mettre à l'eau les canots du bord.

Un moment après, le transatlantique disparaissait submergé. Le capitaine du *Loch-Earn* multiplia les efforts pour le sauvetage des survivants ; mais deux cent vingt-six personnes trouvèrent la mort dans cette catastrophe (15 novembre 1873.)

Le 13 avril 1874, le vapeur anglais *Liberia* fut rencontré près des îles Scilly par le vapeur *Barton* ; les deux navires sombrèrent à la suite du choc, sans qu'on pût sauver un seul naufragé. On ne possède aucun détail sur la collision et l'on ignore le nombre des victimes.

Le 11 septembre 1877, le navire *l'Avalanche*, chargé d'émigrants, se

A bord de la *Ville-du-Havre.*

rendait de Londres à la Nouvelle-Zélande, lorsqu'il fut rencontré dans la Manche, au sud de Portland, par *le Forest*, de Windsor (Nouvelle-Ecosse) ; les deux navires furent engloutis, et on ne sauva qu'une douzaine de personnes.

La Tamise participe tellement du mouvement de la navigation dans les eaux anglaises, que nous donnerons un souvenir à la catastrophe qui amena la perte de *la Princesse Alice*, le 3 septembre 1878. Ce magnifique steamer ramenait de Sheerness plus de neuf cents personnes, en promenade sur la Tamise, lorsqu'il fut abordé, près de Woolwich, par l'énorme vapeur *Bywell-Castle*. *La Princesse Alice* sombra en un moment. On parvint à tirer de l'eau cent quarante-six naufragés. Environ six cent quarante cadavres furent recueillis. Une centaine de corps durent rouler jusqu'à la mer. Quelle fin d'une partie de plaisir !

Une autre collision plus récente se produisit en 1883 entre le paquebot *le Saint-Germain* des Messageries transatlantiques, navire de première grandeur, et le vapeur anglais *Woodburn*, à l'entrée de la Manche. Elle eut lieu par une brume intense, dans des circonstances exceptionnelles.

Le Woodburn, arrivant de la mer des Indes, avait dû relâcher à Lisbonne avec sa machine désemparée, et un puissant remorqueur était allé l'y chercher. C'est à quelques lieues de la côte d'Angleterre, que les deux bâtiments rencontrèrent *le Saint-Germain*, qui évita le remorqueur et se jeta tout droit sur le steamer remorqué, le faisant couler à pic, avec quinze hommes de son équipage sur vingt-sept.

Sans les compartiments étanches de sa cale, le vapeur français aurait sombré aussi. Dans un bassin de l'arsenal de Plymouth où *le Saint-Germain* fut admis d'urgence par l'Amirauté anglaise, on trouva son avant disloqué et percé d'énormes trous au-dessous de la ligne de flottaison. Le choc avait été si violent que, dans ses tôles, demeuraient incrustées des portions du bastingage et de la coque du *Woodburn*. Les propriétaires et assureurs de ce steamer mirent saisie-arrêt sur *le Saint-Germain* et sur sa cargaison.

Le Saint-Germain avait pris au Havre quatre cent cinquante-huit passagers. Ils en furent quittes pour la peur.

Quelques années auparavant, en 1876, ce paquebot, revenant de New-York, fut assailli par un formidable coup de mer qui lui enleva son gouvernail. Il fallut, en plein océan, et au moyen de tronçons de vergues, de madriers, de palans, de cordages, établir ce que les marins appellent un gouvernail de fortune. Cet expédient permit au capitaine du transatlantique d'atteindre Terre-Neuve et d'y demander un remorqueur.

Dans la nuit du 22 juillet 1884, par un temps de brume, le vapeur anglais *Laxham*, venant de la mer Noire, aborda près de la Corogne le bateau à vapeur des postes espagnols *Gijon*, à destination de Cuba. Les deux navires coulèrent. Le vapeur espagnol *Santo-Domingo* put recueillir cinquante-six personnes réfugiées à bord de l'une des chaloupes. Des vapeurs furent envoyés avec des chances diverses à la recherche des chaloupes contenant les autres passagers et matelots.

Le 27 novembre de la même année, un abordage eut lieu dans la Manche entre *le Luke-Bruce*, voilier transatlantique anglais, faisant route pour Dunkerque, toutes voiles dehors, et le vapeur *le Durango*. La rencontre des deux navires eut lieu un peu après deux heures du matin. *Le Luke-Bruce* avançait avec une grande vitesse. Tout à coup, on s'aperçut à son bord que le vapeur changeait de route et manœuvrait pour passer à l'avant : on manœuvra, mais sans pouvoir éviter le choc, qui fut terrible. Les marins qui se trouvaient sur le pont du *Luke-Bruce* furent renversés. L'avant de ce navire était entré dans le bateau à vapeur comme un éperon et s'y trouvait fixé. Le capitaine héla le vapeur, mais ne reçut aucune réponse. Au bout de deux minutes environ, le trois-mâts subit un mouvement de recul et son avant se dégagea. Le coupe-lame était tordu, le beaupré, les boutdehors brisés. On fit immédiatement mettre une embarcation à l'eau.

A peine *le Luke-Bruce* était-il dégagé, que *le Durango* coula, entraînant avec lui tout l'équipage. Chose extraordinaire ! au moment de l'abordage et après, on n'entendit aucun cri à bord du vapeur abordé. Quand il coula, quelques cris étouffés se firent entendre, poussés sans doute par les victimes, surprises dans leur sommeil par la mort.

Les marins qui montaient l'embarcation furent alors avertis par les cris de : Au secours ! qu'il restait un survivant, au moins. L'appel fut entendu à bord du *Luke-Bruce*, et le capitaine alluma un feu blanc, dans le but de guider vers lui le malheureux qui se débattait contre la mort. Celui-ci aperçut le signal, et s'écria : — Je vous vois. Il fut alors recueilli et transporté à bord du *Luke-Bruce*, où il déclara être le second du *Durango*. Quoique n'ayant reçu aucune blessure, il tomba en syncope et succomba quelques heures après, malgré les soins empressés dont on l'entoura. La bouée de sauvetage qui lui avait permis de surnager était attachée à son poignet par une corde qu'il fallut couper.

D'après les quelques paroles prononcées par le second, il paraîtrait qu'il était de quart au moment de la catastrophe et que, voyant son navire abordé, il prit à la hâte une bouée de sauvetage, en enroulant la corde autour de son poignet, et s'était jeté à la mer. Quant aux hommes de quart, on ignore où ils se trouvaient. On ignora également la cause du silence inexplicable qui précéda et suivit la catastrophe. En tout vingt-sept victimes.

On remarquera que les collisions sont d'une fréquence extrême dans la Manche. Il est vrai que nous en négligeons en d'autres lieux, telles que l'abordage, près de Yokohama, du vaisseau américain *l'Onéida*, par le vapeur *le Bombay*, qui ne fit pas moins de cent quinze victimes (24 janvier 1870), etc. Mais il est certain que les bateaux à vapeur qui vont d'Europe en Amérique, et réciproquement, suivent un chemin tracé sur l'Océan, — la voie la plus directe — et que ce chemin se rétrécit encore dans la Manche. Un défaut de vigilance, une imprudence, une négligence même, une infraction quelconque aux règlements maritimes internationaux, si minutieux, si précis, et sur cette grande route maritime fréquentée par les steamers des deux mondes, un irréparable malheur arrive.

Nous avons sous les yeux les tableaux annuels des sinistres. Sur 1000 ou 1200 naufrages, 100 environ ont lieu par collision ; c'est beaucoup trop ! Cent navires perdus ! Et ce chiffre pourrait être augmenté encore d'une partie des sinistres rangés dans la liste des navires supposés perdus par défaut de nouvelles. Quant aux avaries par le fait d'abordages, elles dépassent le nombre de mille. La tempête est inévitable, le plus souvent, — et encore voit-on poindre le moment où, mieux instruits des causes des grandes perturbations atmosphériques, les marins parviendront à se soustraire à leurs plus rudes assauts. Mais les risques et périls de mer par collision devraient être réduits à « l'inévitable » fatalement.

Ne pourrait-on pas appliquer à la navigation certains progrès modernes, et se servir pendant la nuit de l'éclairage électrique pour mettre tout navire en pleine lumière ? projeter des faisceaux lumineux sur l'océan et éclairer sa marche ? On y viendra, c'est dans la force des choses. Nous appelons de tous nos vœux une innovation qui sauvegarderait bien des existences et amoindrirait les pertes matérielles.

Un genre de collision qui devait immanquablement se produire, avec la nouvelle marine cuirassée, a occasionné déjà la perte de plusieurs navires. Avec les anciens bâtiments de bois, de pareilles rencontres ne pouvaient avoir la même gravité ; mais l'éperon devint tout d'un coup un danger permanent, même dans la navigation ordinaire des escadres. Ainsi, le 21 juillet 1875, l'aviso à vapeur *le Forfait*, faisant partie de l'escadre d'évolution de la Méditerranée, sous le commandement de l'amiral de la Roncière, fut, près des côtes de la Corse, abordé par la frégate cuirassée *la Jeanne-d'Arc*, dont l'éperon lui défonça le flanc au-dessous de la flottaison. L'eau pénétra à flots dans l'intérieur du navire, qui sombra moins d'un quart d'heure après l'abordage. Son commandant, le capitaine de frégate Nivielle, jugeant la perte du *Forfait* certaine, et uniquement préoccupé du salut de son équipage, ordonna à tous ceux qui savaient nager de se jeter à la mer, obligeant les autres à quitter aussi le bâtiment, muni chacun d'un espar qui pût les soutenir sur l'eau.

Le commandant, qui n'avait pas quitté la passerelle, abandonna le dernier son bâtiment en se jetant à la mer pour gagner la baleinière de *la Jeanne-d'Arc*. A peine cette embarcation s'était-elle éloignée que *le Forfait* s'enfonçait complètement dans l'eau.

La même année, un accident presque identique amena la perte du cuirassé anglais *le Vanguard*, puissant navire de la marine nouvelle, faisant partie d'une escadre de la flotte du canal, qui comprenait en outre *le Warrior*, *l'Achille*, *l'Hector*, *l'Iron Duke* (*l'Iron-Duke* : *le Duc de fer*, qui est, on le sait, le surnom donné à Wellington), plus *le Hawk* monté par le vice-amiral Tarleton. L'escadre stationnait à Kingstown. Dans la matinée du 1er septembre, elle évolua vers Cork. Mais une demi-heure après midi, par un brouillard qui interceptait la vue à moins de cinquante mètres, *l'Iron-Duke* aborda *le Vanguard* et ouvrit dans ses flancs une si large brèche que la mer s'y précipita avec violence.

Il parut impossible de songer à obstruer la voie d'eau, et de sauver le cuirassé. Toutefois, grâce au sang-froid du capitaine Dawkins, admirablement secondé par ses officiers, le sauvetage s'opéra avec la plus grande sûreté. Les matelots se tenaient en rang sur le pont comme pour une inspection et aucun ne quitta sa place sans en avoir reçu l'ordre. Le dernier homme avait été reçu à bord de *l'Iron Duke* lorsque *le Vanguard* s'abîma dans les flots.

L'équipage étant sain et sauf, la perte réelle du *Vanguard* put être évaluée à un demi-million de livres sterling jetées à la mer — douze millions cinq cent mille francs de notre monnaie, voilà un effet de brouillard qui coûta cher ! Le fer, on le voit, n'offre pas plus que le bois de résistance contre certains dangers — au contraire.

A ces deux faits s'est ajouté, quelques années après, la collision de deux cuirassés allemands, près des côtes d'Angleterre.

Après une campagne d'évolution dans la mer du Nord, la flotte allemande se trouvait près du littoral britannique, lorsqu'un ordre mal compris à bord du *Kœnig-Wilhelm*, de manœuvrer le gouvernail pour venir sur tribord — le contraire fut exécuté — fit enfoncer l'éperon de ce vaisseau dans l'arrière de la coque du *Grosser-Kurfürst* — 31 mai 1878.

Le cuirassé abordé fut envahi par l'eau en si peu de temps que le commandant ne put réaliser son intention d'aller échouer son bâtiment pour l'empêcher de couler. On vit le *Grosser-Kurfürst* s'enfoncer rapidement dès que l'eau eut pénétré par les sabords et sombrer en moins d'un quart d'heure.

Les embarcations des navires présents furent mises à la mer. Un grand nombre de barques anglaises arrivèrent aussi sur le lieu du sinistre. Néanmoins sur quatre cent trente et un hommes composant l'équipage du *Grosser-Kurfürst*, deux cent soixante-neuf périrent.

Les avaries subies par la proue du *Kœnig-Wilhelm* étaient considérables. A son entrée dans le bassin de carénage de Porstmouth, où le cuirassé allemand dut subir une réparation, on reconnut que son éperon était courbé à tribord sur un angle d'environ quarante degrés, l'étrave brisée en deux endroits à la hauteur de la pièce qui la relie à la partie antérieure de la quille, et à la tablette de la cuirasse. A bâbord, les plaques de métal avaient été séparées de l'avant du navire, les parties antérieures des plaques, déchirées, laissaient une ouverture de dix à douze pouces. Les plaques apparaissaient presque toutes recourbées, tordues ou brisées. Il y avait une ouverture béante, suffisante pour faire couler le navire quelques minutes après la collision, si on n'avait pas eu la présence d'esprit de fermer immédiatement les portes des cloisons étanches. Quand on songe que le *Kœnig-Wilhelm* était consideré comme un des plus beaux navires de guerre et comme l'un des plus solides, qu'il avait été construit dans le but spécial de couler ses adversaires à l'aide de son éperon, il est permis de mettre en doute l'efficacité pratique de l'éperon dans un combat naval. Au moment de la collision, le grand cuirassé avait une vitesse de six nœuds à l'heure, et le choc fut si peu violent qu'à peine le ressentit-on à bord, et cependant l'éperon fut presque entièrement détruit.

Depuis la collision des cuirassés allemands, d'autres collisions se sont produites encore entre navires cuirassés ; il y a eu notamment un abordage le 21 juillet 1884, dans la baie de Bantry, sur la côte d'Irlande, entre *la Defence* et *le Valiant*, pendant les évolutions de l'escadre anglaise. Il en est résulté de sérieux dommages, mais non mort d'hommes. — La liste de ces sortes d'abordages entre ces lourds navires difficiles à manœuvrer reste ouverte.

Comme on vient de le voir, les portes des cloisons étanches fermées à temps préservèrent seules *le Kœnig-Wilhelm* d'un sort semblable à celui du navire qu'il venait d'aborder. Dans une autre collision, celle du transatlantique allemand *l'Elbe*, abordé le 30 janvier 1895 par le steamer anglais *le Crathie*, les cloisons étanches n'ont pas empêché de sombrer le navire abordé, soit qu'elles aient été atteintes dans la collision, ou qu'elles soient restées ouvertes ; mais *le Crathie* a dû son salut à la résistance de sa cloison étanche de l'avant.

L'Elbe était parti de Brême avec deux cent quarante passagers, des émigrants pour la plupart, et cent soixante hommes d'équipage. Il se rendait à New-York et devait faire son escale réglementaire à Southampton. Il se trouvait, au moment de la collision, à une trentaine de milles de la côte de Hollande. Il était 6 heures du matin, la mer était grosse, avec une forte brise du nord-est ; l'obscurité était profonde. Tout à coup *l'Elbe* fut abordé par le plein travers avec une extrême violence, et il sombra en quelques minutes sans que les passagers et l'équipage eussent été secourus par le steamer auteur de la collision ; vingt personnes seulement, dont cinq passagers, purent trouver place dans une chaloupe, et après cinq heures de souffrances, transies de froid, elles furent recueillies par un bateau de pêche de Lowestoft (Angleterre).

Le navire abordeur s'était éloigné du lieu de la catastrophe, sans essayer d'atténuer la faute commise, sans s'efforcer de sauver quelques-uns des malheureux que la mer allait engloutir. Ce fait semble incroyable. Il provoqua une profonde émotion dans le monde maritime. La responsabilité assumée par le capitaine du *Crathie* serait bien grande, si son navire, très endommagé à l'avant, ne lui avait créé l'obligation de songer à la sûreté de son propre équipage.

Quoi qu'il en soit, on n'aurait probablement jamais connu le nom du navire anglais, si l'on n'avait vu entrer en relâche au port de Maassluis (Hollande) un steamer dont la proue était brisée jusqu'à la cloison étanche. Parti la veille de Rotterdam pour Aberdeen (Ecosse), il était désigné par la nature des avaries comme l'auteur du sinistre qui venait d'avoir lieu. Il demeure en outre avéré que *le Crathie* marchant du sud vers le nord, tandis que *l'Elbe* allait à l'ouest, *le Crathie* a dû voir les feux de *l'Elbe* par tribord, ce qui, d'après le règlement international, l'obligeait absolument à changer de route pour éviter une collision imminente.

Par un temps de brouillard, le 4 juillet 1898, à cinq heures du matin, le transatlantique français *la Bourgogne*, allant de New-York au Havre, fut abordé à soixante milles de Sable-Island par *le Cromartyshire*, venant de Dunkerque et se rendant à Philadelphie. *La Bourgogne* avait à son bord plus de huit cents personnes, — passagers et équipage. La collision fut épouvantable. Les passagers, encore couchés pour la plupart, montèrent en toute hâte sur le pont. Le capitaine Deloncle et ses officiers y organisaient déjà le sauvetage avec beaucoup de sang-froid et d'énergie; mais l'eau s'engouffrait dans le transatlantique par une large ouverture faite dans ses flancs; bientôt l'inclinaison fut telle que l'on ne put opérer la mise à flot des canots de bâbord. Des radeaux furent formés de caisses vides; sur ces radeaux et dans deux canots purent prendre place cinquante-quatre hommes des machines, vingt-sept civils, vingt-trois matelots et soixante et un passagers. Parmi ces derniers, une seule femme fut sauvée, Mme Lacasse. Les victimes furent au nombre de plus de six cents et, parmi elles, le brave capitaine Deloncle, mort à son poste. Le paquebot sombra quarante minutes après la collision.

Le Cromartyshire, navire voilier, très endommagé dans la collision, se maintint à flot, grâce à ses cloisons étanches. Il recueillit à son bord les survivants du sinistre, qui se trouvaient dans les deux chaloupes et sur les radeaux improvisés. *Le Cromartyshire* fit, peu après, la rencontre d'un steamer, *le Grecian*, dont le capitaine voulut bien prendre les naufragés de *la Bourgogne* pour les conduire à Halifax.

CHAPITRE X

INCENDIES EN MER ; TERRIBLE CRI : AU FEU ! L'EAU INTRODUITE DANS LE NAVIRE ; BRULÉ, ÉTOUFFÉ OU NOYÉ ; DIFFICULTÉ D'USER DES MOYENS DE SAUVETAGE ; INCENDIE DU *Niewe-Hoorn* ; INCENDIE DU VAISSEAU *le Prince* ; IL SAUTE EN L'AIR ; LES *Six-Sœurs* ; LE *Kent* ; 344 SOLDATS A BORD AVEC LEURS FEMMES ET LEURS ENFANTS ; SAUVETAGE INESPÉRÉ ; BEL EXEMPLE DE DISCIPLINE ; L'*Amazone* ; L'*Austria* ; LE *Cospatrick,* CHARGÉ DE 429 ÉMIGRANTS, PARMI LESQUELS 254 FEMMES ET ENFANTS ; TROIS SURVIVANTS ; INCENDIE ET EXPLOSION DU VAISSEAU CUIRASSÉ *le Magenta* ; LE *Sphynx,* 600 CIRCASSIENS ASPHYXIÉS ET CARBONISÉS.

Quand on part pour un lointain voyage sur mer, on pense aux mauvais temps à essuyer, rarement à l'éventualité d'un incendie. Il n'y a pourtant rien de plus horrible que la perspective de périr à la fois par le feu et par l'eau. Qu'un incendie se déclare à bord d'un navire chargé de nombreux passagers, et qu'il prenne vite les proportions d'une conflagration générale, on s'efforce de retarder ses progrès en bouchant hermétiquement les écoutilles et toutes les autres ouvertures, en couvrant les issues avec des voiles, des couvertures et des matelas pour empêcher l'air de pénétrer dans la cale ; mais l'air trouve assez de libres passages ! Le fléau lui en ouvre de nouveaux.

A quoi sert le jeu des pompes dans de semblables extrémités ? C'est en vain qu'on lutte. Bientôt d'énormes tourbillons d'une fumée noire et épaisse, vomis par les écoutilles, roulent en torrents d'un bout à l'autre du navire.

Les moyens de sauvetage disposés d'avance deviennent inutiles. Les marins, n'ayant plus à combattre leur élément propre, contre lequel ils sont aguerris, se sentent pris au dépourvu, réduits à l'impuissance d'agir.

Maintenant ce sont les flammes qui gagnent de vitesse, mêlées à une fumée qui s'étend partout, aveuglante et suffocante. Certains bateaux d'une construction spéciale, que portent les navires de transport, se trouvent vite trop hors de portée pour être utilisés. Au milieu d'un effroyable désordre, bien plus grand même que lors d'une collision, chacun se précipite dans les embarcations, au risque de les faire chavirer, — ce qui a lieu presque toujours.

Dans l'incendie d'un vaisseau français de la Compagnie des Indes, le capitaine avait ordonné de mettre les embarcations à la mer ; mais l'effroi paralysait tellement les plus intrépides matelots qu'ils ne pesaient que très difficilement sur les palans. La chaloupe fut néanmoins hissée à une hauteur suffisante et on allait l'amener à la mer, quand le feu monta le long du mât avec tant de rapidité et de violence que les garans de la licorne furent brûlés, et que l'embarcation tomba sur les canons de tribord, se renversant de telle manière qu'on perdit tout espoir de la relever.

D'autres fois, plusieurs hommes réussissent à s'emparer d'une embarcation et s'éloignent à quelque distance, demeurant témoins épouvantés du spectacle qu'ils ont sous leurs yeux.

D'ailleurs, les ordres donnés par les officiers se perdent dans les cris de désespoir et de terreur, le tumulte, le crépitement de l'incendie. Chacun en est bientôt réduit à se sauver soi-même, sans l'apparence d'un moyen de salut, et ceux qui veulent tenter quelque chose, se heurtent à l'inertie de gens consternés, incapables, dans l'accablement de leur esprit, de se prêter même à une mesure utile. Ceux-là s'affaissent ensuite dans un coin pour y mourir, et remplissent l'air de leurs gémissements.

Quand toute retraite est coupée, c'est à qui s'attachera au dehors aux parties saillantes du navire. Sous une pluie d'étincelles et brandons des grappes humaines se forment et demeurent suspendues aux cordages flottants ; les mâts enflammés, les vergues que ne retiennent plus les agrès atteints par la flamme, croulent sur les victimes du sinistre, les meurtrissant, les tuant, les emportant à la mer.

Il est presque certain que la manœuvre du gouvernail a été laissée sans direction. Alors le navire, par le mouvement de la mer, tourne obstinément sa proue au vent, et cette position, favorable au développement de l'incendie, fait courir de l'avant à l'arrière les flammes et une fumée brûlante.

Que reste-t-il à faire? Faut-il attendre la mort par le feu, ou mettre fin à son agonie en cherchant la mort dans les flots? La nuit, la mer aussi semble de feu; tout autour du navire embrasé les vagues reflètent la lueur de l'incendie. C'est à cette mer lugubre que quelques-uns abandonnent leur sort: vergues, espars, cages à poules, serviront peut-être à prolonger de quelques instants une existence qui ne tient plus à rien.

Il est arrivé que, sur des navires de guerre, les canons chargés partaient d'eux-mêmes : les détonations ajoutaient à l'horreur du tableau et les boulets emportaient quelques-uns de ces malheureux luttant contre les flots à l'aide d'un débris du navire incendié. Et pour ces navires-là, la catastrophe finale c'est l'explosion lorsque le feu arrive aux poudres.

Un survivant à l'incendie du vaisseau *le Prince* — dont nous aurons à parler, — a essayé d'exprimer avec quel fracas ce navire sauta en l'air : « Un nuage épais, dit-il, nous déroba la lumière du soleil: dans cette affreuse obscurité, nous n'aperçûmes que de grosses pièces de bois en feu lancées au milieu des airs, et dont la chute menaçait d'écraser nombre de malheureux qui luttaient encore contre les dernières atteintes de la mort. Nous n'étions pas nous-mêmes à l'abri des plus grandes frayeurs: un de ces débris pouvait nous atteindre et engloutir notre frêle nacelle. Mais le ciel, en nous préservant de ce dernier malheur, nous offrit le plus triste spectacle. Le vaisseau avait disparu, et ses débris, dispersés dans une très grande étendue, flottaient épars avec les infortunés dont leur chute avait terminé le désespoir avec la vie. Nous voyions des hommes, les uns entièrement étouffés, d'autres à demi brûlés et déchirés, conservant encore assez de vie pour souffrir deux supplices à la fois. »

Le dernier relevé des sinistres maritimes que nous avons sous les yeux mentionne pour une année seule, 179 incendies, sur lesquels 52 ayant causé la perte des navires. Que d'épreuves ! que d'angoisses ! Que de douleurs et de misères ces chiffres représentent !

On le comprend : chaque navire incendié n'a pas son histoire ; mais on a gardé le souvenir de quelques-uns de ces drames qui s'accomplissent entre le ciel et l'eau.

L'incendie du vaisseau hollandais *le Niewe-Hoorn* — la Nouvelle-Hoorn — près du détroit de la Sonde, dans la mer des Indes orientales (1619), est un des plus dramatiques parmi ceux dont on connaît les détails ; il est célèbre aussi par les aventures de son capitaine Guillaume Bentékoé.

L'incendie et le naufrage du vaisseau français *le Prince* (26 juillet 1752) est connu par la relation du lieutenant de vaisseau Lafond. Ce navire avait quitté le port de Lorient depuis six semaines, lorsque vers midi un homme annonça que la fumée sortait du panneau de la grande écoutille.

A cette nouvelle, le premier lieutenant, chargé des clefs de la cale, en fit ouvrir toutes les écoutilles pour découvrir la cause d'un accident dont les plus légers soupçons font toujours trembler les plus intrépides. Le capitaine, qui était à table dans la grande chambre, se présenta sur le gaillard et donna ses ordres pour étouffer le feu. Tout le monde était occupé à jeter de l'eau ; on fit usage de toutes les pompes, dont on dirigeait les manches dans la cale.

Cependant la rapidité de l'incendie rendait ces moyens inutiles et augmentait la consternation. Le capitaine avait fait mettre la yole à la mer, uniquement parce qu'elle embarrassait. Quatre hommes et un maître s'en emparèrent. Ils n'avaient pas d'avirons et trois matelots se jetèrent à la mer pour leur en porter. On voulait faire revenir ces heureux fugitifs; ils crièrent qu'ils n'avaient pas de gouvernail et qu'on devait leur lancer une amarre ; mais, apercevant les progrès de l'incendie, ils nagèrent pour s'éloigner, et le vaisseau qui avait un peu d'erre les dépassa.

On travaillait avec ardeur à bord ; l'impossibilité de se sauver semblait augmenter le courage. Le maître d'équipage ne craignit pas de descendre dans la cale, mais la chaleur extrême le força de remonter ; il aurait même été brûlé si on n'eût jeté sur lui une grande quantité d'eau. Aussitôt après, on vit les flammes sortir avec impétuosité du grand panneau. Le capitaine ordonna de mettre les embarcations à la mer; mais cette opération ne réussit pas.

On fit mettre la barre à tribord ; le vaisseau arriva, et cette manœuvre préserva quelque temps le vaisseau de ce côté, pendant que l'incendie ravageait le côté de bâbord, de l'avant à l'arrière.

« Le cœur serré d'angoisse, dit le lieutenant Lafond, je détourne mes regards de la mer ; de la galerie de tribord où je me tenais, je vois le feu sortir avec un bruit épouvantable par les fenêtres de la grande chambre et de celle du conseil. Ma présence était désormais inutile pour la conservation du vaisseau ; je me dépouille de mes habits et je me jette à la mer.

« Longtemps j'eus à lutter contre un soldat qui, en se noyant, m'avait saisi par un membre. Enfin, dégagé, je nageais vers la vergue de civadière qui se présentait à mes yeux. Elle était toute chargée de monde et je n'osai prendre une place sans en demander la permission, que ces infortunés m'accordèrent volontiers. Les uns étaient tout nus, les autres en chemise. Ils avaient encore la bonté de plaindre mon sort, et leur malheur mettait ma sensibilité à la plus dure épreuve. « Que nous vous plaignons, mon officier ! me dirent-ils. — J'ai bien plus sujet de vous plaindre, leur répondis-je, ma vie étant très avancée, tandis que vous ne faites que de commencer la vôtre. »

« De quelque côté que je tournasse les yeux, ils n'étaient frappés que des spectacles les plus affreux. Le grand mât, brûlé par le pied et tombant à la mer, donna par sa chute la mort aux uns, et aux autres une faible ressource.

« Lorsque j'y pensais le moins, j'aperçus la yole assez proche de nous ; il était à peu près cinq heures du soir. Je criai aux rameurs que j'étais leur lieutenant et leur demandai de partager avec eux leur infortune. Ils m'accordèrent la liberté d'entrer dans leur canot, à la seule condition d'aller moi-même les joindre à la nage. Il était de leur intérêt d'avoir un conducteur pour découvrir la terre, et par cette raison ma compagnie leur était trop nécessaire pour me refuser cette grâce. La condition qu'ils m'imposaient était cependant raisonnable ; ils firent prudemment de ne pas approcher, chacun aurait voulu entrer dans ce frêle bâtiment ; le canot aurait été submergé et nous aurions tous été ensevelis dans les eaux. Je rassemblai donc toutes mes forces, et je fus assez heureux pour parvenir jusqu'à la yole. On recueillit encore le pilote et un maître qui, réfugiés sur le grand mât, se décidèrent aussi à franchir la distance à la nage. Cette yole fut l'arche qui sauva les dix personnes qui échappèrent seules de presque trois cents. »

La catastrophe finit par l'explosion du vaisseau.

Périt également par le feu le brick *la Jeune-Sophie*, du Havre, parti pour l'île de France (1817), dont l'équipage dut débarquer dans l'île déserte de la Trinité — îlot de l'Ascençaon — sur le littoral brésilien. L'incendie fut occasionné par la rupture d'un vase contenant du vitriol. Il y avait à bord, outre le capitaine Devaux et l'armateur, quinze hommes d'équipage et onze passagers, dont deux femmes. Les naufragés furent sauvés, après quarante et un jours de souffrances, par un navire qui les aperçut et les transporta au cap de Bonne-Espérance.

En 1819, le bâtiment français *les Six-Sœurs* fut la proie des flammes. Lorsque le capitaine Hodoul désespéra de l'efficacité des moyens employés pour combattre le développement du feu, il fit descendre dans le canot les femmes et les enfants qui se trouvaient à son bord. Des matelots hindous et des nègres voulaient absolument prendre place dans cet étroit canot ; mais le capitaine voyant l'impossibilité de sauver le canot, chargé de tant de monde, exposa la nécessité de l'alléger ; il déclara qu'on ne pouvait avancer à moins qu'une partie de ceux qui le montaient ne se sacrifiassent pour le salut des autres. Les passagers le soutinrent énergiquement, et les hommes de couleur reçurent l'ordre de regagner à la nage le navire en flammes. « Ces malheureux, dit le fils du capitaine dans sa relation, reconnaissaient si bien l'urgence et la justice de cette mesure, que plusieurs se précipitèrent d'eux-mêmes dans les flots ; mais la crainte de nous voir engloutis nous força d'en jeter à l'eau quelques autres qui ne pouvaient s'y résoudre. — Le canot avait dix-huit pieds de long, il restait trente-huit personnes à bord. Les provisions se réduisaient à deux bouteilles d'eau, deux jeunes porcs, deux cabris et deux tortues de terre que le hasard fit trouver dans le canot, lors de la mise à la mer. Avec tant de monde, il n'avait que quatre pouces de bordage hors de l'eau. »

Et la terre la plus proche se trouvait à cent cinquante milles de distance ! Malgré le calme de la mer, la lame atteignait le plat-bord du canot.

Le capitaine avait eu soin de placer dans le canot le compas et un sextant, de sorte qu'il était possible de suivre une direction. Lorsque le canot s'éloigna, il laissa le navire courant tout en feu, ses mâts près de tomber l'un après l'autre.

On était au 1er août et ce n'est que le 11 de ce mois que la terre fut en vue, — l'île de la Digue : il y avait plusieurs jours que les naufragés étaient aux prises avec des difficultés sans cesse renaissantes, souffrant plutôt de la soif que privés de nourriture, parce qu'on avait eu la ressource de manger les animaux... Un nègre et l'enfant d'une négresse moururent après avoir touché terre, malgré les secours que l'on trouva dans l'île de la Digue. Les autres naufragés furent embarqués pour Mahé, l'une des Seychelles.

Le Kent, navire de treize cent cinquante tonneaux, à destination du Bengale et de la Chine, parti d'un port de la Manche le 19 février 1825, avait à son bord trois cent quarante-quatre soldats faisant partie du 31e régiment; quarante-six femmes et soixante-six enfants, les officiers, les autres passagers et l'équipage portaient le nombre total de personnes embarquées à six cent quarante.

Le 1er mars, ce navire naviguant près du littoral breton, par le travers de Penmarck, fut assailli par un violent coup de vent. Dans la cale des barriques roulaient. Un officier, craignant qu'il ne survînt des accidents, y descendit avec deux matelots. Au moment où ces hommes calaient une barrique d'eau-de-vie, la lanterne qui les éclairait tomba et mit le feu à la barrique. Bientôt le roulis du navire promenant les flammes bleuâtres de l'alcool dans toute la cale alluma un véritable incendie dont rien ne put arrêter le développement.

Le terrible cri : Au feu ! retentit et vint jeter l'alarme parmi les passagers. Le capitaine fit jouer les pompes, mouiller les voiles; mais toute l'énergie déployée par l'équipage demeura inutile; les écoutilles vomissaient des tourbillons de fumée qui roulaient comme un torrent sur le pont du navire.

En ce terrible moment, dit la relation émouvante de ce sinistre, donnée par le capitaine Mac Grégor, le capitaine fit pratiquer des voies d'eau dans le premier et le second pont, et ouvrir les sabords de la partie basse, afin de laisser entrer la mer : noyer l'incendie sous des montagnes d'eau était la dernière chance de salut. Et, en effet, les vagues se précipitant avec violence, brisant les cloisons, dont elles dispersaient les débris de toutes parts, arrêtèrent la violence des flammes et les réduisirent à une marche lente et sourde qui laissait pour un temps les poudres à l'abri ; mais à mesure que le danger de sauter diminua, celui de sombrer devenait plus imminent, et l'on songea à fermer les sabords, à boucher les écoutilles, pour exclure à la fois et la mer qui eût fait enfoncer le navire, et l'air qui eût accru la vivacité de l'incendie.

« Ce fut dans ce moment de repos, pendant lequel chacun se trouva réduit à une condition passive, que l'on commença à mesurer la profonde horreur de la situation de l'équipage.

« Quelques soldats, une femme et plusieurs enfants avaient péri dans l'entrepont, suffoqués par la fumée âcre et épaisse. A l'exception de ces premières victimes, tout le monde était sur le pont supérieur, où se succédaient les scènes les plus déchirantes ; les uns attendaient leur sort avec une résignation silencieuse ou une insensibilité stupide ; d'autres se livraient à toute la frénésie du désespoir. Plusieurs imploraient à genoux, avec cris et larmes, la miséricorde divine, tandis que quelques-uns des soldats et des matelots les plus vieux et les plus fermes de cœur allaient d'un air sombre se placer au-dessus du magasin à poudre, afin que l'explosion, qu'on attendait d'un instant à l'autre, terminât plus promptement leurs souffrances.

« Au milieu d'un groupe de femmes réfugiées dans les chambres de la dunette, deux jeunes filles, dit le capitaine Mac Grégor, se faisaient remarquer par leur courage et leur foi. Lorsqu'on vint annoncer l'approche d'une mort inévitable, elles se jetèrent à genoux, et offrirent à leurs compagnes de leur lire des passages de la Bible. »

Parmi les petits enfants, ceux qui ignoraient le danger continuaient de jouer dans leurs lits, tandis que les autres au contraire, comprenant toute l'horreur de la situation, s'attachaient à leurs mères, et de grosses larmes coulaient de leurs yeux.

— Une voile sous le vent !! cria tout à coup un matelot monté dans le petit mât de hune.

Une lueur d'espoir vint relever les courages abattus.

On hissa le pavillon de détresse, et on tira le canon de minute en minute ; mais la violence du vent ne permettait pas aux canons de se faire entendre.

Rien n'indiquant aux naufragés que leurs signaux fussent aperçus, ils retombèrent dans de mortelles angoisses.

Cependant la fumée qui montait au-dessus du navire incendié appela l'attention du brick signalé qui, forçant de voiles, s'approcha du *Kent*, se tenant néanmoins à une prudente distance, dans l'éventualité d'une explosion du vaisseau.

Le brick qui était venu si généreusement au secours des naufragés, était *la Cambria*, capitaine Cook, faisant voile pour la Vera-Cruz, et ayant à son bord une trentaine de mineurs de Cornouailles.

A bord du *Kent* on mit le grand canot à la mer. Les officiers maintenaient l'ordre, l'épée nue à la main, mais sans avoir à lutter contre l'indiscipline. On entassa dans le canot les femmes des officiers et aussi quelques femmes de soldats, puis les enfants furent placés sous les bancs, et on se dirigea vers le brick. La mer était très grosse. Le premier transbordement s'effectua heureusement.

Au retour, quand on chargea de nouveau le grand canot, la force du vent était telle qu'il fallut descendre les naufragés au moyen de cordages. On attachait deux à deux les femmes et les enfants; mais les mouvements de tangage étaient si violents qu'il était difficile d'éviter que ces malheureux ne fussent plongés dans la mer à plusieurs reprises. Ainsi périrent plusieurs enfants. Toutes ces périlleuses opérations demandaient beaucoup de temps et *le Kent* enfonçait visiblement de minute en minute. La crise finale approchait. Des soldats sautèrent à la mer chargés de leurs enfants et se noyèrent en s'efforçant de les sauver. Un soldat qui s'était fait attacher trois petits enfants autour du corps plongea dans la mer, espérant atteindre le canot, mais il n'y parvint pas, on fut obligé de le hisser sur le vaisseau, et déjà deux pauvres petits avaient succombé... C'est ainsi que bien des dévouements devenaient inutiles.

Le soleil se couchait au moment où les officiers commencèrent à quitter *le Kent*. On remarqua alors des malheureux que la frayeur avait paralysés et privés de raison. Ils se refusaient obstinément à descendre dans les canots pour se sauver. Le capitaine du *Kent* employa vainement les prières et les menaces.

A dix heures du soir, les matelots des canots avertirent le capitaine que le navire enfonçait à plus de dix pieds au-dessus de la ligne de flottaison; il pouvait sombrer d'un instant à l'autre; alors le capitaine tenta encore de nouveaux efforts pour essayer de triompher de l'irrésolution des derniers passagers, mais il échoua ! Il avait dès ce moment le droit de songer à sa sûreté, et saisissant un cordage, il se laissa glisser au dehors du navire d'où il sauta à la mer et gagna un canot à la nage, laissant toutefois un des canots à la portée des malheureux qui s'obstinaient à demeurer sur le navire en flammes.

C'est ainsi que tout l'équipage et les passagers, environ six cents personnes furent transportées et entassées à bord d'un tout petit brick. Ce n'était pas sans d'héroïques efforts de la part du capitaine de *la Cambria* et de son équipage que cet heureux succès avait été obtenu. Tandis que les huit matelots du brick s'occupaient de la manœuvre, les mineurs de Cornouailles établis sur les porte-haubans, dans la position la plus périlleuse, saisissaient dans les bateaux, à chaque retour de la vague, quelqu'une des victimes du naufrage pour la hisser sur le pont.

Peu après l'arrivée du canot, les flammes du *Kent* montèrent tout à coup avec la rapidité de l'éclair jusqu'au haut de la mâture; les mâts ne tardèrent pas à s'écrouler. Enfin la soute aux poudres étant gagnée par

Les flammes du *Kent* montèrent tout à coup au haut de la mâture.

les flammes, l'explosion eut lieu, et les débris du *Kent* furent lancés en l'air comme mille fusées.

La Cambria remit le cap sur l'Angleterre, et le 5 mars, dans l'après-midi, la terre fut signalée. A minuit et demi, le brick jetait l'ancre dans le port de Falmouth.

Le sinistre du *Kent* est demeuré mémorable. En Angleterre, les écrivains spéciaux rappellent volontiers le bel exemple de discipline que donnèrent les soldats que le vaisseau avait à son bord.

L'Amazone, steamer de première classe, appartenant à une Compagnie anglaise des services transatlantiques, fut aussi la proie de l'incendie. C'était un très beau bâtiment, jaugeant 2,256 tonnes. Il avait quitté Southampton le 2 janvier 1852, et trois jours après, il entrait dans la baie de Biscaye, lorsque, vers une heure de la nuit, l'officier de quart aperçut les premières flammes... Le capitaine Symons, informé aussitôt, monta sur le pont et vit tout de suite que le danger était sérieux. Le feu prit bientôt un grand développement et les deux bateaux de sauvetage furent détruits.

Alors se reproduisirent toutes ces scènes déchirantes, inévitables dans un pareil sinistre à bord d'un navire où se trouvent de nombreux passagers, des femmes, des enfants. Dans une très petite embarcation purent prendre place une poignée d'hommes, qui furent recueillis en mer.

La destruction de *l'Amazone* fut complète.

En 1858, le steamer transatlantique hambourgeois *l'Austria* périt par l'incendie en plein Océan, et cette catastrophe coûta la vie à près de cinq cents personnes.

Mais peu de sinistres maritimes ont causé une impression de terreur, ont ému aussi profondément que l'incendie du *Cospatrick*, vaisseau chargé d'émigrants se rendant à la Nouvelle-Zélande. Ces émigrants étaient au nombre de quatre cent vingt-neuf, parmi lesquels deux cent cinquante-quatre femmes et enfants.

Cet important navire de 1200 tonneaux était parti de Gravesend le 11 septembre 1874 ; le 17 novembre, il se trouvait dans le sud-ouest du cap de Bonne-Espérance, lorsque tout à coup, vers minuit, par un temps calme, retentit le terrible cri : Au feu ! En un instant le pont fut envahi par les flammes qui s'échappaient des panneaux avec une violence extrême.

C'est en vain que le capitaine ordonna de faire jouer les pompes : le navire étant abandonné à lui-même, les flammes poussées par le vent couvrirent bientôt le pont dans toute sa longueur. Après avoir léché les voiles, elles en firent leur proie ; de hautes gerbes rouges illuminaient les flots et s'élançaient jusque dans les nuages.

Effrayé par les cris des femmes, les hurlements des malheureux qui entrevoyaient une mort prochaine et atroce, le capitaine Elmslie avait perdu la tête. D'ailleurs personne n'eût été en état de le seconder, de lui obéir. On met une chaloupe à la mer ; les émigrants s'y précipitent en si grand nombre que la chaloupe est aussitôt submergée. Toutefois, un bateau de sauvetage put s'éloigner en emportant une quarantaine de personnes.

Pendant ce temps, les mâts tombaient successivement, concourant à l'œuvre de mort en écrasant dans leur chute plusieurs des malheureux qui se pressaient sur le pont du navire en flammes.

Une autre embarcation put prendre la mer et recueillir à son bord plusieurs naufragés qui se débattaient sur l'eau contre la mort ; mais cette embarcation et le bateau de sauvetage n'avaient ni vivres ni eau, point d'avirons, pas de voiles. Pendant toute la journée, les deux bateaux, contenant ensemble quatre-vingt-une personnes, errèrent autour du navire embrasé devenu un ponton carbonisé, semblable à un immense cercueil flottant.

Enfin les lugubres restes du *Cospatrick* coulèrent bas, entraînant encore quelques malheureuses créatures qui avaient pu vivre jusqu'à la fin. En cet instant suprême, on vit le capitaine jeter sa femme à la mer, seule et dérisoire chance de salut qu'il pût encore lui offrir ; lui-même sauta dans les flots et disparut sans qu'on pût lui porter secours.

Le *Cospatrick* avait sombré ; les cris, les gémissements cessèrent, la grande mer poursuivit sa marche en longues vagues alignées... et tout fut dit. Alors les embarcations durent songer à se diriger vers la terre, sans trop espérer d'avoir la bonne fortune de rencontrer un navire. Au nord-est se trouvait le cap de Bonne-Espérance ; mais il s'agissait de l'atteindre, sans vivres, sans eau, — et même sans moyens de navigation.

Les deux embarcations voguèrent d'abord de conserve ; un coup de vent les sépara. On n'eut jamais de nouvelles du canot. Quant au bateau de sauvetage, défalcation faite des victimes que firent la faim, la soif, le délire, l'eau de mer bue à la dernière extrémité, la folie, un navire, *le British-Sceptre*, qui se rendait de Calcutta à Dundée, en recueillit cinq, dont trois seulement survécurent au déplorable accident de mer qui causa la perte du *Cospatrick*.

Dans la nuit du 30 octobre 1875, un incendie se déclarait à bord du vaisseau cuirassé *le Magenta*, en rade de Toulon. Malgré la promptitude des secours, le feu, se propageant rapidement, atteignait bientôt la soute à poudre, et une explosion formidable couvrit la rade de débris. L'équipage — huit cents hommes — fut sauvé, moins six marins qui périrent par accident ou noyés. L'amiral Roze, commandant l'escadre d'évolutions de la Méditerranée, avait mis son pavillon à bord du cuirassé, dont le commandant était le capitaine de vaisseau Galiber, depuis ministre de la marine. On ne sut jamais exactement la cause du sinistre.

L'incendie se déclara vers une heure du matin.

« Immédiatement, dit l'amiral Roze dans son rapport, les mesures les plus énergiques furent prises pour combattre le feu, en même temps qu'on prévenait les navires de la rade. Mais, malgré tous les moyens employés, les flammes envahirent l'arrière du vaisseau. Les robinets des soutes à poudre furent aussitôt ouverts. Bientôt l'on fut forcé d'évacuer le gaillard d'arrière. Dès lors toutes les mesures, malgré la plus extrême activité, furent reconnues impuissantes, et je dus songer à assurer le salut de l'équipage. Les embarcations furent amenées, et les hommes, après avoir lutté pied à pied contre l'incendie, durent s'embarquer par le beaupré, les chaînes et les tangons.

« Dans cette circonstance, ils ont montré le courage et le sang-froid que l'on devait attendre d'eux. Je ne quittai *le Magenta* que lorsque j'eus la certitude qu'il n'y avait plus d'espoir de sauver le vaisseau, et que le dernier homme était embarqué. Vers trois heures et demie du matin, étant dans une baleinière à donner des ordres, j'eus la douleur d'assister à l'explosion du *Magenta*, causée par l'inflammation des poudres, qui sans doute n'avaient pas été complètement submergées. J'avais eu la précaution de faire éloigner tous les bâtiments environnants du foyer de l'incendie, et nous n'avons pas eu de nouveaux malheurs à déplorer. La cause d'un événement aussi subit et aussi fatal dans ses conséquences m'est encore inconnue. »

Au moment de l'explosion, une pluie de feu, de projectiles et de débris s'abattit sur la rade et sur l'arsenal du Mourillon, voisin du vaisseau incendié. Une plaque de blindage, des chevilles en fer, des fragments de bois carbonisés y furent projetés. Pas un bec de gaz ne resta allumé dans la ville. Les curieux qui se pressaient en foule sur les quais de Toulon furent renversés. Un tronçon de bois enflammé, de deux à trois mètres de longueur, défonça la toiture de la cale de *la Victorieuse*, dans les chantiers du Mourillon, et mit le feu au pont du bâtiment. Le feu prit également à la toiture de la cale de *l'Eclaireur*, mais ces commencements d'incendie furent éteints presque aussitôt grâce à l'intelligente activité des pompiers de l'arsenal. L'explosion s'entendit jusqu'à plus de vingt kilomètres, et la gigantesque colonne de feu qu'elle lançait vers le ciel fut aperçue de très loin en mer.

L'amiral Penhoat, préfet maritime, s'était rendu en rade dans son canot. Tous les fonctionnaires se trouvaient à leurs postes, et la marine, la troupe, la population, réunies sur le lieu du désastre, se tinrent prêtes à toutes les éventualités.

Le conseil de guerre, à l'unanimité, prononça l'acquittement du commandant Galiber, comme ayant fait courageusement son devoir.

Bien autrement dramatique — et terrible dans ses conséquences — fut l'incendie du *Sphinx*. C'était vers le milieu de mars 1877, au cours de la dernière guerre d'Orient.

Le Sphinx, un des plus forts bâtiments à vapeur du Lloyd austro-hongrois, devait transporter pour le compte du gouvernement ottoman de Cavalla à Lottokin, dans le nord de la Syrie, environ quatre mille Circassiens qui fuyaient devant les troupes russes. Comme le navire n'avait pas emporté de ballast, il ne manœuvrait que difficilement, et se voyait obligé de marcher avec une certaine lenteur. Cependant la traversée s'était faite sans encombre, lorsque, arrivé entre l'île de Chypre et les côtes de la petite Asie, il fut assailli par un vent des plus violents ; une seule vague, en balayant le pont, emporta une cinquantaine de personnes. Il fut décidé alors que l'on relâcherait à Famagosta ; tout en faisait un devoir au capitaine : l'état de la mer et l'obligation pour les Circassiens fugitifs de renouveler leurs vivres épuisés

Tout à coup, le feu éclate dans les compartiments du navire, où un grand nombre de ces pauvres gens avaient trouvé place. Au lieu de laisser à l'équipage le soin de l'éteindre et de monter sans perdre de temps sur le pont, ils essayèrent de faire face au danger. Vainement le capitaine, suivi de tout son personnel, leur ordonna, puis les supplia de quitter cet endroit : ils ne voulurent rien entendre.

Cependant l'incendie gagnait et menaçait d'envahir le bâtiment tout entier. Le capitaine n'avait plus qu'un parti à prendre pour arrêter le fléau, — parti terrible, cruel, impitoyable, mais que la situation commandait impérieusement : fermer les issues de l'entrepont. Il n'hésita pas à recourir à cette extrémité ; six cents Circassiens environ furent brûlés ou asphyxiés. A ce prix, leurs compatriotes, l'équipage et le navire se trouvaient sauvés.

Peu après, le capitaine put mettre ses bateaux à la mer pour opérer le débarquement. Mais une révolte des Circassiens, indignés qu'on eût fait périr leurs compagnons, força le capitaine autrichien et l'équipage du *Sphinx* à prendre la fuite. Les Circassiens pillèrent le bateau à vapeur, dans lequel la circulation rendue à l'air raviva l'incendie.

Le mécontentement des Circassiens débarqués prit de telles proportions qu'une dépêche reçue à Beyrouth obligea les consuls de France et d'Angleterre d'envoyer des forces pour rétablir l'ordre. Un vapeur français, *le Linois*, et un steamer anglais furent expédiés en toute hâte sur le lieu du tumulte. Il fallut donner des vivres aux Circassiens affamés ; après quoi *le Linois* se mit à longer la côte, dans l'espérance de recueillir l'équipage autrichien et son capitaine. Un coup de canon de signal les attira vers la mer et *le Linois* put les secourir et les ramener à bord du navire, où l'incendie s'était éteint de lui-même.

CHAPITRE XI

NAUFRAGE AU PORT; LA GOÉLETTE *la Doris*; LE VAISSEAU *le Saint-Géran*; L'HÉROÏNE DE BERNARDIN DE SAINT-PIERRE; LE STEAMER *Francis-Depau* MANQUANT L'ENTRÉE DU HAVRE.

Le naufrage le plus affligeant, peut-être, celui qui excite le plus d'émotion et de regrets, c'est le naufrage en vue du port. On n'oubliera de longtemps la perte, dans ces conditions, de la goélette de l'Etat, *la Doris*, qui, après une longue et laborieuse station dans les mers des Antilles, ralliait le port de Brest pour y être réparée, sous le commandement d'un jeune officier de marine très distingué, M. Jules Lemoine, lieutenant de vaisseau.

La traversée avait été pénible, mais la vue de cette terre de France, si ardemment souhaitée, avait bientôt rappelé la confiance et la joie dans le cœur de l'équipage, épuisé par une longue navigation et par les périls auxquels il avait échappé à la hauteur des Açores, où, durant plusieurs jours, il avait été assailli par de violentes tempêtes. Tout cela n'était plus qu'un songe : quelques minutes encore, et *la Doris* mouillait sur rade !

La goélette avait franchi toutes les passes du goulet; elle courait grand large, mais elle refoulait avec peine, sous toutes voiles, un très fort jusant ; on se disposait à laisser tomber l'ancre. On était au 19 septembre 1845, sept heures et demie du soir... Tout à coup, survient une bourrasque d'ouest-sud-ouest, accompagnée d'un grain violent. Pris en travers par la rafale, le navire cède à la force du vent, et, se couchant sur bâbord, ouvre un large passage aux lames par les panneaux : quelques secondes après, on ne pouvait apercevoir de *la Doris* que l'extrémité de ses mâts : elle avait sombré par l'arrière. Sur soixante-sept marins et passagers qui se trouvaient à bord de *la Doris*, trente et un périrent; on comptait parmi les morts le commandant du navire, ayant succombé après avoir arraché aux flots trois hommes de son équipage.

C'est aussi un naufrage au lieu d'arrivée qui rend plus émouvant le récit de la perte du *Saint-Géran*, vaisseau de la Compagnie des Indes qui, parti de Lorient le 24 mars 1744, se trouvait, après une traversée de cinq mois, à quelques lieues de l'île de France. Son commandant, après avoir hésité à profiter d'un beau clair de lune pour venir mouiller au Tombeau, jugea prudent de tenir la cape sous la grand'voile, jusqu'au lendemain. A deux heures et demie du matin, le vaisseau toucha. La lame étant fort grosse le prit en travers et le poussa sur les récifs. Dès le premier moment sa position fut jugée sans ressource.

Il y avait à bord cent malades ; et, parmi les passagers, deux charmantes jeunes personnes, Mlles Mallet et Caillon, que plusieurs officiers tentèrent en vain de sauver. Bernardin de Saint-Pierre a immortalisé dans l'une d'elles la chaste héroïne de son roman. Quelques hommes de l'équipage échappèrent seuls à ce naufrage en vue du rivage, auquel le vaisseau de la Compagnie venait aborder de si loin!

Il arrive qu'un navire fait côte pour entrer dans un port difficile. On voit s'avancer, par exemple, un steamer courant sous ses huniers au bas-ris, de façon à ranger à l'honneur le bout d'une jetée. Mais au moment où il gouverne pour donner dans le creux du chenal, une lame monstrueuse, poussée, soulevée par un grain furieux, enlève sur la crête écumante qu'elle agite dans l'air, le pauvre navire qu'elle couche au grand sur l'un de ses flancs.

C'est ainsi qu'on vit un jour au Havre *le Francis-Depau*, grand paquebot américain jeté, en quelques secondes, à une demi-encâblure de la jetée du sud-est, sur le terrible poulier qu'il voulait éviter comme l'écueil le plus fatal qu'il eût à redouter. Plus de manœuvre à tenter pour lui désormais ; plus de secours même à espérer pour son équipage, de ce rivage dont il n'est séparé que par deux longueurs de navire. Il resta couché sur le côté de tribord en livrant, comme abattu en carène, son large flanc de bâbord à toutes les lames. Elles vinrent déferler sur lui, en faisant voler leur poudrin et leur écume jusque pardessus ses mâts, qui menaçaient à chaque instant de tomber et d'être emportés par la mer et par le vent furieux qui les ébranlait jusque dans leur emplanture.

CHAPITRE XII

ACCIDENTS DIVERS ; EXPLOSIONS DE CHAUDIÈRES ; LE BROUILLARD ; LA FOUDRE ; RENCONTRE DE GLACES FLOTTANTES DANS L'ATLANTIQUE ; LE BRICK *la Senorine* ; NAVIRES ABANDONNÉS EN MER ; LE TROIS-MATS *l'Andria* ; FRAUDES ET MANOEUVRES COUPABLES DÉNONCÉES AU PARLEMENT ANGLAIS PAR M. PLIMSOLL ; NAVIRES SABORDÉS.

Incendies en mer, avec canons chargés qui éclatent, vaisseaux qui sautent en l'air, équipages et passagers brûlés, étouffés ou noyés : voilà certes des catastrophes émouvantes qui laissent dans l'ombre les simples accidents, les explosions de chaudières, si fréquentes qu'on ne les compte plus. Nous en rappellerons néanmoins deux : l'explosion dans le grand bassin d'Anvers de la chaudière du steamer *le Heimdal*, qui tua et blessa plusieurs hommes de l'équipage. Quant au steamer, il fut en quelque sorte détruit ; son pont mis en morceaux, sa passerelle projetée au loin ; un canot fut lancé avec d'autres débris jusque sur les quais — 11 juin 1885.

Le 8 mars 1886, une explosion eut lieu à Cardiff, ville située au sud du pays de Galles, et mise en communication avec la mer par un canal. L'explosion se produisit à bord du bateau remorqueur *le Rifleman*. Elle tua tous les hommes de l'équipage, sauf un. Cette fois encore, le pont du navire vola en éclats, lançant au loin des débris qui blessèrent mortellement un pilote.

D'épais brouillards occasionnent des accidents dans les mers très fréquentées. Lorsque la Manche est obscurcie par eux, il n'y a plus aucune sûreté pour les nombreux bateaux à vapeur qui font la traversée de France en Angleterre. On est alors dans l'anxiété des deux côtés du canal. Les bateaux arrivent avec plusieurs heures de retard — quand ils arrivent à bon port. Les collisions sont fréquentes. Des navires échouent, et s'estiment heureux s'ils sont renfloués sans trop de dégâts.

La foudre tombe parfois à bord d'un bâtiment. Si un paratonnerre avec sa chaîne est établi, la foudre en frappant le mât suit la chaîne et, généralement, fait explosion au-dessous des porte-haubans. Il est arrivé que la chaîne n'atteignant pas jusqu'à l'eau, le tonnerre dans son explosion ouvre dans la coque du navire un trou profond, semblable au trou que pourrait faire un boulet de canon.

Que dire des rencontres de glaces flottantes dans l'océan Atlantique ? Elles ont souvent lieu dès la fin des printemps chauds, lorsque les banquises du pôle nord commencent à se désagréger, et que le courant froid qui descend de la région arctique le long de la côte du Labrador les porte jusque vers le point où la navigation est toujours active entre les Etats-Unis et l'Europe. Qu'une semblable rencontre se produise pendant la nuit : le navire se heurte à un glaçon, qui est peut-être une véritable montagne de quelques centaines de pieds, ayant des parties à moitié fondues prêtes à crouler au moindre choc, au moindre déplacement d'air — et voilà un navire bien exposé à prendre place sur la longue et funèbre liste des navires perdus corps et biens, et dont on n'entend plus jamais parler...

C'est ainsi que le brick français *la Senorine*, capitaine Vincent, étant parti de Saint-Malo le 1er mars 1884 pour Terre-Neuve, avec neuf hommes d'équipage et cinquante-trois passagers, une goélette anglaise, *Consuello*, ne recueillit de lui que des épaves. Tout ce qu'on sut, c'est que, vers le 20 avril, le navire avait été pris dans un courant de glaces flottantes à l'est des Grands-Bancs, et, quelques jours après, assailli par une forte tempête du sud-ouest. Un jour de la première semaine de mai — la date exacte n'est pas connue — la glace enfonca l'avant et les flancs de la *Senorine*, qui s'engloutit.

De nombreux navires sont abandonnés en mer par leurs équipages, pour des causes diverses, le plus souvent parce que le navire menace de sombrer ; mais il arrive que la nature du chargement les maintient à flots, comme pour le trois-mâts *l'Andria*, chargé de bois, qu'un bateau de pêche à vapeur du port de Dunkerque ramena du large à la remorque, dans les premiers jours de janvier 1885. *L'Andria* ayant perdu voiles et gréement, les marins de son bord avaient cru devoir s'en éloigner, se confiant sans doute à la mer dans quelque embarcation. Communément, en pareil cas, le navire coule, et les embarcations sont chavirées ;

c'est alors un navire de plus considéré comme perdu corps et biens par défaut de nouvelles.

Que de risques de mer, que de périls, que d'aventures douloureuses ! Faut-il qu'il s'y ajoute la fraude et le crime ! Il y a des armateurs peu scrupuleux qui lancent au loin des navires hors de service, ce que les matelots anglais appellent des « navires-cercueils ». En 1870, un membre de la Chambre des communes, M. Samuel Plimsoll, dénonça en plein Parlement ces agissements coupables qui exposent à la mort un équipage tout entier. Le navire, il est vrai, est assuré au delà de sa valeur, on en pourrait dire autant du chargement... Eh ! c'est parce que les compagnies d'assurances se montrent parfois trop faciles dans leurs contrats, qu'une infernale idée a pu germer dans certains cerveaux : tenter une opération où il y a beaucoup à gagner en aventurant seulement l'existence de marins trop confiants... On a dit quelquefois que les affaires sont l'argent des autres ; ici, les affaires sont la vie des autres.

M. Plimsoll a dit aussi comment par un calcul cupide, bien des fois, des bâtiments de commerce reçoivent un chargement hors de proportion avec leur tonnage. Il a vu partir de Newcastle un navire portant près du double de ce qu'il pouvait raisonnablement contenir, et qui se dirigeait vers la Baltique en plein hiver, son pont ne dépassant que de deux pieds le niveau de la mer.

Mais il y a une fraude plus criminelle encore parce qu'il n'y est laissé aucune part à l'imprévu, aux circonstances favorables. Il y a préméditation, et l'exécution a lieu grâce au concours de quelque scélérat à la solde d'un infâme spéculateur. Un bâtiment de commerce s'éloigne d'un port avec un chargement de médiocre importance, couvert plusieurs fois par une assurance : il s'agit de le faire périr. Un traître s'est glissé parmi l'équipage pour travailler à la perte du navire, en y pratiquant une voie d'eau. Ce malhonnête ouvrier accomplit dans les ténèbres son œuvre de destruction ; vienne pour lui l'occasion de pourvoir à son salut, et le navire sera abandonné, portant dans ses flancs une blessure qui est sa condamnation à courte échéance. Il est sabordé, sa voie d'eau ne pourra être bouchée ; il coulera, et l'armateur touchera la prime d'assurance. Le coup est fait ; il peut se recommencer demain : la fortune est au bout. La vie des marins tient à si peu de chose ! un hasard de plus pour eux ! Restent les veuves et les orphelins... Qui sait ? Ces messieurs qui ne manquent pas d'une certaine « honorabilité », leur font peut-être des pensions.

CHAPITRE XIII

CE QUI PASSIONNE DANS L'HISTOIRE DES NAUFRAGES ; LE DEVOIR DU CAPITAINE ; HÉROÏSME ; COURAGE DE Mme DE LA BARRE ; PRÊTRES ET MINISTRES PROTESTANTS ; ÉPISODES DES NAUFRAGES DU *Royal-Charter*, DU *London*, DU *Saint-Géran*, DU *Borysthène*, du *Birkenhead* ; DÉFAILLANCES ; L'*Union* ET LE CAPITAINE NEAL ; LA *Méduse* ET LE CAPITAINE DUROY DE CHAUMAREYS ; LE CAPITAINE CARSIN ET LES *Deux-Amies* ; SOUFFRANCES DE CEUX QUI ÉCHAPPENT AU NAUFRAGE ; EMBARCATIONS SANS VOILES NI RAMES, SANS VIVRES NI EAU ; LA FAIM ET LA SOIF ; LES CADAVRES MANGÉS ; LONGUE AGONIE ; LE DÉLIRE ; LA FOLIE ; RADEAUX : CELUI DE LA *Junon* ; LE RADEAU DE LA *Méduse* ; IL EST ABANDONNÉ PAR LES EMBARCATIONS ; RÉVOLTE ; MASSACRES ; BLESSÉS QU'IL FAUT JETER A LA MER ; APRÈS LE NAUFRAGE DU *Neptune* ; LE MATELOT BOURET ; LE DERNIER SURVIVANT DU *Speke-Hall*.

Il y a dans chacune des pages lugubres de l'histoire des naufrages quelque chose qui nous attire, nous émeut, nous passionne ; en face du péril qui menace et atteint des centaines de marins, éclate l'héroïsme que l'occasion fait naître subitement.

C'est généralement le capitaine du navire, inflexible dans sa loyauté, repoussant tout moyen de salut avant d'avoir accompli l'impossible pour préserver les existences à lui confiées. Il veut quitter son navire le dernier, ainsi le devoir le lui ordonne ; et souvent, lorsque ce moment est arrivé, il est trop tard.

Il y a la bravoure de quelque matelot obscur qui grandit tout à coup, se dévoue, accomplit des prodiges, sauve la vie de ses semblables et, dans une œuvre au-dessus de ses forces, peut-être perd sa propre vie.

Parfois c'est une femme qui donne l'exemple du courage, comme

Mme de la Barre, lors du naufrage de *la Caravane*, qui eut lieu dans la nuit du 21 octobre 1817, à dix ou douze lieues au vent de la Martinique.

Ailleurs c'est un prêtre, un pasteur protestant qui, s'oubliant lui-même et s'élevant au-dessus de l'humanité, au-dessus des effrois de la chair, console ses compagnons d'infortune, les fortifie contre la mort, les bénit : on vit ainsi un ministre anglican lors du naufrage du *Royal-Charter* qui périt corps et biens au mouillage des îles d'Anglesea, dans l'ouragan du 26 octobre 1859 : ce sont des occurrences où la véritable foi est soumise à une rude épreuve ! Un autre ministre anglican, le Rev. Draper, se montra sublime dans ses exhortations à bord du steamer *le London*, capitaine Martin, qui sombra à la hauteur de l'île d'Yeu, le 11 janvier 1866. Ces exemples pourraient être multipliés.

En 1744, lors du naufrage du *Saint-Géran*, — ce vaisseau sur lequel Bernardin de Saint-Pierre a fait jouer un rôle si touchant à son héroïne — lorsque tout espoir fut perdu, l'équipage criait miséricorde et demandait des prières pour implorer l'assistance divine. L'aumônier se mit à chanter le *Salve Regina* et l'*Ave maris stella*. A bord du vapeur *le Borysthène*, qui échoua sur la côte d'Afrique, non loin d'Oran, au moment où le navire allait verser tout entier sur le côté droit, et comme déjà l'eau entrait à gros bouillons dans la salle à manger, dans les cabines, l'abbé Moisset, vicaire, « donna à tous la bénédiction, dit un témoin qui survécut au naufrage. La voix pleine de larmes de ce pauvre prêtre, recommandant à Dieu deux cent cinquante malheureux que la mer allait engloutir, remuait toutes les entrailles. » L'abbé Moisset fut de ceux qui périrent.

Il n'y a peut-être rien qui dépasse en héroïsme l'attitude des marins et des soldats à bord du *Birkenhead*, au moment où ce navire sombra, en vue du cap de Bonne-Espérance.

Le *Birkenhead*, transport de guerre à vapeur et à aubes, avait quitté l'Irlande le 7 janvier 1852, ayant à son bord des détachements du 12e régiment de lanciers et de divers régiments de ligne, à destination des baies de Saint-Simon et d'Algoa ; plusieurs de ces militaires emmenant avec eux femme et enfants ; en tout avec l'équipage du navire six cent trente-huit personnes. La traversée avait été heureuse ; on touchait au terme du voyage, et le bateau à vapeur faisait huit nœuds et demi à l'heure par un temps très calme ; lorsque le 25 février, dans l'après-midi, une violente secousse ébranla le navire, de l'avant à l'arrière, remplissant de terreur ces passagers tantôt tout à l'espoir d'arriver à bon port. Le

Birkenhead venait de toucher sur un écueil encore inconnu des marins. La pointe de la roche avait pénétré jusque dans la chambre des machines, livrant passage à une quantité d'eau si considérable que plusieurs hommes furent noyés dans l'entrepont.

Malgré la soudaineté de la catastrophe, aucune confusion ne succéda au premier mouvement de terreur. Les matelots, sur l'ordre de leur capitaine, préparèrent les canots, tandis que, rassemblés sur le pont par leurs officiers, les soldats attendaient en silence qu'on disposât d'eux. Quand tout fut prêt, les femmes et les enfants, qui étaient nombreux, furent descendus dans les canots, avec les marins indispensables à la manœuvre et quelques soldats. Cent quatre-vingt-quatre naufragés sur six cent trente-huit furent sauvés de la sorte.

La terre était proche : quelques kilomètres seulement séparaient du rivage les malheureux restés sur le navire en perdition... Ils espéraient sans doute que les canots, après avoir débarqué leur premier chargement, reviendraient assez à temps pour les secourir, qu'on leur adjoindrait peut-être même des canots du port.

Mais par l'ouverture que le bateau à vapeur portait au flanc, la mer entrait en défiant toute résistance.

Pas un mot, pas un murmure ne s'était fait entendre parmi les soldats, tandis que s'opérait le sauvetage des femmes et des enfants. Leur commandant, le major Seton, les fit ranger en bataille et prononça quelques paroles de suprême consolation ; de son côté, le capitaine du *Birkenhead* exhortait ses hommes à la résignation.

Le moment vint où chacun comprit que les secours arriveraient trop tard...

Le capitaine s'établit sur la dunette avec son état-major, attendant l'instant fatal ; et lorsque les tressaillements du navire et l'affreux craquement qui se produisait dans sa charpente, annoncèrent qu'il fallait renoncer à tout espoir, au commandement donné d'une voix ferme, les soldats présentèrent les armes et le *Birkenhead* s'abîma dans les flots. Il est impossible d'imaginer quelque chose de plus sublime.

Mais à côté de ce stoïcisme devant le péril, de ces déploiements d'énergie cités plus haut, de ces renoncements, de ces admirables exemples d'abnégation et de dévouement, il se produit de coupables défaillances. Trop de fois, l'honneur d'un capitaine fait naufrage avant le navire qui va aux abîmes. Tous ne font pas strictement leur devoir. Il en est qui dans des situations désespérées se montrent avant tout pressés de profiter de la chance que leur offre une des embarcations du bord. C'est ainsi qu'au moment du naufrage du vaisseau anglais *l'Union* sur un banc de sable de l'île de Ré, en 1775, on vit le capitaine Neal crier au pilote de couper les cordes d'un côté de la chaloupe tandis qu'il les coupait à l'autre extrémité ; mais, faute d'ensemble dans le mouvement, la chaloupe entra d'un côté dans l'eau et fut submergée et le capitaine noyé. C'est ainsi encore que le capitaine de *la Méduse*, confortablement installé dans le principal de ses canots, fit trancher les amarres du radeau qu'il s'était solennellement engagé à ne pas abandonner.

Il y a des capitaines qui devant l'imminence d'une catastrophe, amenée peut-être par leur impéritie, perdent la tête et se donnent la mort : c'est une autre manière de faillir à son devoir. Le capitaine Carsin commandait *les Deux-Amies* de Bordeaux ; il échoua en vue des côtes du Maroc, et devant la perspective des traitements barbares qui attendaient et lui et son équipage, proposa d'abord de faire sauter le navire, et ne fut pas écouté ; alors s'étant jeté sur son lit, il se tira deux coups de pistolet dans la bouche.

Après avoir échappé à la mort immédiate, quelles souffrances n'endurent pas les tristes privilégiés qui n'ont survécu au naufrage que pour se trouver à des centaines de lieues de toute terre, dans une étroite embarcation sur une mer encore menaçante, sans vivres, sans eau, à peine vêtus, sans rien pour s'abriter des ardeurs du soleil, sans rien pour se couvrir par les froides nuits, sans cartes, ni boussole ! Ils sont exposés à mourir de faim, mort plus lente, mais bien plus cruelle que la mort trouvée par ceux qui ont péri.

Et pourtant, pour conserver ce mince avantage qui leur est offert de respirer encore, il leur a fallu peut-être, oublieux de tout sentiment humain, sacrifier des existences à la leur. On a vu des naufragés entassés dans un canot à le faire couler, éloigner d'eux sans pitié en les frappant de leurs sabres, en leur faisant lâcher prise à coups de hache, les malheureux qui s'accrochaient à leur embarcation, au risque de la faire chavirer. Et dans ce canot où ils ont trouvé asile, pour y arriver, quelques-uns, sachant nager, ont dû se débarrasser d'un noyé qui les saisissait par les pieds, qui les embrassait dans une étreinte mortelle et les faisait couler à fond. Ils ont été forcés, pour revenir à la surface, de se dégager à n'importe quel prix...

Lors de l'incendie du *Cospatrick*, de deux embarcations qui s'éloignèrent du lieu de la catastrophe, une seule devait être secourue. Elle portait un officier nommé Macdonald et une quarantaine de naufragés. Mais bientôt la soif commença à se faire sentir. Trois hommes moururent après être devenus fous. Le lendemain quatre hommes moururent encore, et les survivants éprouvèrent une telle faim et une telle soif,

Le pont de *la Junon*.

qu'ils burent le sang et mangèrent le foie de deux des morts. Le jour suivant vit encore la mort de quatre hommes, et le nombre des passagers de la chaloupe fut peu à peu réduit à huit qui déliraient. Deux hommes moururent encore ; les naufragés jetèrent l'un des cadavres par-dessus bord, mais ils n'eurent pas la force de soulever l'autre. Cinq de ces infortunés agonisaient, plongés dans un engourdissement léthargique, lorsque Macdonald fut réveillé par l'un d'eux qui lui mordait les pieds. Il vit alors un bâtiment courant sur eux ; — c'était *le British-Sceptre*. — Mais quelle délivrance tardive !

Les hommes qui abandonnent le navire naufragé et confient leur existence à un radeau, font parfois un périlleux échange. S'ils prolongent leur existence de quelques jours, c'est pour être en butte aux plus épouvantables hasards et souffrir mille morts avant le trépas. Une circonstance singulière se produisit lorsque *la Junon*, bâtiment de commerce anglais, périt dans les mers de l'Indo-Chine, par une voie d'eau. Les matelots qui s'étaient aventurés sur un radeau après avoir ramé désespérément toute une nuit se retrouvèrent le lendemain le long du bord de *la Junon*, du côté opposé à celui d'où ils étaient partis : ils avaient erré à l'aventure... Au point du jour, quand ils se virent si près du navire, ils quittèrent le radeau et rejoignirent leurs compagnons d'infortune, demeurés échelonnés sur les haubans, et suspendus dans la hune.

Non, les radeaux n'offrent pas une grande ressource. Ces assemblages de pièces de mâtures formés à la hâte au milieu des éléments déchaînés ou dans le désordre d'un accident de mer — incendie, échouement, collision — ne présentent guère de solidité. Que de fois, dans des naufrages ignorés, cet expédient d'un radeau a dû être employé en vain !

Mais il n'y a sans doute jamais eu après un naufrage de souffrances pareilles à celles qu'eurent à supporter les marins, soldats et passagers descendus sur un radeau, après l'échouement de *la Méduse*. Nous avons dit comment ce radeau fut abandonné à plus de douze lieues du littoral, par les canots de *la Méduse* qui avaient accepté l'obligation de le remorquer. On a les relations de MM. Corréard, ingénieur géographe, et H. Savigny, chirurgien de marine, rares survivants de cet épouvantable drame maritime..... Nous les suivrons dans leurs récits.

Les naufragés se trouvaient tellement serrés les uns contre les autres, faute de place, qu'il leur était presque impossible de remuer. Quelques-uns plongeaient à demi dans l'eau. Au moment du départ, le radeau menaçant d'enfoncer sous le poids des hommes, on avait jeté plusieurs barils de farine à la mer. Il ne restait plus, en fait de vivres, qu'un sac de vingt-cinq livres de biscuit, et ce sac ayant été mouillé, le biscuit se réduisit en pâte. Pour boisson, on avait seulement six barriques de vin et deux petites pièces d'eau. D'autre part, on ne possédait ni cartes ni compas de route, et la petite voile qu'on parvint à fixer au mât ne pouvait servir que pour aller vent arrière.

Lorsque la faim se fit sentir, le biscuit ne procura qu'un repas insuffisant, et ce fut le meilleur que les naufragés firent sur le radeau. Dès le premier jour le biscuit fut épuisé. On arriva avec assez de calme à la nuit, qui fut affreuse ; le vent fraîchit, la mer grossit beaucoup. Chaque fois que les lames soulevaient une des extrémités du radeau, les passagers — qui n'avaient pas le pied marin — tombaient les uns sur les autres et l'on entendait sans cesse des cris de désespoir.

Le jour en arrivant offrit aux regards un lamentable spectacle. Dix à douze malheureux ayant les jambes fortement engagées dans les séparations que laissaient entre elles les pièces du radeau, n'avaient pu se dégager et y avaient perdu la vie ; plusieurs autres avaient été enlevés du radeau par la violence de la mer. On eut encore dans cette journée, qui fut assez belle, l'espoir de voir revenir les embarcations ; mais quand on se vit trompé, un complet découragement s'empara des âmes, et l'esprit de sédition se manifesta par des cris de fureur. Le soir, le ciel se couvrit d'épais nuages et la mer fut encore plus grosse que la nuit précédente. Les vagues, attaquant le radeau, forcèrent les naufragés à se réunir au centre, et ceux qui ne purent le gagner périrent presque tous. Du reste, la concentration fut telle que quelques hommes furent étouffés par le poids de leurs compagnons d'infortune, qui tombaient sur eux.

Les soldats et les matelots, se regardant comme perdus, se mirent à boire avec excès. Alors, devenus furieux, ils s'écrièrent qu'on voulait les trahir, qu'il fallait mourir tous ensemble, et ils tentèrent de détruire le radeau en coupant les amarrages qui en unissaient les diverses parties. Un d'eux s'avança armé d'une hache pour exécuter ce dessein insensé.

Les officiers et les passagers s'y opposèrent ; et un combat terrible s'engagea à coups de haches, de sabres, de baïonnettes, de couteaux. Ceux qui n'avaient point d'armes, mordaient cruellement, déchiraient leurs adversaires. Les soldats saisissent le commandant d'infanterie Dupont et le jettent à la mer. Sauvé par ses amis, les révoltés veulent lui crever les yeux avec un canif. C'était une démence qui ne pouvait s'expliquer que par l'horreur de la situation.

La lune éclairait ces épouvantables scènes. La lassitude seule amena quelques moments de trêve. Aux premières lueurs du jour, on constata que plus de soixante hommes avaient péri : plusieurs s'étaient noyés de désespoir. On s'aperçut aussi d'un grand malheur : les rebelles, pendant le tumulte, avaient jeté à la mer deux barriques de vin et les deux seules pièces d'eau ; il ne restait qu'une barrique de vin à distribuer entre les soixante-sept survivants. Il fallut se mettre à demi-ration.

Dans cette journée déjà, les premiers actes de cannibalisme se produisirent. Quelques hommes se jetèrent sur les cadavres dont le radeau était encombré et dévorèrent des lambeaux de chair. Quelques-uns eurent assez de courage pour s'abstenir de cette nourriture et on leur accorda une plus grande quantité de vin. La nuit fut plus calme, et cependant au lever du quatrième jour on compta douze nouveaux morts. On n'en réserva qu'un seul pour nourrir les naufragés.

Dans l'après-midi, il y eut heureusement un passage de poissons volants, dont plus de deux cents s'engagèrent entre les vides laissés par les pièces de bois. A l'aide d'un briquet et d'un peu d'amadou, on parvint à allumer les débris d'un tonneau et à former un foyer qui servit à cuire les poissons; on les mangea avec avidité. On joignit aussi à ce repas quelques morceaux de cette chair humaine dont la cuisson dissimulait l'origine.

La nuit aurait été supportable si, à la faveur de l'obscurité, une nouvelle révolte n'eût surgi. Des Espagnols, des Italiens et des nègres, restés neutres jusqu'alors, formèrent le complot de jeter à la mer tous leurs compagnons. Il fallut repousser leur attaque par la force. Le lendemain matin, trente individus restaient encore vivants, et parmi eux des blessés en grand nombre.

Laissons la parole aux naufragés : eux seuls peuvent atténuer l'horreur des scènes qu'il reste encore à raconter :

« Le jour nous éclaira pour la sixième fois. A l'heure du repas, je comptai notre monde : nous n'étions plus que trente. Nous avions perdu cinq de nos fidèles marins ; ceux qui survivaient étaient dans l'état le plus déplorable, de sorte que vingt tout au plus d'entre nous étaient capables de se tenir debout et de marcher. Nous n'avions plus de vin que pour quatre jours, et il nous restait à peine une douzaine de poissons. « Dans quatre jours, disions-nous, nous manquerons de tout, et la mort sera inévitable ! » Il y avait sept jours que nous étions abandonnés : nous calculions que, dans le cas où les chaloupes n'auraient pas échoué à la côte, il leur fallait au moins trois à quatre jours pour se rendre à Saint-Louis ; il fallait ensuite le temps d'expédier les navires, et à ces navires celui de nous trouver. Il fut résolu que l'on tiendrait le plus longtemps possible. Dans le courant de la journée, des militaires s'étaient glissés derrière la seule barrique de vin qui nous restait ; ils l'avaient percée et buvaient avec un chalumeau. Nous avions tous juré que celui qui emploierait de semblables moyens serait puni de mort : cette loi fut mise à l'instant à exécution, et les deux infracteurs furent jetés à la mer.

« Ainsi nous n'étions plus que vingt-huit ; sur ce nombre, quinze seulement paraissaient pouvoir exister encore quelques jours ; tous les autres, couverts de larges blessures, avaient entièrement perdu la raison ; cependant ils avaient pris part aux distributions et pouvaient, avant leur mort, consommer quarante bouteilles de vin : ces quarante bouteilles de vin étaient pour nous d'un prix inestimable. On tint conseil : mettre les malades à la demi-ration, c'était avancer leur mort de quelques instants ; les laisser sans vivres, c'était la leur donner tout de suite. Après une longue délibération, on décida *qu'on les jetterait à la mer*. Ce moyen, quelque répugnant qu'il nous parût à nous-mêmes, procurait aux vivants six jours de vivres...

« Parmi eux étaient la cantinière et son mari, que nous avions précédemment sauvés au moment où ils allaient se noyer. Tous deux avaient été grièvement blessés dans les combats ; la femme avait eu une cuisse cassée entre les charpentes du radeau, et un coup de sabre avait fait au mari une profonde blessure à la tête. Tout annonçait leur fin prochaine. Nous avions besoin de croire qu'en précipitant le terme de leurs maux, notre cruelle résolution n'avait raccourci que de quelques instants la mesure de leur existence.

« Cette femme, cette Française, à qui des militaires, des Français, donnaient la mer pour tombeau, s'était associée vingt ans aux glorieuses fatigues de nos armées ; pendant vingt ans elle avait porté aux braves, sur les champs de bataille, ou de nécessaires secours, ou de douces consolations. Et elle.... c'est au milieu des siens, c'est par les mains des siens... ! Lecteurs, qui frémissez au cri de l'humanité outragée, rappelez-vous du moins que c'étaient d'autres hommes, des compatriotes, des camarades, qui nous avaient mis dans cette affreuse situation.

« Le délibération prise, qui osera l'exécuter ? L'habitude de voir la mort près de fondre sur nous, le désespoir, la certitude de notre perte infaillible sans ce fatal expédient, tout, en un mot, avait endurci nos cœurs, devenus insensibles à tout autre sentiment qu'à celui de notre conservation. Trois matelots et un soldat se chargèrent de cette cruelle exécution. Nous détournâmes les yeux, et nous versâmes des larmes sur le sort de ces infortunés. Ce sacrifice sauva les quinze qui restaient.

« Après cette catastrophe, nous jetâmes toutes les armes à la mer ; elles nous inspiraient une horreur dont nous n'étions pas maîtres. Nous avions à peine de quoi passer cinq journées sur le radeau ; ce furent les plus cruelles. Les caractères étaient aigris ; jusque dans le sommeil, nous nous représentions les membres déchirés de nos malheureux compagnons, et nous invoquions la mort à grands cris. Une soif ardente, redoublée par les rayons d'un soleil brûlant, nous dévorait.

« Un événement vint apporter une heureuse distraction à la profonde horreur dont nous étions saisis. Tout à coup un papillon blanc du genre de ceux qui sont si communs en France, apparut voltigeant au-dessus de nos têtes, et se reposa sur notre voile. La première idée qui fut comme inspirée à chacun de nous, nous fit regarder ce petit animal comme l'avant-courrier qui nous apportait la nouvelle d'un prochain atterrage ; et nous nous embrassâmes d'espérance avec une sorte de délire. Mais c'était le neuvième jour que nous passions sur notre radeau ; les tourments de la faim déchiraient nos entrailles ; déjà des soldats et des matelots dévoraient d'un œil hagard cette chétive proie et semblaient près de se la disputer. D'autres, regardant ce papillon comme un envoyé du ciel, déclarèrent qu'ils prenaient le pauvre insecte sous leur protection et empêchèrent qu'il ne lui fût fait du mal. Nous portâmes donc nos vœux et nos regards vers cette terre désirée que nous croyions à chaque instant voir s'élever devant nous. Il est certain que nous ne devions pas en être éloignés ; car les papillons continuèrent les jours suivants à venir voltiger autour de notre voile, et le même jour nous en eûmes un autre indice non moins positif en apercevant un goéland qui volait au-dessus de notre radeau.

« Trois jours se passèrent encore dans des angoisses inexprimables ; nous méprisions tellement la vie, que plusieurs d'entre nous ne craignirent pas de se baigner à la vue des requins qui entouraient notre radeau.

« Le 17 juillet au matin, le capitaine Dupont, jetant des regards sur l'horizon, aperçut un navire, et nous l'annonça par un cri de joie ; nous reconnûmes que c'était un brick, mais il était à une très grande distance : nous ne pouvions distinguer que les extrémités de ses mâts. La vue de ce bâtiment répandit parmi nous une joie difficile à dépeindre. Cependant des craintes vinrent se mêler à nos espérances ; nous commencions à nous apercevoir que, notre radeau ayant fort peu d'élévation au-dessus de l'eau, il était impossible de le distinguer d'aussi loin.

Nous fîmes alors notre possible pour être remarqués. Nous dressâmes des cercles de barriques aux extrémités desquels nous fixâmes des mouchoirs de différentes couleurs. Malheureusement, malgré tous ces signaux, le brick disparut.

« Du délire de la joie nous passâmes à celui de l'abattement et de la douleur. Pour calmer notre désespoir, nous voulûmes chercher quelques consolations dans le sommeil. La veille, nous avions été dévorés par les feux d'un soleil brûlant ; ce jour-ci nous disposâmes notre voile en tente et nous nous couchâmes tous dessous. On proposa alors de tracer sur une planche un abrégé de nos aventures, d'écrire tous nos noms au bas de notre récit et de le fixer à la partie supérieure du mât, dans l'espérance qu'il parviendrait au gouvernement et à nos familles. Après avoir passé deux heures, livrés aux plus cruelles réflexions, le maître canonnier de la frégate voulut aller sur le devant du radeau et sortit de dessous notre tente. A peine eut-il mis la tête au dehors, qu'il revint à nous en poussant un grand cri. La joie était peinte sur son visage ; ses mains étaient étendues vers la mer ; il respirait à peine. Tout ce qu'il put dire, ce fut : « Sauvés ! voilà le brick qui est sur nous ! » Et il était, en effet, tout au plus à une demi-heure, ayant toutes ses voiles dehors et gouvernant à venir passer extrêmement près de nous. Nous sortimes de dessous notre tente avec précipitation ; ceux mêmes que d'énormes blessures aux membres inférieurs retenaient continuellement couchés depuis plusieurs jours, se traînèrent sur le derrière du radeau pour jouir de la vue de ce navire qui venait nous arracher à une mort certaine. Nous nous embrassions tous avec des transports qui tenaient beaucoup de la folie, et des larmes de joie sillonnaient nos joues desséchées par les plus cruelles privations. Chacun se saisit de mouchoirs ou de différentes pièces de linge pour faire des signaux au brick, qui s'approchait rapidement. Quelques autres, prosternés, remerciaient avec ferveur la Providence, qui nous rendait si miraculeusement à la vie. Notre joie redoubla lorsque nous aperçûmes en haut de son mât de misaine un grand pavillon blanc ; nous nous écriâmes : « C'est donc à des Français que nous allons devoir notre salut ! » Nous reconnûmes presque aussitôt le brick *l'Argus* : il était alors à deux portées de fusil.

« En peu de temps nous fûmes transportés à bord. Nous y rencontrâmes le lieutenant en pied de la frégate et quelques autres naufragés. L'attendrissement était peint sur tous les visages ; la pitié arrachait des larmes à tous ceux qui portaient leurs regards sur nous. Qu'on se figure quinze infortunés presque nus, le corps et la figure flétris de coups de soleil. Dix des quinze pouvaient à peine se mouvoir. Nos membres étaient dépourvus d'épiderme ; une profonde altération était peinte dans tous nos traits ; nos yeux caves et presque farouches, nos longues barbes, nous donnaient encore un air plus hideux ; nous n'étions que des ombres de nous-mêmes. Nous trouvâmes à bord du brick de fort bon bouillon qu'on avait préparé dès qu'on nous eut aperçus ; on y mêla d'excellent vin : on releva ainsi nos forces prêtes à s'éteindre. On nous prodigua les soins les plus généreux et les plus attentifs ; nos blessures furent pansées, et le lendemain plusieurs des plus malades commencèrent à se soulever... »

On a reconnu les épisodes du terrible drame dont s'est inspiré le pinceau de Géricault.

Lors du naufrage du paquebot à vapeur *le Borysthène,* qui toucha sur un récif près d'Oran, le 15 décembre 1866, cent quatre-vingts marins et passagers restèrent pendant deux jours accrochés aux flancs du navire ballotté par la mer, ou entassés sur une roche nue. Voici en quels termes l'un des naufragés a décrit les efforts tentés pour le sauvetage et les souffrances endurées dans l'attente d'un secours incertain : « On organisa, avec une corde, une espèce de va-et-vient, car, à cinquante mètres de nous environ, se trouvait le gros rocher contre lequel nous avions échoué ; mais le tout était de se porter sur le rocher. La corde devait nous servir de pont volant.

« A neuf heures du matin, tout le monde était sur le rocher. On se compta ; il y avait soixante-dix morts. La mer en amena trois sur le rocher ; on leur prit leurs souliers et on les donna à ceux qui n'en avaient pas. On fit du feu avec les planches des canots brisés, et l'on mit des mouchoirs blancs au bout de grands bâtons, pour être aperçus et secourus. Le rocher forme une petite île complètement dépourvue de terre, aride et à pic ; pas d'eau à boire, rien à manger ; transis de froid, mouillés jusqu'aux os, pouvant à peine nous tenir sur nos jambes, tant nous étions épuisés ! Enfin, vers midi, une balancelle, montée par des corailleurs espagnols, aperçut nos signaux et la fumée de nos feux ; elle s'approcha et nous jeta un sac de biscuits de mer, du pain et du tabac, puis cingla vers Oran pour annoncer notre naufrage.

« L'après-midi, il plut. On fit placer dans les anfractuosités du rocher, à l'abri de la pluie, les femmes, les enfants, les malades : les soldats donnaient leurs capotes à ceux qui s'étaient sauvés de leurs cabines sans être vêtus. On passa la nuit sur des rochers, autour des feux que nous avions allumés. Pendant ces deux jours, nous couchâmes à la belle étoile, nous chauffant avec des herbes sèches et avec les débris du navire, et allant puiser dans le creux des rochers de l'eau de pluie mêlée avec l'eau de mer.

« C'est là que je connus les premières privations ; nous avions, deux fois par jour, pour tout repas, un petit morceau de pain gros comme un œuf de poule, et rien à boire ! Enfin le dimanche 17, à dix heures du matin, nous vîmes arriver cinq balancelles espagnoles. On s'embrassait, on se serrait dans les bras l'un de l'autre : nous étions sauvés ! On monta d'abord les femmes, les enfants et les malades, et puis tout le reste suivit.

« A une heure de l'après-midi, nous entrions dans le port d'Oran, où une foule immense nous attendait sur le quai. »

Si l'on voulait relater ici tous les incidents poignants qui remplissent les annales de la navigation, on soumettrait à une pénible épreuve la sensibilité du lecteur.

Mais quelle horrible situation que celle de ce matelot du *Neptune*, Bénigne Bouret, recueilli en mer après avoir passé onze jours sur la coque de ce navire, naufragé par le travers de Barcelone en 1821 ! Fort avant dans la soirée, par un temps d'éclairs et de tonnerre, bien que l'on fût à la fin de décembre — Bouret s'aperçut que le *Neptune*, fatigué, tombait de plus en plus sous le vent ; il regarda du côté opposé : il vit cette partie du navire s'élever. Comme il s'élançait pour saisir les haubans, il entendit le lieutenant prononcer ces mots :

— Ah ! mon Dieu, voilà le navire...

Et une autre voix : — Ah ! mon Dieu !...

Au même instant tout fut englouti.

« Dans cet affreux moment, a raconté le matelot Bouret, me tenant attaché, je ne conservai qu'une légère lueur de connaissance que je perdis bientôt totalement... » Enfin le navire s'étant relevé, le mouvement de l'eau qui coulait sur sa figure lui fit reprendre ses sens. Tout le monde avait péri, sauf le novice que Bouret aperçut assis sur les haubans. Le chien du bord était à côté de lui. Quatre jours après le chien se noya.

« Le 1er janvier, le novice fut emporté par une lame et ne voulut pas être secouru. Neuf jours s'écoulèrent sans que Bouret prît aucune nourriture. Amarré dans la hune, ne pouvant plus faire de mouvement, il ressentit toutes les angoises d'une fin douloureuse. Il tomba dans une sorte de somnolence : sa vue se troubla ; il voyait « des feux dans le ciel » ; les étoiles lui semblaient « d'une énorme grosseur ; la clarté de la lune éblouissait ses yeux : ils ne pouvaient la supporter. »

Enfin le 4 janvier il devait être secouru. « Au point du jour, dit-il, promenant mes regards affaiblis à l'horizon, je ne pus rien apercevoir. Hélas ! encore un jour de souffrance ! Et je retombai dans un profond assoupissement. Tout à coup il me sembla entendre des voix qui me disaient : — Lève-toi, tu es sauvé !

« Ce n'était qu'un jeu de mon imagination, car personne n'était encore près de moi. Ces voix me frappèrent de nouveau. Dans ce moment, j'ouvris les yeux et je distinguai non loin de moi la voilure d'un navire sur laquelle le soleil brillait de tout son éclat. Un moment après, une chaloupe approcha. On me démarra et l'on me transporta à bord.

« C'était une galiote hollandaise, *la Goode-Hoope*. On me dit que l'on avait vu le navire submergé et qu'on avait cru que tout le monde avait péri ; mais que le capitaine avait ordonné de s'approcher le plus près possible, afin de s'assurer s'il n'y avait personne à bord. »

Le sauvetage en mer du dernier survivant du *Speke-Hall*, navire anglais naufragé au commencement de juillet 1885, ne laissa pas moins à penser quant aux souffrances et à l'angoisse éprouvées par un malheureux, ballotté par les flots pendant plusieurs jours. Un passager embarqué à bord du *Peï-Ho* nous a donné une relation de ce sauvetage émouvant.

« Nous avions quitté Aden, dit-il, à 11 heures du matin. Le temps était magnifique, la mer absolument calme. A 6 heures du soir, comme nous étions à table, des soldats passagers s'amusaient à regarder les ébats d'une bande de marsouins :

« — Tiens, dit l'un d'eux, il y a un marsouin qui laisse sa queue hors de l'eau !

« Mais un autre ayant meilleure vue s'écria : — C'est un homme !

« Aussitôt tout le monde de crier : — Un homme à la mer !

« L'homme que l'on apercevait ainsi était déjà dépassé depuis un moment et fort loin de nous. On s'empresse de stopper, de faire machine en arrière, et une embarcation mise à flots va recueillir le malheureux. Dès qu'il est à bord, le docteur du *Peï-Ho*, M. de la Châteigneraie, constate que le naufragé n'a aucune blessure et qu'il ne lui faut que des soins et du repos.

« On interdit tout interrogatoire, et ce n'est que le lendemain qu'il donna les renseignements suivants :

« Je me nomme Keysar, j'ai trente-cinq ans, je suis sujet anglais. J'étais lieutenant sur *le Speke-Hall*, du Hall Line du port de Liverpool, faisant route de Cardiff, et, en dernier lieu, de Suez à Bombay, chargé de charbon, avec dix-sept hommes d'équipage européens et quarante-deux lascars (Indiens de Bombay). — Dans la nuit du 2 au 3, *le Speke-Hall* fut assailli par une trombe énorme qui brisa le panneau de la machine. Les marins ne parvinrent pas à le fermer, et les paquets de mer se succédant dans l'ouverture béante, vers 4 heures du matin le bateau s'engloutit. Revenu sur l'eau, je vis plusieurs hommes accrochés à des épaves qui disparurent successivement, notamment deux lascars qui furent engloutis en se battant pour un peu d'eau douce que l'un d'eux avait dans une bouteille. Moi-même étant parvenu à réunir deux morceaux de bois, je les liai en croix avec ma ceinture et m'assis dessus. C'est sur ce frêle appui, sans boire et sans manger, que j'ai passé toute la journée du mercredi, celle du jeudi et la journée du vendredi, soit trois jours et deux nuits. »

« Nous le recueillîmes, en effet, le vendredi soir à 6 heures, sous le soleil de plomb du golfe d'Aden. Quatre fois il vit des navires qui passèrent sans l'apercevoir. Par deux fois des requins vinrent rôder autour de lui. Souvent il s'assoupissait quelques minutes. Quand il vit le *Peï-Ho*, il n'avait plus d'espoir, et il crut que nous passions aussi sans le voir. Il s'en est fallu de peu qu'il en fût ainsi. »

CHAPITRE XIV

NAVIRES SECOURUS TARDIVEMENT ; LE *Deutschland* ; SERVICE DE SAUVETAGE INSUFFISANT ; SAUVETAGE ACCOMPLI EN PLEINE MER PAR UN BATIMENT EN PÉRIL, LE *Jean-Baptiste* ET LA *Léonie*; LE CLIPPER L'*Alert* ET LE *Comte-d'Eu* ; UN ÉQUIPAGE QUI OPÈRE SON PROPRE SAUVETAGE; LE *Duroc* ; L'ENSEIGNE MAGDELAINE ; LE COMMANDANT DE LA VAISSIÈRE, SA FEMME ET LEUR PETITE FILLE ; LE CANOT *la Délivrance* ; SAUVETAGE MÉMORABLE ACCOMPLI SUR LA CÔTE D'IRLANDE ; *le Killarney*.

Nous avons vu des navires secourus, des marins, des passagers recueillis en mer. Il faut bien dire que les secours n'arrivent pas toujours avec tout l'empressement et tout le dévouement que l'on pourrait désirer. En 1875, le 5 décembre, le transatlantique *Deutschland*, parti de Brême pour New-York avec cent cinquante passagers, s'ensabla sur la côte du comté d'Essex, pieds du port de Harwich; les naufragés menacés de périr par la grosse mer, la neige, le froid, lancent dans la nuit des fusées d'appel ; on leur répond du rivage par d'autres fusées ; mais aucun secours n'apparaît : on manquait de bateaux de sauvetage à Harwich, l'équipage du remorqueur refusait de prendre la mer, la trouvant « trop agitée » : des bateaux à vapeur anglais passaient en vue du *Deutschland* et poursuivaient leur route sans s'arrêter.

Le vapeur transatlantique allemand coulant bas, demeura dans cette situation, où chaque coup de mer lui enlevait un matelot ou un passager, deux jours et deux nuits. Enfin un remorqueur se décida à sortir du port et put recueillir cent trente-six personnes encore vivantes, sur les deux cent vingt-deux que *le Deutschland* avait à son bord, au moment de son départ.

Le peu de hâte et d'activité montrées par les Anglais dans ces circonstances douloureuses excitèrent une vive indignation chez les Allemands. Leurs journaux prirent un ton très violent et accusèrent la jalouse Angleterre de voir d'un œil de coupable satisfaction les sinistres éprou-

Sauvetage d'un bâtiment échoué et désemparé. — Signaux de détresse.

vés par les marines appelées à devenir des rivales de la sienne. Bornons-nous à constater que le service du sauvetage sur les côtes, dont nous aurons à parler, est encore loin de suffire à toutes les exigences.

Nous constaterons plus volontiers qu'il y a des sauvetages accomplis en pleine mer au milieu de la tempête dans lesquels se produisent des prodiges de confraternité et d'héroïsme. Tel est le sauvetage de l'équipage du trois-mâts *le Jean-Baptiste*, se rendant de Pisagua à Bordeaux et qui fut assailli, en mars 1867, par un violent cyclone dans les parages des Açores. Déjà, en doublant les parages du cap Horn, une voie d'eau s'était déclarée dans la coque ; grâce à une pompe puissante, l'équipage avait pu maintenir le navire à flot. Depuis quelques jours cette voie d'eau augmentant, on avait dû jeter à la mer une partie de la cargaison. Mais laissons le capitaine du *Jean-Baptiste* faire lui-même l'émouvant récit des dangers auxquels il échappa, ainsi que son équipage, dans des circonstances désespérées.

« Le 17, à une heure du matin, un ouragan furieux se déclare ; réduit la voilure ; mis en cape sous les huniers bas. A huit heures du matin, tourmente de vent ; la mâture en est toute tordue ; le baromètre est descendu à 714 millimètres ; réussi à serrer le petit hunier ; pompé constamment ; la mer est démontée. De midi à quatre heures, tous les bastingages sont enlevés ; les coups de mer brisent à bord comme sur des roches ; tout l'équipage est aux pompes ; il a été impossible de les maintenir franches ; descendu dans la cale ; l'eau est au-dessus des carlingues et gagne constamment. A six heures du soir, le petit foc, quoique tout neuf, est enlevé ; il n'y reste que les ralingues ; tout est balayé sur le pont ; la mer emporte tout, jusqu'au logement de l'équipage ; le navire s'abîme.

« Nous sommes perdus sans ressource. Deux mètres d'eau dans la cale ; la tourmente m'enlève encore mon foc d'artimon, et mon grand hunier commence à partir : notre heure est arrivée. Mais la Providence veille sur nous. A soixante lieues, dans l'est, se trouve également un navire qui est aussi en cape, abîmé par la tempête ; quoique chargé légèrement, il ne résiste plus à la tourmente. Ce navire est près d'engager ; le capitaine se décide à fuir vent arrière pour le salut commun ; depuis la veille au matin, six heures, il a franchi dans l'ouest la distance qui nous séparait, et vient nous apparaître comme un sauveur et comme seul moyen de salut. Je mets le pavillon en berne ; *la Léonie*, c'est le nom du bâtiment commandé par le capitaine Broutelle, manœuvre immédiatement pour se mettre sous le vent du *Jean-Baptiste*. Je prends l'avis de l'équipage pour abandonner le navire : tous sont de mon avis, qui est que sous peu il sombrera.

« Alors commence une scène aussi émouvante qu'on puisse l'imaginer. L'ouragan, encore furieux, rend la mer si grosse, qu'il serait impossible de songer à mettre une embarcation à l'eau ; d'un autre côté, le navire coulant sous nos pieds ne me laisse aucune alternative. *La Léonie* nous envoie des bouées, des échelles, tout ce qu'on possède à bord pour être mis à la traîne comme va-et-vient : nous ne pouvons rien attraper. Voyant cela, je me décide au dernier moyen de salut : une de mes embarcations est mise à l'eau, et, après avoir couru le risque de se briser vingt fois le long du bord, huit hommes réussissent à s'y embarquer; mon second est dedans; ils partent vent arrière, disparaissent et reparaissent bientôt entre les montagnes d'eau qui séparent les deux navires; ils accostent sous le vent de *la Léonie*, ils me paraissent sauvés; peu après, je vois mon canot filer sous une amarre, à l'arrière de ce navire. Mon anxiété est grande.

« Je ne comprends pas cette manœuvre : sans doute personne n'ose plus venir à notre secours. Mais on essaye de nous renvoyer le canot en le laissant couler sur une amarre. Cette opération échoue. Il faut absolument tenter de nous rapprocher. *Le Jean-Baptiste*, quoique à moitié plein d'eau, sent encore un peu son gouvernail. Je laisse porter; *la Léonie* en fait autant pour passer à mon avant. La manœuvre allait se terminer heureusement lorsqu'une lame énorme prend *la Léonie* par l'arrière et la fait lancer dans le vent : un abordage devient imminent. Je mets toute la barre dessous; le navire n'obéit plus et tombe sur l'avant de *la Léonie*, casse son bâton de foc, son petit mât de perroquet, hache son gréement de l'avant, déchire le cuivre de la muraille. Quelques secondes encore, et les bâtiments vont se défoncer et s'engloutir. La Providence veut qu'il n'en soit rien. Les deux navires se séparent.

« Deux de mes hommes ont sauté sur *la Léonie* au moment du choc ; nous ne restons plus que quatre. La roue de mon gouvernail est brisée; les débris de la beaume et de la corne, qui fouettent en pendant, empêchent d'approcher du gouvernail; une demi-heure se passe avant que je puisse faire couper tout ce qui les retient à bord.

« Enfin, je puis m'approcher du gouvernail ; la barre est mise pour aller rejoindre *la Léonie*, qui a beaucoup dérivé sous le vent, et se trouve déjà à une assez grande distance. Après une heure d'attente, je me vois de nouveau à deux encâblures de ce navire. Malheureusement, mon canot a sombré, je suis désespéré. Il y a encore une baleinière à bord de *la Léonie*. Au bout de quelque temps, je vois manœuvrer pour sa mise à l'eau ; cinq hommes s'y embarquent, sans hésiter devant le péril auquel ils s'exposent, pour essayer une dernière fois de nous sauver. Ils arrivent sous le vent à nous. Là, nouvelles difficultés et nouveaux dangers. *Le Jean-Baptiste* roule comme une barrique, les lames le couvrent de l'avant à l'arrière; la cale était remplie d'eau : l'un de mes hommes est obligé de se jeter à la mer pour gagner le canot. Nous parvenons tous à y embarquer, et nous fuyons aussitôt vent arrière.

« Pendant ce temps, *la Léonie* s'était vue sur le point d'essuyer un second abordage. Après l'avoir évité, elle avait laissé porter pour rejoindre le canot de sauvetage, et avait pris la cape. Nous accostons sous le vent ; on nous lance des cordes auxquelles nous nous accrochons; au moment où nous mettons le pied sur le pont du navire, l'embarcation se brise le long du bord, sans qu'on puisse la sauver. Il était une heure de l'après-midi : depuis sept heures nous luttions contre la mort. »

Malgré ses avaries, *la Léonie* résista encore heureusement à la tempête pendant vingt-quatre heures; puis le temps s'améliora, et le 25 mars le capitaine Broutelle débarqua au Havre les quinze naufragés du *Jean-Baptiste*. Ajoutons que le comité de la Société centrale de sauvetage a décerné une médaille d'honneur au capitaine Broutelle et aux braves marins qui étaient allés recueillir les derniers naufragés.

Le clipper *l'Alert*, navire de 1,100 tonneaux, était parti de New-York pour Shang-Haï avec une cargaison de 40,000 caisses d'huile, sous le commandement du capitaine Jerry Park; il y avait vingt et une personnes à bord, y compris la femme et le fils du capitaine. Le 14 novembre 1884, un violent orage de pluie éclata et une dizaine de minutes après dix heures, le grand mât fut frappé de la foudre. Les dégâts semblaient peu importants, et le capitaine se félicitait d'en être quitte à si bon compte, quand, vers dix heures 30 minutes, on vit sortir de la fumée par les interstices des capotes des écoutilles. Les écoutilles furent ouvertes et la cale inondée autant que cela était possible ; mais bientôt une explosion formidable se fit entendre et les flammes s'élancèrent jusqu'à la cime des mâts. La chaleur devint insupportable.

Le capitaine fit embarquer en toute hâte de l'eau et des provisions dans les canots qui furent attachés ensemble ; tout le monde y prit place, et une heure après le commencement de l'incendie, on s'éloigna du clipper qui était alors totalement embrasé et qui ne tarda pas à sombrer.

Le lendemain, à cinq heures du matin, les naufragés eurent la bonne fortune d'être recueillis par le steamer français *Comte-d'Eu*, capitaine Niel, en route du Havre pour Pernambuco. Ce navire français débarqua les naufragés à Pernambuco.

Le capitaine Jerry Park a fait le plus grand éloge du capitaine Niel et de l'équipage du *Comte-d'Eu*. « Nous avons été traités, a-t-il dit, avec la plus grande bonté ; mais où le capitaine Niel a le mieux montré la vraie noblesse et l'humanité de son caractère, c'est quand, à la vue de la réflexion de l'incendie dans le ciel, supposant que c'était peut-être un baleinier en détresse, il n'a pas hésité à changer sa route pour aller voir s'il pouvait donner de l'aide. Après une heure de marche, il ne semblait pas être plus près de son objectif et il s'est trouvé si bien enveloppé dans le brouillard et la pluie que la lueur a cessé d'être visible. Il n'en a pas moins poursuivi sa marche. A sa sortie du brouillard, il a revu la lumière briller plus éclatante dans les nuées et il a fait cinquante milles pour venir nous sauver. »

C'était le premier voyage du capitaine Niel comme commandant, et sa conduite ne peut qu'être citée en exemple à tous les marins.

Il est plus rare que dans un péril extrême un équipage opère sans aucun secours son propre sauvetage. Par cette raison les événements qui suivirent la perte du *Duroc* méritent tout particulièrement d'être rappelés.

L'aviso à vapeur *le Duroc* s'était jeté, dans la nuit du 12 au 13 août 1856, sur le récif Mellish qui se trouve à 160 lieues dans le nord-ouest de la Nouvelle-Calédonie. Ce navire, parti de notre colonie australienne, revenait en France. Grâce à un sauvetage habilement organisé par M. de la Vaissière, lieutenant de vaisseau, commandant *le Duroc*, personne ne périt.

Lorsque tout espoir de sauver le navire fut perdu, le commandant fit transporter sur le récif, îlot de sable invisible pendant la nuit, de 200 mètres de long sur 100 de large, les malades, les vivres, la cuisine distillatoire, le four, la forge et tout ce qu'il était possible de sauver avec les embarcations et les radeaux. Tout cela s'accomplissait au milieu des requins qu'il fallait écarter à coups de gaffe. Puis le commandant songea à faire construire un canot de grandes dimensions, en employant le bois provenant des bas mâts et du beaupré sciés en planches. Des tentes avaient été dressées avec des voiles, pour abriter les naufragés et les vivres. Notez que le commandant la Vaissière avait à son bord sa femme et sa fille Rosita, une charmante enfant de cinq ou six ans, de plus une femme de chambre et quelques malades. La cuisine distillatoire fournit l'eau à discrétion, et il restait quatre mois de vivres pour les trente et une personnes que le commandant gardait avec lui, pour gagner, à l'aide du canot en construction, un point de la côte d'Australie d'où l'on pût rallier Sydney.

Le surplus de l'équipage fut embarqué dans les canots de l'aviso et prit la mer, avec ordre d'atteindre la côte d'Australie et, s'il avait le bonheur d'atteindre cette côte, de remonter jusqu'au détroit de Torrès où l'on avait la chance de rencontrer quelque navire — si l'on évitait de tomber aux mains des anthropophages qui habitent les terres voisines de ce détroit.

L'enseigne de vaisseau Magdelaine eut la direction de cette aventureuse expédition. Son personnel se composait de trente-cinq personnes, réparties ainsi qu'il suit : quinze hommes avec lui, dans le grand canot ; l'enseigne de vaisseau, Augey-Dufresse, dans le canot major, avec neuf hommes ; le maître d'équipage, avec neuf hommes dans la baleinière. Malheureusement ces canots, d'une très faible dimension, bien que peu encombrés de vivres et d'effets, se trouvaient beaucoup trop chargés pour affronter une grosse mer.

On partit le 25 août dans l'après-midi, et tout de suite on se trouva en pleine mer de Corail, embarquant l'eau à chaque lame.

L'enseigne Magdelaine dirigea sa route sur le cap Tribulation, ayant l'avantage d'être à la fois le point le plus rapproché de la côte, et de pouvoir être aperçu de loin. La navigation augmentait de difficultés par l'obligation de maintenir toujours en vue les trois embarcations.

Le 27, la mer grossit tout à coup d'une manière des plus inquiétantes. Il fallut jeter à la mer tout ce qui n'était pas d'une nécessité absolue. Vers midi, pendant que M. Magdelaine prenait la hauteur méridienne, il se sentit enlever par une lame énorme, et quand il reparut sur l'eau, il était à plus de vingt-cinq brasses de son canot, voyant flotter autour de lui des barils et des caisses contenant les vivres. Il crut tout perdu. Mais la baleinière, qui était restée en arrière, vint le tirer de cette situation. En même temps, le patron de son canot, le quartier-maître Laury, aidé d'un matelot nommé Burel, ne perdant pas un moment leur présence d'esprit, sautent, l'un à la barre, l'autre à la voile, qu'ils amènent, arment un aviron et réussissent à mettre le canot debout à la lame. Les autres hommes se mettent résolument à vider l'eau qui avait rempli le canot jusqu'au bord.

Le 30 au soir, on atterrit sur le cap Tribulation, — le cinquième jour depuis le départ ; c'était déjà un grand résultat atteint, mais il restait encore beaucoup à faire, surtout à cause de l'hostilité bien connue des populations du littoral australien et des îles de la mer de Corail. Le canot-major, qui était en avant, signala un récif à fleur d'eau, dont les têtes de roche étaient à découvert et d'une étendue de plusieurs milles, avec un lagon intérieur, aux eaux bleuâtres.

Le lendemain, l'inventaire des vivres fait, avant de remonter la côte d'Australie, accusa 72 kilogrammes de biscuit, 20 litres d'eau-de-vie et 60 litres de vin. Il fut possible de se procurer de l'eau sur la côte, malgré la présence de quelques naturels et les difficultés du débarquement.

Le 9 septembre, la petite expédition arriva à Port-Albany. Chaque nuit avait été passée à l'abri d'un îlot ou d'une pointe de terre, en vivant de poissons, de racines et de coquillages : il s'agissait d'économiser le peu de biscuit que l'on possédait encore. Le chef de l'expédition décida de se diriger, à travers la mer des Alfouros, sur l'île Timor. Si l'on pouvait atteindre les mers de la Malaisie, on était sauvé ! Les canots dirigés par l'enseigne Magdelaine naviguèrent entre l'Australie au sud et la Nouvelle-Guinée au nord. Il ne restait plus que cent grammes de biscuit par jour et par homme, en comptant sur une traversée de dix à douze jours.

Le moral un peu affaibli d'hommes fatigués par quinze jours de privations de toute espèce, avait besoin d'être relevé. M. Magdelaine s'appliqua à cette tâche et poursuivit sa navigation avec assez de bonheur jusqu'au 17 septembre. Malgré une faible nourriture, tous se soutenaient en bonne santé, lorsque le calme vint les surprendre d'une manière aussi inattendue que décevante.

Le 18, la chaleur et le manque d'eau ne permirent pas aux naufragés d'avancer à l'aviron. La crainte s'empara des esprits. Il restait cependant encore une trentaine de lieues à faire pour aborder à Timor.

L'enseigne Magdelaine voulut donner l'exemple : ses compagnons stimulés, profitant de la fraîcheur de la nuit, ne quittèrent point les avirons de cinq heures du soir jusqu'au jour, n'ayant que douze centilitres d'eau pour se désaltérer durant ce rude labeur.

Au lever du soleil, la terre apparut dans une étendue de plus de vingt lieues. Cette vue ranima le courage de chacun et sembla donner à tous de nouvelles forces. On aborda enfin ; mais le lendemain il fallut quitter le rivage inhospitalier sans avoir pu obtenir ni vivres ni eau. Le 22 septembre au soir, n'ayant plus de vivres depuis le matin, l'expédition atteignit Coupang. Les trois canots avaient accompli une traversée de huit cents lieues !

Coupang, situé dans la partie méridionale de la superbe baie de ce nom, est un port franc qui appartient aux Hollandais. C'est un point de Timor où la terre prodigue sans culture les fruits les plus exquis, un verger d'une incomparable richesse.

Le résident, M. Frœnkel, mit aussitôt à la disposition des marins français toutes les ressources de la colonie. Pendant trois jours, les hommes purent se reposer avec une nourriture abondante et retrouver quelques forces.

Sur l'avis du résident, l'enseigne Magdelaine prit passage sur le packet allant à Batavia. Il laissa les indications nécessaires pour que les navires devant aller à Sydney pussent s'assurer, en passant près du récif Mellish, du sort du commandant de la Vaissière et de ses compagnons.

Chose étonnante ! le commandant du *Duroc*, après avoir passé cinquante jours sur les sables de Mellish, réussit à ramener son équipage, sa femme, sa fille. Il aborda à Coupang même, ayant renouvelé ce prodige d'un voyage de huit cents lieues dans des mers pleines d'écueils, de bancs de corail qui, après un long travail sous-marin, surgissent inopinément à fleur d'eau, et où il y a si peu de secours à attendre des populations sauvages qui habitent les îles de la mer de Corail et le littoral australien. Sous sa direction, l'embarcation projetée avait été construite avec toute la hâte possible. C'était un petit bâtiment ponté, long de 14 mètres, avec deux voiles et un foc, qui reçut le nom de *la Délivrance*. Quand on le mit à l'eau, la saison approchait où l'îlot allait disparaître submergé par l'Océan.

Mais *la Délivrance* eut plus à souffrir encore que les deux canots et la baleinière de la première expédition. Elle eut à supporter des calmes plus longs, des ouragans mêlés de tonnerres. Une voie d'eau se déclara, et l'équipage, à bout de forces, eut grand'peine à lutter contre l'invasion de la mer. Lorsqu'on aborda à Coupang, après vingt-huit jours de navigation, il ne restait plus de vivres à bord. Le capitaine de la Vaissière avait perdu quatre hommes. Un cinquième, le timonier Pitchard, mourut de saisissement en voyant la terre.

Pour clore ce chapitre, et avant de parler de l'organisation des secours sur les côtes, qu'il nous soit permis de raconter un sauvetage mémorable accompli spontanément par les témoins d'un sinistre maritime, avec de faibles moyens, mais une rare énergie.

Le steamer *le Killarney* était sorti de Cork le 19 janvier 1838, se rendant à Bristol. Il avait à son bord cinquante personnes, équipage et passagers. Le temps, qui était déjà menaçant, devint bientôt tout à fait mauvais ; le vent se mit à souffler de l'est avec violence et, peu après, une pluie de neige et de grêlons se mêla à la tourmente.

Le capitaine du bateau à vapeur, après avoir tenté vainement de tenir tête à l'ouragan, ordonna de virer de bord et de retourner à Cork. Mais soudain, le vent semblant se modérer, *le Killarney* reprit de nouveau la route de son port de destination.

Ce n'était qu'une accalmie dans la tempête ; peu après, elle redoubla de fureur ; les lames balayaient le navire avec une rage inouïe, faisant craquer les mâts, déchirant les voiles de haut en bas avec des bruits sinistres. On les entendait venir, car le brouillard était devenu si dense qu'on ne pouvait rien voir au loin. Pour alléger le navire, on jeta par-dessus bord cent cinquante porcs formant le quart de son chargement. Aux premières heures du jour, après cette longue et horrible nuit, le steamer apparut jonché de débris de toutes sortes ; la machine ne fonctionnait plus, et, le navire ayant dévié de sa route, le capitaine ne connaissait plus sa position et hésitait sur la direction à suivre.

L'eau entrait par toutes les ouvertures... Alors les passagers, très alarmés, montèrent sur le pont ; les femmes se lamentaient et s'accrochaient à tout le monde, implorant du secours. Les matelots, fatigués, et découragés, descendaient à la cantine pour réclamer du porter et des liqueurs, requête étrange et inopportune, qui parut de mauvais augure. Un militaire passager, le lieutenant Nicolay, fit cette remarque que des marins qui demandaient à boire des liqueurs dans une telle circonstance devaient avoir perdu tout espoir dans le salut d'un navire ; il affirma avoir, déjà une fois, été témoin d'un fait semblable sur un navire en détresse. Ces détails minutieux ont été donnés par l'un des naufragés du *Killarney*, le baron Spolasco, docteur en médecine, qui a publié une ample narration de ce sinistre.

Ce docteur Spolasco avait avec lui son fils adoptif, petit garçon de neuf ans, qu'il paraissait aimer beaucoup. L'enfant avait peur. Le docteur allait de lui aux passagers pour les réconforter, leur donner du courage ; il partageait ses soins entre tous.

Cependant le navire ne cessait d'être secoué et le vent de faire rage. Les vagues balayaient le pont et entraînaient tout ce qu'elles trouvaient sur leur passage ; le « steward », ou maître d'hôtel du navire, eut la jambe cassée dans une violente chute qu'il fit sur le pont, devenu glissant comme un miroir. L'équipage entier faisait des efforts surhumains pour diriger le steamer malgré la terrible tempête ; mais une voie d'eau s'était ouverte; l'eau gagnait sensiblement, malgré le jeu des pompes.

Le Killarney roulait, penché sur un côté, le pont demeurant très incliné. La mer frappait dessus continuellement, attaquait les tambours, brisait les palettes des roues; et les passagers en étaient réduits à ramper sur les mains et sur les genoux : ils poussaient des cris affreux ! Le docteur, après avoir pénétré dans la chambre de la machine, put, en remontant sur le pont, dire aux passagers : « Courage, mes amis, les eaux n'envahissent pas tout ; les feux sont rallumés, et bientôt nous allons avoir la vapeur à nos ordres : rien n'est désespéré ! »

En ce moment le lieutenant Nicolay cria : « terre » ! et tous les cœurs battirent de joie à cette bienheureuse nouvelle. Cependant personne ne put dire au juste quelle terre était en vue. Quelqu'un nomma le cap Poor, d'autres Kinsal, d'autres affirmaient reconnaître le port de Cork. Malheureusement, le navire n'était pas facile à diriger. Le capitaine redoubla d'énergie, l'équipage fit de nouveaux efforts pour atteindre un refuge; mais cela fut au-dessus de leur pouvoir. La nuit venait ; les voiles ayant été hachées par la tempête, et de nouveau les feux des machines éteints par l'eau, il fallut se résigner et attendre...

Vers trois heures du matin environ, le navire dérivé, près d'un rocher qui émergeait, versait tout entier sur le flanc. Il était évident que la crise fatale approchait : *le Killarney* avait touché et commençait à se briser : chaque lame enlevait quelque chose de ses parties vives. Tout le monde se porta du côté où un refuge de quelques instants pouvait être utilisé dans l'horreur de cette situation. Des cris d'épouvante sortaient de toutes les poitrines.

Tout à coup un craquement formidable se fit entendre, accompagné de secousses violentes, le navire s'entr'ouvrait ; l'eau l'envahissait... Un matelot cria, dominant la tempête : « Nous sommes perdus ! » Cette voix répondait à la pensée de tous. Une vague pesante vint s'abattre contre un des tambours, balayant deux hommes sur son passage ; une seconde lame enleva le pauvre lieutenant Nicolay. Une scène lugubre se préparait, horrible et poignante. Les cris d'appel se croisaient, les adieux s'échangeaient. Les plus terrifiés se précipitaient dans la mer pour échapper à une mort plus affreuse. Une partie d'entre les naufragés purent gagner la pente verticale et glissante du rocher contre lequel le navire venait d'échouer.

A en croire le docteur Spolasco, il se multiplia en cette circonstance. Une femme appelait désespérément au secours ; le docteur, qui en ce moment serrait son fils dans ses bras, le posa pour porter secours à la malheureuse ; mais en revenant vers le jeune garçon, il constata avec horreur que l'enfant n'était plus là : une minute avait suffi pour que le pauvre petit fût enlevé par une vague.....

Ceux qui pouvaient atteindre la roche néfaste qu'il faut peut-être appeler la roche du salut, — car *le Killarney* se fût brisé ailleurs, — s'y cramponnaient comme ils pouvaient. Les voilà groupés sur un espace où la moitié moins de monde eût tenu à l'étroit : devant eux la mer mugissante, la mer furieuse de se voir enlever sa proie ; sous leurs pieds, la mer encore ! partout la mer ! Au bout de quelques instants, les naufragés entendent redoubler les cris : c'était le navire tout entier qui achevait de s'engouffrer. Puis plus rien...

Les survivants ne voyaient plus que les vagues, battant le pied du rocher sur lequel ils avaient trouvé un refuge. Ils étaient là, mouillés jusqu'aux os, saisis par le froid de janvier, épuisés, pouvant à peine se soutenir, s'accrochant aux aspérités. A tout moment l'un d'eux, à bout de forces, se détachait du groupe, glissait sur la pente inclinée ; le malheureux appelait : « Soutenez-moi, ayez pitié ! Je suis perdu » Vaine prière ! Les autres ne pouvaient pas bouger sans courir les mêmes dangers. L'abîme s'entr'ouvrait. C'est ainsi que la femme, sauvée par le docteur au prix de la vie de son enfant, disparut dès la première nuit : un cri, un bruit sourd, et ce fut tout.

Sur le rocher aride et à pic, pas d'eau à boire, rien à manger. En proie à toutes sortes de tortures, ils restèrent ainsi, sans assistance, depuis le jeudi jusqu'au lundi matin.

Viendrait-on à leur secours ? Ils étaient si près du rivage ! Au jour, ils aperçurent distinctement de nombreux paysans qui, avec un flegme tout irlandais, recueillaient les épaves du *Killarney*, les deux ou trois cents porcs que la mer rejetait. Ces affamés renouvelaient le droit d'aubaine et de bris des populations celtiques. Paddy pensait que « la créature » convenablement salée engraisserait la cuisine. Ces Irlandais n'étaient pas sans voir les naufragés sur leur rocher ; mais ils ne faisaient rien pour tenter leur sauvetage. Malgré les signaux désespérés du docteur Spolasco qui d'une main leur montrait sa bourse, et de l'autre tenait son chapeau dans une attitude suppliante, ils se retirèrent indifférents, emportant ce que la mer leur avait offert.

D'autres paysans vinrent en curieux ; les naufragés essayèrent de leur faire comprendre par signes qu'on pouvait construire un radeau et le diriger du côté de leur refuge ; mais ce fut en vain. Alors les malheureux s'abandonnèrent au désespoir, en pensant qu'on les laisserait mourir sans leur venir en aide : horrible chose à constater ! à quelques encâblures du rivage ! C'est à cinq milles de Roberts-Cove que le naufrage avait eu lieu.

Enfin, des êtres plus humains eurent connaissance de la situation des naufragés. Un habitant du pays, W. Hull, fut informé du sinistre par un nommé John Galwey, qui avait aperçu les naufragés sur leur rocher. W. Hull arriva une heure après avec du monde.

On descendit l'effrayante côte, au pied de laquelle John Galwey s'efforçait de diriger vers le rocher des canards aux pattes desquels il avait attaché des lignes ; mais ces oiseaux revenaient toujours vers le rivage. Il fallut renoncer à ce moyen de faire parvenir aux naufragés la corde de salut. Alors Hull, se débarrassant de son habit et de son chapeau, se mit à lancer des pierres de toutes ses forces : ces pierres devaient mettre les lignes entre les mains des pauvres patients ; ce fut encore sans succès. On eut recours à un autre moyen suggéré par un nommé Mills, garde-côte à Roberts-Cove : il proposait d'envoyer les lignes en les fixant à des balles lancées par un fusil et devant atteindre au delà du rocher pour ne blesser personne. Ce moyen qui semblait bon, fut encore abandonné, nous ne savons pourquoi ; peut-être parce que le fil cassait ou prenait feu au moment de l'explosion. La Société de sauvetage emploie, au lieu de balles, des flèches, mais le fil se déroule hors du canon du fusil.

Enfin, W. Hull et son frère eurent l'heureuse idée de réunir des cordes assez longues pour pouvoir contourner le littoral. Le rocher des naufragés se trouvait sur l'axe de deux pointes très élevées, s'avançant dans la mer. Quand on eut tendu cette corde au-dessus de leur tête, on la laissa retomber jusqu'à eux.

Les naufragés attendaient anxieusement le résultat de cette opération. La nuit venait ; mais ils pouvaient espérer qu'ils n'auraient pas encore à passer sur le rocher une de ces horribles nuits, qui enlevaient quelques-uns d'entre eux. Les premiers qui saisirent la corde s'y cramponnèrent. Un marin tenta son ascension à la force des poignets, ce qui était peut-être téméraire ; mais un autre voulut en faire autant ; sous ce double poids la corde rompit et les deux hommes vinrent s'écraser contre les parois rocheuses du rivage et roulèrent dans les flots.

Tout était à recommencer, et il fallut remettre au lendemain une nouvelle tentative. Le lendemain, dès la première heure, les braves sauveteurs étaient à leur poste, accompagnés de la courageuse lady Roberts, « l'honneur de son sexe », dit le docteur Spolasco. Les naufragés se montrèrent raisonnables. Une corde fit glisser jusqu'à eux une corbeille pleine de vivres. Ils retrouvèrent quelque chaleur et quelques forces en buvant ; mais aucun aliment ne put d'abord entrer dans leur gosier, le froid les avait tellement paralysés qu'il leur devenait impossible d'avaler des aliments substantiels. La corbeille contenait aussi un papier renfermant des indications sur les moyens de sauvetage qu'on allait employer.

Un hamac leur fut envoyé. Après une courte délibération, la première personne qui y prit place fut une femme nommée Mary Leary, très effrayée de cette traversée à faire dans les airs. Le docteur Spolasco eut son tour aussitôt après. Puis on ramena le maître charpentier du *Killarney*, qui était fort malade et qui mourut presque aussitôt son sauvetage accompli. Le capitaine, ainsi que le voulait son devoir, monta le dernier dans le hamac. En deux heures, les naufragés, au nombre de quatorze, furent arrachés de leur refuge — arrachés à la mort. Ils reçurent toutes sortes de soins empressés, et une souscription fut ouverte en faveur des veuves et des enfants de ceux qui avaient péri. De cinquante personnes ayant quitté Cork sur l'infortuné steamer, environ vingt-cinq purent débarquer sur le rocher, et de ceux-là, quatorze seulement, comme on le voit, abordèrent au rivage, grâce à l'intelligence et à l'activité de leurs sauveteurs.

CHAPITRE XV

LES « SOCIÉTÉS HUMAINES » ; FONDATION DE LA SOCIÉTÉ CENTRALE DE SAUVETAGE ; LE « LIFE-BOAT » ANGLAIS ; CANOTS, CANONS ET FUSILS PORTE-AMARRES ; AUTRES ENGINS ; LEGS REÇUS PAR LA SOCIÉTÉ DE SAUVETAGE ; BIENFAITEURS ET FONDATEURS ; RÉCOMPENSES DÉCERNÉES ; CROIX DE LA LÉGION D'HONNEUR ; PRIX MONTYON ; MÉDAILLES ; STATIONS DE CANOTS ET POSTE DE PORTE-AMARRES EN FRANCE, EN CORSE, EN ALGÉRIE, EN TUNISIE ; CE QU'ON APPELLE LE VA-ET-VIENT ; FUSÉES ; CANOTS INSUBMERSIBLES ; ORIGINE DES « LIFE-BOATS » ; CEINTURES DE SAUVETAGE, MATELAS DE HAMAC EN LIÈGE.

Des « sociétés humaines » s'étaient fondées dans les principaux de nos ports, — ainsi qu'en Angleterre, en Danemark, en Italie, en Norvège, dans les Pays-Bas — lorsque, à l'imitation des marins anglais, des hommes d'initiative, parmi lesquels on comptait plusieurs amiraux, entreprirent de créer sur tout notre littoral des stations pourvues de moyens efficaces de voler au secours des marins en détresse

Il fallait pour réaliser ce généreux projet des capitaux assez considérables, pour l'achat d'un matériel coûteux, composé de bateaux d'une construction particulière, destinés à franchir les brisants des plages et les rochers des côtes sur les points les plus dangereux, et de plusieurs sortes d'engins devant suppléer tout d'abord à l'insuffisance des stations.

C'est en 1853 que se réunirent, dans l'atelier du peintre de marine Théodore Gudin, les promoteurs de la Société centrale de sauvetage. La création de cette Société fut alors décidée ; mais des difficultés de diverses natures s'opposèrent à une réalisation immédiate d'une si noble entreprise, et c'est seulement en mars 1865 que s'assemblait pour la première fois le conseil d'administration de la future Société, sous la présidence de l'amiral Rigault de Genouilly.

Reconnue comme établissement d'utilité publique, le 17 novembre suivant, la Société centrale développa son programme, qui était de porter assistance aux naufragés, de propager les moyens de sauvegarder

Pose d'un appareil de sauvetage.

les navigateurs en danger, d'étudier les causes des sinistres maritimes, ainsi que les mesures à prendre pour en diminuer le nombre. Pour remplir cette mission, il fallait deux choses, un matériel spécial et des ressources financières importantes.

Après des études approfondies, la Société adopta le modèle du « Life boat » anglais qui possède les deux conditions indispensables au service du sauvetage : le redressement immédiat du canot s'il chavire, et l'évacuation automatique de l'eau si un coup de mer le remplit.

La Société, pour les points du littoral où il n'y aurait pas assez de marins pour former l'équipage d'un canot, adopta les porte-amarres, canons et fusils, les flèches, etc., inventés par M. Delvigne, et en confia le service aux préposés des douanes. Elle adressa un appel qui ne demeura pas sans écho, aux ministères de la Marine, des Travaux publics et des Finances, aux conseils généraux, aux Chambres de commerce, aux Compagnies de navigation et d'assurances, à l'armée, à nos marins, au commerce et à l'industrie. Les ressources lui vinrent de toutes parts ; et c'est ainsi qu'elle fonda successivement des stations de sauvetage dont le nombre va s'augmentant sans cesse.

La dépense nécessitée par l'établissement d'une station de canot ne laisse pas que d'être fort élevée. Le canot de sauvetage sur son chariot coûte 15,000 francs et autant la maison abri où on l'enferme, — en y comprenant le prix de divers accessoires.

Depuis sa fondation, la Société centrale de sauvetage a reçu des legs nombreux dont le plus considérable parmi les plus anciens legs est de cent mille francs généreusement donnés par Mme veuve Dagnan, fondatrice à Paris. Beaucoup d'autres ont aidé au succès de l'œuvre ; tels sont MM. de Rothschild, l'amiral Rigault de Genouilly, Hippolyte Worms, Peulvé et Petitdidier, Thomas Gray de Margate, Nicole, Mesdames Tavernier et Hollandre, MM. Lebreton Levaufre de Barfleur, le vice-amiral baron Mecquet.

L'amiral Courbet, qui avait tant de fois bravé la mort, ne voulut pas se laisser surprendre par elle, et lorsqu'il sentit les premières atteintes de la maladie qui devait l'emporter, il écrivit son testament. Homme de mer, c'est aux gens de mer qu'il pensa ; il légua à la Société centrale de sauvetage des naufragés toutes ses économies en argent ou en valeurs mobilières. Ces économies provenaient de ses appointements. C'était pour les marins ses camarades, que l'illustre amiral thésaurisait. Les privations lui étaient douces quand il songeait au bien qu'en retirerait cette Société de sauvetage dont il était l'un des fondateurs.

Plus récemment encore le conseil d'administration de la Société centrale était autorisé à accepter le legs d'une somme de quarante mille francs fait par M. Paul-Charles-Victor Courteville ; un négociant de Bordeaux, M. Méret, léguait à la Société centrale cent mille francs, et M. Olivier Moisy de Saint-Forget, trente-six mille francs. Que voilà de l'argent bien placé !

D'après ses statuts, la Société « peut décerner le titre de bienfaiteur à toute personne qui lui fait un don important, ou lui rend un grand service. Sont fondateurs, ceux qui apportent à la Société une somme de cent francs au moins, ou qui versent annuellement une cotisation de vingt francs au moins ». La Société centrale compte aussi des donateurs pour de moindres sommes et des souscripteurs dont le versement annuel peut être moindre de vingt francs.

Elle est administrée par un conseil de quarante membres qui nomme chaque année un comité de neuf membres pris dans son sein. Ce comité est chargé des détails de l'administration.

De nombreuses récompenses ont été obtenues dans diverses Expositions par la Société centrale de sauvetage.

Depuis sa fondation, la Société a dépensé en achat de matériel plus de 1,600,000 francs, et distribué aux sauveteurs comme indemnité et récompenses 800,000 francs environ. Elle a sauvé près de trois mille personnes, sauvé ou secouru près de sept cents navires. Voilà certes de magnifiques résultats ! Honneur aux hommes de bonne volonté qui ont entrepris cette belle tâche !

On le voit, depuis que la Société centrale de sauvetage a été fondée, nombre d'existences ont été préservées. La Société a fourni les engins et les moyens de sauvetage; les gens de la côte ont fourni — et sans compter — le dévouement. C'est sur un livre d'or que devraient être inscrits les noms de tous ces héros de la mer, humbles et modestes autant qu'ils sont énergiques, toujours prêts à courir au danger. Pas un de ces marins n'est rebelle au signal d'alarme, quand il s'agit de porter secours aux navires et aux hommes exposés à périr.

Dans un discours prononcé devant une assemblée générale de la Société, l'éloquent cardinal de Bonnechose s'exprimait en ces termes: « Lorsque vos agents aperçoivent au loin un navire en détresse et entendent son canon d'alarme, demandent-ils s'il est français, italien, allemand, chrétien, juif ou mahométan ? Non, sans doute; il suffit à vos intrépides sauveteurs, pour s'élancer à son appel sur les vagues en furie, de savoir qu'à son bord il y a des hommes en danger. Alors rien ne leur coûte, rien ne les arrête. Ni les mugissements de la tempête, ni les flots blanchis d'écume, ni les abimes entr'ouverts, ni la sinistre lueur des éclairs sillonnant les ténèbres de la nuit, ni les gémissements et les angoisses de leurs femmes et de leurs enfants en pleurs sur le rivage, ne peuvent enchaîner le dévouement de ces braves marins. Une voix pour eux domine toutes les autres; c'est celle du devoir, c'est le cri du cœur : « Sauvons nos frères ! »

Outre les récompenses que décerne la Société et qui consistent en prix, en médailles d'or et d'argent, d'autres récompenses viennent trouver les auxiliaires dont elle utilise l'admirable dévouement.

Chaque année, il y a une ou deux nominations dans l'ordre de la Légion d'honneur. Voilà de belles récompenses; il en est d'autres. Plus d'une fois l'Académie française a rendu hommage aux sauveteurs de notre littoral en leur accordant ses plus beaux prix Montyon.

Il n'y a pas, dans les annales du bien, actions plus méritoires que celles de ces gens-là, et qui donnent plus de foi patriotique dans nos populations maritimes, si vaillantes et si dévouées.

Au jour de la distribution des récompenses, « quand ces héros montent à tour de rôle sur l'estrade, pour chercher la distinction suprême qu'ils ont si bien gagnée, observait naguère un chroniqueur, un tressaillement se manifeste dans la nombreuse assistance. Ces figures d'une simplicité d'expression étonnante, hâlées, tannées, bronzées par la mer, excitent un enthousiasme indescriptible. Embarrassés, en présence de cette foule qui les acclame, ils sont étonnants de timidité, ces hardis que la mer la plus furieuse n'a jamais fait broncher d'une semelle. On voit qu'ils sont au plus beau jour de leur vie et qu'après avoir si bien mérité la récompense, ils se promettent de courir encore au-devant de la mort, pour lui donner le baptême du sauvetage. »

Nous avons sous les yeux une carte, dressée par la Société, de toutes les stations de canots de sauvetage, de postes de porte-amarres à grande portée, de fusils porte-amarres, établis sur notre littoral, de Dunkerque à Saint-Jean-de-Luz, sur la Manche et l'océan Atlantique, et de Banyuls à Menton sur la Méditerranée.

Cette carte comprend encore les créations analogues sur le littoral de la Corse, de l'Algérie et de la Tunisie.

Voici les noms des principales stations de canots :

Dunkerque (deux canots), Fort-Mardyck, Gravelines, Calais (deux canots appartenant à la Société humaine devenue annexe de la Société centrale depuis 1867), Berck, Cayeux, Dieppe, Saint-Valery-en-Caux, Fécamp, Yport, Grandcamp, Barfleur, Le Becquet, Omonville-la-Rogue, Goury, Diélette, Carteret, Granville, Saint-Malo, Dinard Saint-Enogat, Portrieux, l'île de Bréhat, Perros-Guirec, Roscoff, Pontusval, l'Aber-wrac'h, Portsal, l'île d'Ouessant, l'île de Molène, le Conquet, Camaret, Douarnenez, l'île de Sein, Audierne, Keritz-Penmarc'h, Lesconil, les îles Glenans, l'île de Groix, Etel, Quiberon, Palais, Loc-Maria (Belle-Isle-en-Mer), la Turballe, le Pouliguen, Saint-Marc, l'Herbaudière (île de Noirmoutiers), Sables-d'Olonne, l'ile d'Yeu, les Baleines (ile de Ré), la Cotinière et Saint-Trojan (ile d'Oléron), stations de l'embouchure de la Gironde, Cap-Breton, Saint-Jean-de-Luz, la Nouvelle, Agde, Cette, Palavas, Aigues-Mortes et Carro.

De nouvelles stations sont chaque jour créées, et bien des postes munis seulement de porte-amarres auront avant peu leur canot de sauvetage. Il a fallu songer d'abord aux points les plus dangereux de nos côtes.

Le service de sauvetage comprend : les canots, les canons et fusils porte-amarres, ainsi qu'un certain nombre d'engins de secours.

Quand l'équipage d'un navire est forcé de l'abandonner après avoir

Canot de sauvetage.

été désemparé par la tempête ou brisé sur un écueil, il est très rare qu'il puisse se mettre hors de danger avec ses seules ressources. Presque toujours, il lui faut un secours qu'on lui donne, soit en établissant un va-et-vient au-dessus de la mer, soit en allant recueillir les naufragés dans des embarcations.

Avant l'invention des bateaux de sauvetage, des marins courageux se jetaient dans un frêle esquif, et ils avaient, eux aussi, à lutter contre les éléments déchaînés ; ils risquaient leur vie avec un faible espoir d'être secourables. La Société centrale a déplacé les chances et, grâce à elle, les dévouements sont rarement inutiles.

En ce qui concerne le va-et-vient, il s'agit avant tout de lancer au navire en détresse, en dépassant le navire, et autant que possible entre ses mâts du milieu, une ligne ou cordelette suffisamment résistante. On se sert pour cela d'un projectile ou d'une fusée qui entraîne cette mince corde sans la rompre. En Angleterre, en Danemark, en Allemagne, aux Etats-Unis on emploie généralement dans ce but des fusées d'un assez fort calibre, qui se tirent sur un chevalet. En France, on leur préfère les flèches de l'invention de M. Delvigne : ce sont des baguettes de bois ou de métal qui, suivant leur poids et leurs dimensions, sont lancées par des bouches à feu spéciales, par des fusils de rempart, par des fusils ordinaires ou de simples mousquetons. L'extrémité de la ligne est conservée par ceux qui l'envoient au large, et à cette extrémité est fixée une corde sans fin passée dans une poulie que l'équipage hâle à bord et attache dans la mâture, si la mâture existe encore, sinon dans une partie élevée du navire. A l'aide de cette seconde corde, on envoie du rivage un cordage plus résistant, solidement fixé à son tour un peu au-dessus de la poulie, et le long de laquelle glisse une bague entraînant une espèce de panier. Le plus difficile est fait. Dès que la communication avec la terre est établie, les gens qu'il s'agit de sauver prennent place un à un dans ce panier, qui laisse passer les pieds, et il est amené au moyen d'une corde semblable manœuvrée par les sauveteurs.

On conçoit les difficultés que présentent ces diverses opérations, surtout la nuit, lorsque le vent souffle avec violence, qu'une mer démontée disloque et démolit le navire pièce à pièce, et que les naufragés, harassés, transis de froid, plus ou moins démoralisés, ne peuvent qu'à grand'peine exécuter les mouvements nécessaires pour rendre efficaces les secours qu'on leur envoie. Malgré cela, les porte-amarres sauvent beaucoup de marins ; mais ils ne peuvent être utilisés qu'à la condition que le naufrage n'ait pas lieu à plus de deux cents mètres du rivage : au delà, il serait impossible de donner à une amarre une tension telle que les naufragés, glissant suspendus à cette amarre, ne fussent pas exposés à être submergés pendant le trajet.

Les bateaux de sauvetage peuvent au contraire remplir leur objet lorsque les navires périssent en vue de la côte et à une assez grande distance. Ces embarcations reçoivent ordinairement la forme d'une baleinière ; c'est la forme que l'expérience a fait reconnaître la meilleure. Leur longueur varie de six à onze mètres. Au point de vue de la construction, elles se distinguent de toutes les autres embarcations par des dispositions particulières, permettant d'obtenir une solidité remarquable, sans augmentation de poids. Des caissons imperméables, remplis d'air, établis d'une extrémité à l'autre, les maintiennent à flot, alors même qu'elles sont couvertes par une lame. Des plaques de liège, fixées en dehors, concourent au même but et servent, au besoin, à amortir les chocs. Enfin des tubes d'évacuation, munis ou non de soupapes,

Lancement d'une amarre.

permettent à l'eau embarquée de s'écouler en quelques secondes.

Ces bateaux étant très exposés à chavirer, on les construit de façon qu'ils ne puissent rester ni sur le côté, ni la quille en l'air. Quand ils viennent à être roulés par la mer ou couchés par la force du vent, ils se relèvent aussitôt. Les hommes savent se maintenir dans l'embarcation si elle chavire, à l'aide d'un appareil très simple toujours prêt à fonctionner. Sont-ils rejetés à l'eau ? ils peuvent remonter en s'accrochant à des cordes traînantes munies de flotteurs, et s'aider de festons en cordes disposés tout le long du bordage de l'embarcation, parfois même d'un rebord circulaire faisant office de marchepied. Enfin, on n'a rien négligé pour sauvegarder les sauveteurs.

Par leur construction, les bateaux de sauvetage sont, on le voit, peu exposés à périr. Cela ne diminue en rien le mérite des braves marins qui les montent. Il faut leur tenir compte des nuits passées au dehors par les tempêtes d'hiver, quand les vêtements gelés se raidissent sur le corps, et de bien d'autres souffrances. Il y a aussi, malgré tout, des dénouements sinistres inévitables, comme la mort du patron Lecroisey et de son équipage : pour arriver plus vite, ils avaient déployé une voile : le canot chavira et la voile l'empêcha de se relever.

Quoi qu'il en soit, l'œuvre du sauvetage est entrée aujourd'hui dans le cœur des populations maritimes ; les pêcheurs ont une confiance absolue dans les canots de construction spéciale ; jamais ils n'hésitent à s'élancer sur la mer au milieu des plus affreuses tourmentes.

C'est à l'imitation des Anglais, nous l'avons dit, que notre grande Société de sauvetage a jeté les bases de son établissement. L'Angleterre ayant un très grand développement de côtes, devait nous précéder dans cette institution. Le premier *Life boat* y fut construit en 1789. Un carrossier de Long Acre, du nom de Lionel Lukin, en avait conçu le plan quatre années auparavant, et avait été encouragé dans ses essais par le prince de Galles, depuis Georges IV. Des sociétés s'organisèrent rapidement sous l'impression douloureuse du naufrage de l'*Adventure*, qui eut lieu en vue du rivage devant mille témoins impuissants à arracher à la mort les infortunés qui périssaient sous leurs yeux. Ces sociétés se fondirent plus tard en une Société générale créée en 1824, et devenue bientôt fort riche, grâce aux legs nombreux qu'elle reçoit et aux cotisations de ses membres. Un seul de ces legs représente la somme de deux cent cinquante mille francs. Nous n'étonnerons personne en disant que les stations du littoral des îles britanniques et autres possessions anglaises, sont quatre fois aussi nombreuses que nos stations.

La plupart des nations maritimes ont suivi l'exemple donné par l'Angleterre d'abord et ensuite par la France ; et c'est un spectacle plein d'enseignement que cette œuvre permanente de protection de l'homme par l'homme, cette lutte ouverte contre les forces aveugles de la nature au profit de l'humanité.

Voilà ce qui a été fait pour le sauvetage des marins de tous les pays. En présence de tant d'énergie déployée, de tant de dévouement acquis, diverses mesures ont été prises à bord de nombreux navires pour diminuer les risques et périls de mer.

En Angleterre et aux Etats-Unis certains navires, et principalement les steamers destinés au transport des passagers, sont tenus de posséder un ou plusieurs canots de sauvetage. Avec le temps, cette excellente mesure se généralisera. On a proposé de préparer de solides radeaux, d'après un modèle arrêté, qui pourraient être rapidement construits au moment où l'on est forcé d'abandonner un navire, sous la menace de couler ou de brûler.

Les sociétés des deux mondes recommandent aussi l'adoption des ceintures de sauvetage. On l'a vu dans les récits de naufrages qui précèdent : plus d'une fois, équipages et passagers auraient pu être recueillis par des navires, notamment après des collisions, s'il leur avait été possible de se maintenir quelque temps à la surface de la mer... Aux Etats-Unis, les armateurs sont forcés, par une loi, de pourvoir leurs navires de ceintures de sauvetage en nombre égal aux passagers qu'ils ont à leur bord. Il n'y a pas eu besoin de loi en France et en Angleterre pour que les grandes compagnies maritimes adoptassent ce moyen d'atténuer les conséquences des sinistres maritimes.

D'autre part, la marine russe a introduit à bord des navires l'usage des matelas de hamac insubmersibles en liége : ils peuvent être utilisés dans un naufrage, et aussi dans un combat désavantageux, lorsqu'on est sur le point de sombrer.

Il y a probablement beaucoup à faire encore dans cette voie. Ce sont surtout les marins qui doivent mettre en pratique le vieil adage : Aide-toi, le ciel t'aidera !

CHAPITRE XVI

AVANT LA SOCIÉTÉ DE SAUVETAGE ; UNE POPULATION DE SAUVETEURS ; LES HABITANTS DE L'ILE DE SEIN ; UN « BRAVE HOMME », JEAN BOUZARD DE DIEPPE ; SON FILS, SA FAMILLE ; TROIS PILOTES DE DUNKERQUE VICTIMES DE LEUR DÉVOUEMENT ; SAUVETAGE DU *Yong-Thomas;* LA *Georgette* ET MISS GRACE VERNON RUSSELL ; LE *Parangon* ; LA BATTERIE FLOTTANTE *l'Arrogante.*

Bien avant l'organisation des sociétés de sauvetage, il y a eu des gens de cœur toujours prêts à hasarder leur vie pour sauver celle de leurs semblables. Bien plus : on a vu des populations entières chez qui l'instinct, la passion du dévouement a constitué comme une seconde nature. Tels sont les habitants d'une des îles de notre littoral armoricain qui a vu le plus de naufrages.

L'île de Sein est située sur la côte la plus à l'ouest de Bretagne, à deux lieues de la pointe de rochers escarpés appelée Bec du Raz, qui forme l'extrême avancée dans la mer de notre littoral français. Cette île environnée d'écueils, séjour des rafales et des ouragans, est-elle là au milieu d'une mer si souvent furieuse pour offrir à la tempête — auxiliaire et complice — les arêtes noires de ses rochers? Est-elle là, au contraire, avec sa population de sauveteurs comme un secours toujours prêt ? Elle est l'une et l'autre.

Tous pêcheurs de profession, tous à la mer dès leur enfance, et habitués à affronter les dangers que présentent les écueils qui les environnent, ces braves marins deviennent des pilotes expérimentés, et les services qu'ils ont rendus aux navires qui fréquentent ces parages sont inappréciables. Que dire de l'intrépidité qu'ils montrent quand il s'agit d'arracher à la mort l'équipage d'un navire en détresse?

Malgré leur extrême pauvreté, les habitants de l'île de Sein sont bons et hospitaliers ; ils accueillent et traitent avec la plus grande abnégation les malheureux jetés sur leurs rivages ; ils savent même se priver du nécessaire pour subvenir aux besoins de ceux dont ils ont pris la charge. Lorsqu'en 1794 le vaisseau de ligne le *Séduisant* se perdit sur le Tevennec, — principal écueil du Raz de Sein, —les habitants parvinrent à sauver huit cents hommes de ce vaisseau, qui était chargé de troupes, et sans la violence de la tempête, qui augmenta au point de rendre la mer impraticable, ils eussent sauvé l'équipage tout entier.

Ils partagèrent leurs provisions avec les huit cents naufragés qu'ils amenèrent dans leur île. Durant onze longues journées, l'ouragan déchaîné empêcha toute communication avec la terre ferme; et, on le pense bien, un pareil accroissement de bouches épuisa bientôt tous les vivres des magasins. C'est au point que si cet état de choses se fût prolongé de quelques jours, les naufragés et leurs libérateurs fussent devenus la proie de la famine. L'exemple est concluant.

On a fait le relevé des bâtiments sauvés et des naufragés secourus par les habitants de l'île de Sein, depuis 1763.

Cette-année là fut sauvée la corvette de guerre *l'Hirondelle*, au moment où, entraînée par les courants, elle allait se perdre sur le Tevennec.

En 1767, sauvé un bâtiment de transport engagé sur les écueils du Raz, ce bâtiment ramenant des colonies françaises cinq cents hommes de troupe.

Cette même année, sauvé le vaisseau de guerre *le Magnifique*, commandé par le comte du Reste. Ce vaisseau, privé de tous ses mâts, avait été forcé de mouiller dans la partie sud de l'île de Sein, et s'y trouvait dans la position la plus périlleuse. Il en fut retiré par les habitants, et ramené à Brest dans la nuit du 2 au 3 septembre.

En 1777, sauvé deux hommes sur les débris d'un navire prussien.

En 1783, sauvé l'équipage de la corvette *l'Etourdie*, au nombre de cent cinquante hommes. Cette corvette était commandée par le comte de Canillac.

Même année, sauvé dans un canot presque submergé, à une lieue de l'île, neuf hommes ayant abandonné un navire danois, naufragé sur la chaussée de Sein.

En 1793, la frégate française *la Concorde*, engagée dans les écueils du Tevennec, allait périr lorsque, malgré le mauvais temps, les insulaires de Sein vinrent à bord, la pilotèrent et la conduisirent jusqu'au milieu du passage de l'Iroise, d'où elle entra sûrement à Brest.

La même année, le lougre français *l'Ecureuil*, commandé par le lieutenant de vaisseau Rousseau, échoua sur les rochers de l'île. Les habitants l'en retirèrent et, malgré de fortes avaries, ce bâtiment put être ramené à Brest.

En 1794, furent sauvés huit cents hommes du vaisseau de ligne *le Séduisant*, commandé par Dufossey, et naufragé sur le Tevennec.

En 1795, sauvé l'équipage de la gabarre *l'Heureuse-Marie*, naufragée sur le Bec du Raz.

En 1796, un navire suédois ayant perdu son gouvernail, et se trouvant en perdition sur les écueils de Sein, fut sauvé et conduit à Brest par les habitants de l'île.

En 1799, sauvé la corvette française *l'Arrogante*, commandée par le Bastard de Kerguiffinec, en perdition dans la baie des Trépassés.

La même année, sauvé l'équipage d'un navire suédois naufragé sur l'île.

En 1803, sauvé l'équipage de la frégate anglaise *le Hussard*, commandée par le capitaine Wilkinson, naufragée sur l'île. Cet équipage comptait deux cent quatre-vingts hommes.

En 1806, sauvé cinq hommes trouvés sur un de leurs rochers, et provenant d'un bâtiment anglais naufragé sur la chaussée de Sein.

En 1808, sauvé cinq hommes trouvés dans un canot sans avirons, et faisant eau ; c'était l'équipage d'un navire de commerce français naufragé dans le Raz.

En 1809, retiré des écueils du Raz, où il était engagé, un bâtiment espagnol, qui fut ensuite conduit à Brest.

En 1816, sauvé l'équipage d'un navire anglais naufragé sur la chaussée de Sein.

En 1817, sauvé dans un canot, à quatre lieues au large, un marin, seul survivant de l'équipage du navire français *la Marie*, naufragé sur la chaussée.

Une telle énumération, si elle était continuée, lasserait peut-être la patience du lecteur, mais ces braves habitants de Sein ne se sont jamais « lassés » dans leur tâche, réduits à leurs propres moyens, jusqu'au jour où la Société centrale de sauvetage a établi chez eux, et en face de leur île, — au Conquet, à Camaret, à Douarnenez, à Audierne, de 1867 à 1875, — des stations de canots.

Poursuivons les révélations sur les généreux sauveteurs réduits à leurs propres forces.

Les annales du sauvetage ont conservé le nom d'un « brave homme » — tout le monde l'appelait ainsi — dont la vie entière fut mise au service de l'humanité : le pilote Jean Bouzard, de Dieppe. Il ne livrait de combat qu'aux éléments irrités ; il n'avait souci que d'arracher des naufragés à la mort. Le plus souvent il sauvait, corps et biens, équipages et navires. A la tête de compagnons valeureux, il se portait sans cesse sur le lieu de tout désastre maritime. « Amis, alliés, étrangers, ennemis, c'était tout un pour Jean Bouzard, » comme l'a si bien dit la Landelle, toujours prêt à glorifier les hommes de mer.

Une fois, le sauveteur fit plus ou mieux que de coutume, ou du moins une de ces belles actions fit plus de bruit que les précédentes. Tout le monde s'occupa de Jean Bouzard, et le *Journal de Paris* de 1778 lui consacra un grand article. Nous en détachons quelques alinéas :

« Pendant la nuit orageuse du 31 août 1777, vers les neuf heures du soir, un navire sorti du port de la Rochelle, chargé de sel, monté de huit hommes et de deux passagers, approcha des jetées de Dieppe. Le vent était impétueux, la mer si agitée qu'un pilote côtier essaya en vain quatre fois de sortir pour diriger son entrée dans le port. Jean Bouzard, l'un des autres pilotes, s'apercevant que le navire faisait une fausse manœuvre qui le mettait en danger, tenta de le guider avec le porte-voix et des signaux ; mais l'obscurité, le sifflement des vents, le fracas des vagues et la grande agitation de la mer empêchèrent le capitaine de voir et d'entendre : bientôt le vaisseau, ne pouvant plus être gouverné, fut jeté sur le galet et échoua à trente toises de la jetée.

« Aux cris des malheureux qui allaient périr, Bouzard, sans s'arrêter aux représentations qu'on lui faisait et à l'impossibilité apparente du succès, résolut d'aller à leur secours. D'abord il fait éloigner sa femme et ses enfants qui voulaient le retenir ; ensuite il se ceint le corps avec une corde dont le bout était attaché à la jetée, et se précipite au milieu des flots. Les marins seuls peuvent se former une idée du danger auquel il s'exposait.

« Après des efforts incroyables, Bouzard atteignait cependant la carcasse du navire, que la fureur de la mer mettait en pièces, lorsqu'une vague l'en arrache et le rejette sur le rivage ; il fut ainsi plusieurs fois repoussé par les flots et roulé violemment sur le galet. Son ardeur ne se ralentit point ; il se replonge à la mer ; une vague violente l'entraîne sous le navire : on le croyait mort, lorsqu'il reparut, tenant dans ses bras un matelot qui avait été précipité du bâtiment, et qu'il apporta à terre sans mouvement et presque sans vie. Enfin, après plusieurs tentatives inutiles, entouré de débris qui augmentaient encore le danger, et couvert de blessures, il parvient au vaisseau, s'y accroche et y lie sa corde. Il ranime et instruit l'équipage. Il fait toucher à chaque matelot cette corde salutaire qui lui trace un chemin au milieu des ténèbres et des flots ennemis. Il les porte même, quand les forces leur manquent ; il nage autour d'eux, et, luttant contre les vagues, il en dépose sept sur le rivage.

« Epuisé par son triomphe même, Bouzard gagne avec peine la cabane des pilotes : là, il succombe et reste quelques instants en défaillance. On venait de lui donner des secours et il reprenait ses esprits, lorsque de nouveaux cris frappent ses oreilles. La voix de l'humanité, plus efficace que toutes les liqueurs spiritueuses, lui rend sa première vigueur ; il court à la mer, s'y précipite une seconde fois, et est assez heureux pour sauver encore un des deux passagers, qui était resté sur le bâtiment et que sa faiblesse avait empêché de suivre les autres naufragés. Bouzard le saisit, le ramène, et rentre dans sa maison, suivi des huit échappés à la mort, qui le proclament leur sauveur. Des dix hommes qui montaient le navire, il n'en a péri que deux ; leurs corps ont été trouvés le lendemain sur le galet. »

Jean Bouzard connaissait les dangers auxquels il s'exposait bravement, mais sans forfanterie : c'était chez lui une résolution prise depuis la mort de son père, noyé par la faute et la négligence du pilote chargé de hisser le fanal indiquant l'entrée du port de Dieppe pendant la nuit. En servant si chaudement l'humanité, c'est à la piété filiale que Bouzard payait un tribut.

Les habitants de Dieppe témoignèrent leur admiration à leur brave concitoyen, et le gouvernement acquitta envers lui la dette de l'Etat. Necker, après avoir rendu compte à Louis XVI des actes de courage de Bouzard, prit ses ordres et écrivit lui-même au pilote de Dieppe la lettre suivante :

« Brave homme,

« Je n'ai su qu'avant-hier, par M. l'intendant, l'action courageuse que vous avez faite le 31 août, et hier j'en ai rendu compte au roi, qui m'a ordonné de vous en témoigner sa satisfaction, et de vous annoncer de sa part une gratification de mille francs et une pension annuelle de trois cents livres. J'écris en conséquence à M. l'intendant. Continuez à secourir les autres, quand vous le pourrez, et faites des vœux pour votre bon roi, qui aime les braves gens et les récompense. »

Le contenu de cette lettre fut bientôt connu à Dieppe. Les concitoyens de Bouzard vinrent le féliciter et le pressèrent d'aller à Paris pour remercier le roi. Bouzard se rendit à leurs vœux, et le maire de Dieppe le conduisit à Versailles, après l'avoir présenté à Necker. Il fut placé sur le passage de la famille royale. Le duc d'Ayen le fit apercevoir au roi, qui dit en le regardant avec sensibilité: « Voilà un brave homme, et véritablement un brave homme ! » Bouzard reçut ensuite des ministres et des principales personnes de la cour l'accueil le plus flatteur. Un peu surpris, Bouzard se défendait d'être trop complimenté. « Mes camarades sont aussi braves que moi, » disait-il.

Jean Bouzard se distingua encore d'autres fois, et dès l'année suivante où, aidé de son fils, il sauva trois marins des flots.

Louis XVI avait conçu la pensée de donner en récompense à Bouzard une maison bâtie sur la jetée de Dieppe. Lorsque Napoléon se trouva dans cette ville, il voulut réaliser cette intention, et affecta une somme de huit mille francs pour la construction de ce petit édifice. Le vieux Bouzard n'existait plus ; mais l'empereur se fit présenter son fils, à qui, malgré sa jeunesse, les marins devaient déjà beaucoup. Il lui attacha de sa main la croix d'honneur sur la poitrine, en le félicitant d'avoir été le digne héritier du courage et du dévouement de son père.

Le troisième Bouzard, préposé à son tour à la garde du phare et du pavillon sur la jetée de Dieppe, avait été décoré d'une médaille d'argent et d'une médaille d'or pour ses services et son dévouement, lorsqu'en 1834 il reçut, comme son père, la croix de la Légion d'honneur.

La maison Bouzard, que les travaux d'amélioration de l'entrée du port obligèrent plus tard de détruire, portait cette inscription :

Récompense nationale
A J.-A. Bouzard
Pour ses services maritimes.

En 1866, lors de la première mise à flot du canot de sauvetage établi à Dieppe par la Société centrale, canot qui portait le nom de Bouzard, son petit-fils, au milieu du cortège de la fête, tenait le guidon du canot, et les autres descendants du sauveteur portaient avec respect le buste de celui qui a donné à leur famille une si noble illustration.

Donnons la parole à M. de la Landelle, qui a raconté avec émotion dans son *Tableau de la Mer* un sauvetage accompli dans les conditions les plus difficiles et qui coûta la vie à trois hommes de bien.

« A Dunkerque, en 1857, au milieu de la froide nuit de Noël, la cloche d'alarme se fait entendre. Elle sonne le réveillon du dévouement ; elle sonne votre fête à vous, les sauveteurs chrétiens, car cette nuit est l'anniversaire de la naissance du Sauveur des hommes ; elle sonne l'heure du sacrifice. Un navire fait naufrage ; à l'œuvre ! venez sauver son équipage ou périr.

« Jeunes et vieux se précipitent sur l'estacade ébranlée par les assauts de la mer. A leur tête se trouve un vieillard de soixante-dix-huit ans, M. Benjamin Morel, président de la Société humaine de Dunkerque. Une inflexible énergie morale supplée en lui à la force physique. Pendant quatre heures vous le verrez, à l'extrémité de la jetée, diriger les sauveteurs ; il s'y fait attacher, non comme Joseph Vernet, par l'amour de l'art, mais par amour de l'humanité. Les lames, qui brisent à ses pieds, l'enveloppent coup sur coup ; ses amis le supplient de ne pas s'exposer plus longtemps aux violences de la tempête ; il refuse de quitter son poste et y demeure jusqu'à ce que défaillant, épuisé, il se sente dans l'impossibilité de rendre d'utiles services.

« Tout d'abord il a dû interposer son autorité vénérée, car les pilotes se disputaient l'honneur de porter secours au bâtiment en perdition.

« Les plus anciens réclament cet honneur comme un droit.

« L'un deux est Mathieu Bommelaer, né à Dunkerque le 14 juilet 1791, aspirant pilote en 1813, pilote en 1822, élevé à la dignité de chef en mer le 1er août 1830, décoré de la grande médaille d'or en 1834, de la croix d'honneur en 1837.

« Le second, son digne compatriote, s'appelle Gaspard Neuts. D'un an moins âgé, il a comme lui conquis les médailles et la croix par d'innombrables actes d'héroïsme.

« Les deux vétérans descendent dans la barque ; l'aspirant pilote Charles-Louis Celle les accompagne ; ils débordent, ils ont poussé au large ; on suit avec anxiété leurs évolutions périlleuses. Tout à coup un cri de douleur part de toutes les poitrines. Capelés par la mer, ils ont coulé ; leur barque chavirée roule en dérive.

« Par droit d'ancienneté, les trois pilotes suivants s'élancent aussitôt

dans une seconde chaloupe. Ils sont capelés à leur tour ; mais plus heureux, ils reparaissent au sommet des vagues, atteignent enfin le navire en perdition et sauvent tous les naufragés.

« Cependant de nombreux canots se portaient au secours des maîtres pilotes ; la plus admirable émulation anime les marins ; au risque de nouvelles catastrophes, ils se précipitent et se pressent sur le lieu du désastre ; mais hélas ! les deux doyens du sauvetage ni le brave Celle ne purent être recueillis. Les corps de ces trois victimes du dévouement ne furent retrouvés qu'après le lever du soleil.

« Il y eut, ce jour-là, un grand deuil à Dunkerque.

« On essayait vainement de compter les navires arrachés au naufrage par ceux qu'on pleurait, navires de tous rangs, de tout tonnage, de toute nation.

« On disait comment, en 1822, Neuts avait sauvé neuf personnes de la même famille montant un bateau de pêche anglais. On rappelait son état d'épuisement, quand, le 4 février 1825, après le sauvetage de l'équipage entier du *Thomas-Eléonore*, il en revint blessé et tellement exténué qu'on dut le hisser évanoui, sur cette même estacade d'où on l'avait vu partir pour la plus belle des morts. On racontait son désintéressement, lorsqu'en 1846 il sauva de la famine l'équipage de la *Léontine*, qui avait perdu sa route, et l'on ajoutait qu'afin de conserver l'honneur complet de ce sauvetage nouveau pour lui, Neuts se refusa constamment à recevoir aucune indemnité. Les marins faisaient ressortir son habileté de pratique, par le récit de son pilotage du *Norman*, qu'en 1851 il mit en bon abri, malgré les brouillards, les courants et la tempête. Le feu, les écueils, les estacades, les dunes, les flots disparaissaient enveloppés par une brume opaque ; seul, Gaspard Neuts ne désespéra point du navire égaré dans le plus périlleux des labyrinthes ; il triompha. On citait, en outre, les hommes qu'au péril de la vie il avait sauvés en se jetant à la nage. On faisait remarquer, enfin, qu'il avait eu l'honneur d'être choisi, entre tous, comme patron du canot de sauvetage de la Société humaine de Dunkerque.

« A cette nomenclature incomplète des exploits de Gaspard Neuts, on répondait par celle des innombrables traits de courage de Bommelaer. En 1833, le 1er septembre, il sauve deux équipages entiers, l'un anglais, l'autre français. En octobre 1834, le bâtiment russe le *Navarino* est en perdition à l'entrée des estacades ; Bommelaer, par trois fois, se rend à bord et sauve successivement tous les gens en péril. Il avait été l'un des sept pilotes dunkerquois qui se distinguèrent par le sauvetage du sloop *la Félicité*. On ne parvenait point à énumérer ses pilotages heureux malgré les plus difficiles complications. A chaque instant des traits d'audace inconnus étaient révélés par quelqu'un de ses loyaux camarades.

« Alors que toute la population suivait le convoi de ces trois marins, si nul ne parvint à compter les équipages et les navires sauvés par leurs val eureux efforts, on put encore bien moins dire le nombre des mères qui, grâce à eux, n'avaient point eu la douleur de perdre leur fils. Le lendemain dix jeunes matelots se présentèrent pour être inscrits comme apprentis pilotes. Ainsi se recrute l'armée des sauveteurs. »

Dans son *Voyage au Cap,* Sparrmann a noté la courageuse action d'un sauveteur improvisé. Le navire en détresse était un navire hollandais, *le Yong-Thomas*. Quoiqu'il fût « fort près du bord et qu'on entendît très distinctement les cris de détresse, les lames étaient si grosses et se brisaient contre le navire et contre le rivage avec tant de violence, qu'il était impossible aux hommes de se sauver dans les canots, et plus dangereux encore de se sauver à la nage. Quelques-uns des malheureux qui prirent ce dernier parti furent lancés et poussés contre les rochers. D'autres, ayant atteint le rivage et près du salut, furent entraînés et submergés par une autre vague. Un des gardes de la ménagerie de la Compagnie qui, dès le point du jour, allait à cheval hors la ville, porter le déjeuner de son fils, caporal de la garnison, se trouva spectateur du désastre de ces infortunés. A cette vue, il est touché d'une pitié si noble et si active, que se tenant ferme sur son cheval, plein de cœur et de feu, il s'élance avec lui à la nage, parvient jusqu'au navire, encourage quelques-uns des marins à tenir ferme un bout de corde qu'il leur jette, quelques autres à s'attacher à la queue du cheval, revient ensuite à la nage, et les amène tous vivants au rivage. L'animal était excellent nageur. Sa haute stature, la force et la fermeté de ses muscles, triomphèrent de la violence des coups de mer.

« Mais le brave et héroïque vétéran fut lui-même victime de sa générosité. Il avait déjà sauvé quatorze naufragés ; après le septième tour, pendant qu'il restait à terre un peu plus de temps, pour respirer et faire reposer son cheval, les malheureux qui étaient encore sur le navire crurent qu'il n'avait plus l'intention de revenir. Ils redoublèrent leurs prières et leurs cris. Le sauveteur fut ému ; il retourna à leur secours avant que son cheval fût suffisamment reposé. Alors un trop grand nombre de naufragés voulurent se sauver à la fois, et l'un d'eux, à ce qu'on croit, s'étant attaché à la bride du cheval, lui tirait la tête sous le cou : le pauvre animal, déjà épuisé, succomba sous la charge, entraînant la perte de son maître. »

Un sauvetage dans des conditions presque identiques fut accompli par une Anglaise de la colonie australienne. Voici les faits :

Dans le courant de janvier 1877, le steamer *Georgette* fut jeté à la côte près de Perth, dans l'Australie occidentale. Un canot fut mis à la mer pour opérer le sauvetage. Mais la houle était si forte que, dès les premiers coups de rame, ce canot chavira. Les hommes qui le montaient mirent une heure pour le remettre à flot et retourner au navire. On s'y munit d'une amarre et prenant cette fois plusieurs femmes et des enfants, le canot essaya de gagner le rivage ; mais roulé par le ressac, il se remplit, et tous ceux qu'il avait à son bord se débattaient dans l'eau en grand danger de périr, lorsque apparut sur le rivage une jeune amazone. Il semblait impossible de descendre à cheval la pente raide qui, du point où se tenait l'écuyère, menait à la mer. Mais miss Grâce Vernon Russell la descendit sans hésiter.

Elle lança sa monture au milieu des flots qui se brisaient sur les écueils, et réussit à atteindre le canot, auquel se cramponnaient, affolés, les femmes et les enfants. Elle prit le bout de l'amarre, et établit un va-et-vient qui lui permit, en multipliant ses voyages, de ramener à terre les femmes et les enfants et jusqu'au dernier homme. Après cet héroïque labeur, elle eut encore la force de galoper jusqu'à la maison de sa sœur, Mme Brokman, distante de douze milles, afin d'y chercher des secours.

Sa sœur, à la nouvelle du sinistre, monte à cheval à son tour et, munie de provisions, va les porter aux pauvres naufragés. Le lendemain on les conduisait à la maison de M. Brokman, à Busselton, où ils furent l'objet de soins empressés. Malheureusement Mme Brokman avait pris froid dans sa course vers le rivage, et elle mourut quelques jours après. La « Société royale humaine » décerna une de ses premières médailles à sa courageuse sœur.

A rapprocher ces faits de la belle conduite tenue par un matelot du trois-mâts anglais *le Parangon*, naufragé dans la Manche, en vue des phares d'Etaples, et du zèle montré dans cette circonstance par le gardien Ledoux, attaché à l'un de ces phares.

C'est le 14 septembre 1869 que périt le *Parangon* au milieu d'une bourrasque. Le capitaine de ce navire aperçut les phares d'Etaples, les prit pour des feux anglais, et vira de bord de manière à les laisser sur sa gauche. A ce moment, le matelot William Duncan s'approcha de lui et l'avertit qu'il faisait fausse route. Un instant après, le navire, poussé par d'énormes lames, toucha violemment. Il était une heure du matin. La coque s'ouvrit presque immédiatement et se disloqua. L'équipage avait eu le temps cependant de se jeter dans un canot ; mais à peine avait-on débordé que plusieurs lames le remplirent, le chavirèrent et le roulèrent. Duncan se mit à nager, tout en se débarrassant de ses vêtements. Il sentit bientôt l'un de ses compagnons d'infortune s'accrocher à lui, en le suppliant de le sauver. — Mon ami, lui dit-il, si tu restes sur moi quelques secondes encore, nous périssons sûrement tous les deux ; et puisque seul je sais nager, laisse-moi essayer de me sauver.

— C'est vrai, lui dit son camarade, tu as raison... Adieu !

Et la mer engloutit le malheureux.

Après deux heures de mortelles angoisses et de luttes désespérées, Duncan finit par atteindre la terre. La nuit était obscure, la plage déserte, et la tempête balayait sur la grève de véritables flots de sable. Le marin anglais se traîna avec peine jusqu'à l'hôpital alors récemment bâti à Berck par l'Assistance publique pour les enfants malades de la ville de Paris.

Il frappa et appela inutilement ; les hurlements de l'ouragan couvraient sa voix. Il se dirigea alors vers le phare dont il apercevait la lumière. Le phare est situé sur une hauteur entourée de grandes herbes coupantes et piquantes ; ce fut blessé et tout meurtri que Duncan put gagner cet endroit d'un accès si difficile même en plein jour.

Il tomba épuisé contre la porte du phare, en réclamant du secours ; la porte s'ouvrit aussitôt. Le gardien le transporta dans sa chambre, se dépouilla de ses vêtements pour l'en couvrir, le frictionna devant un bon feu, lui fit boire du vin chaud, et ramena chez lui la chaleur et un peu de force. A peine Duncan eut-il repris ses sens qu'il s'écria, comme sortant d'un rêve :

« Mais j'ai des camarades ; il faut aller les chercher ! »

Aussitôt tous deux prennent des couvertures et partent pour aller explorer la grève. A la lueur vacillante du fanal dont ils se sont munis, ils découvrent un homme dont la tête et la moitié du corps sont enfouis dans le sable, et ne donnant plus signe de vie. Duncan reconnaît John Stephenson, charpentier du *Parangon*. On le frictionne, on l'enveloppe dans des couvertures. Le jour commence à poindre ; l'hôpital s'ouvre cette fois à l'appel des courageux sauveteurs ; un médecin arrive, et, grâce à une médication énergique, Stephenson se trouve bientôt hors de danger.

Lorsque le soleil se leva, un spectacle navrant s'offrit aux regards. Sur une étendue de plusieurs kilomètres, la plage était couverte d'épaves de toute sorte.

L'équipage du *Parangon* se composait de onze hommes : Duncan et Stephenson échappèrent seuls au naufrage.

Un autre sauvetage encore ; cette fois c'est l'énergie réunie de plusieurs braves gens qui sauve de la mort la plus grande partie d'un équipage.

Dans la matinée du 10 mars 1879, la batterie flottante *l'Arrogante*, l'une des deux annexes du vaisseau canonnier *le Souverain*, fut surprise par une bourrasque de vent d'est, au dangereux mouillage de la Badine, sur la rade des îles d'Hyères. Bientôt, les lames déferlèrent sur l'avant avec violence, et la mer grossissant toujours et envahissant le navire, le capitaine fit mettre le pavillon en berne. A ce signal de détresse, ordre fut donné par le *Souverain* de s'échouer à la côte. Mais en manœuvrant pour gagner la plage, l'*Arrogante*, prise en travers par la mer, se trouva dans une situation désespérée. A deux heures de l'après-midi, son avant, qui s'enfonçait de minute en minute, touchait le fond à six cents mètres du rivage.

L'équipage s'était réfugié sur l'arrière, qui émergeait encore, encouragé dans le péril par la ferme attitude des officiers réunis sur la passerelle pour diriger la manœuvre. La mer était démontée ; une énorme lame vint s'abattre sur l'*Arrogante* et l'engloutit, ne laissant plus apparaître au-dessus des eaux que la cheminée et la mâture. De fortes averses accompagnaient l'ouragan, et empêchaient de voir le navire. Ce n'est que vers cinq heures, que les habitants de la côte, la brigade des douaniers et une escouade de marins du *Souverain*, qui se trouvait à terre en corvée, avertis enfin du sinistre, purent porter secours aux naufragés. Ceux-ci cherchaient à gagner la plage au milieu des brisants, roulés et frappés par les vagues. Les sauveteurs formèrent une chaîne, et se tenant solidement par la main, ils allèrent au-devant des naufragés exténués, autant que le leur permettait une mer furieuse.

Sur l'épave de l'*Arrogante*, les haubans étaient couverts de malheureux qui, ne sachant pas nager, restaient cramponnés en attendant des secours que l'état de la mer ne permettait pas d'envoyer. Ainsi ce que ne pouvaient pas tenter les canots du *Souverain,* une poignée d'hommes courageux l'entreprirent. Ils parvinrent à sauver, avec l'aide d'une chaloupe qui arriva enfin, quatre-vingt-dix hommes sur cent trente composant l'équipage de l'*Arrogante :* il est rare que la mer ne se fasse point sa part.

CHAPITRE XVII

LES NAUFRAGEURS ; LE DROIT DE BRIS ET DE NAUFRAGE ; LES LOIS DE CONSTANTIN ; LES BARBARES ; LA FÉODALITÉ ; TERREUR INSPIRÉE PAR LES PIRATES DU NORD ; UN ÉCUEIL QUI VAUT MIEUX QU'UNE PIERRE PRÉCIEUSE ; ÉPAVES MARITIMES ; PILLAGE DE NAVIRES SUR LA COTE BRETONNE ; LOIS ANGLAISES ; NAUFRAGEURS PUNIS DE MORT ; NAVIRES MIS EN PÉRIL ET PILLÉS APRÈS LEUR NAUFRAGE SUR LE LITTORAL ANGLAIS ; LES HOVELLERS SUCCÈDENT AUX NAUFRAGEURS ; PLAINTES DES ARMATEURS DE TOUTES LES NATIONS ; LES NAUFRAGEURS AU CAP ET DE NOS JOURS ENCORE, SUR LA COTE DU LABRADOR.

On multiplierait aisément les exemples de dévouement.

Que n'est-il possible d'arracher aux annales maritimes des pages qui sont une honte pour le temps passé ? On devine que nous faisons allusion à ces naufrageurs qui, jadis, s'ingéniaient à amener la perte des navires sur les côtes, autant qu'aujourd'hui les sauveteurs s'attachent à atténuer les suites d'inévitables sinistres.

Un prétendu « droit » de bris et de naufrage s'est imposé dans divers pays. C'était la confiscation de ce qui restait d'un vaisseau ayant fait naufrage sur le littoral. Cet usage barbare, établi chez les peuples riverains de la mer, a longtemps existé en France, et jusque vers la fin du XVIIe siècle, les coutumes et la législation l'avaient consacré. Il faut n'y voir qu'un reste de la barbarie des premiers âges. Les tribus à demi sauvages se trouvant constamment en guerre, la piraterie devait être le seul « droit des gens » en vigueur chez les nations maritimes. Tout étranger étant considéré comme un ennemi, quelle loi eût pu protéger le naufragé ?

Les Romains, relativement civilisés, s'efforcèrent d'édicter des lois pour empêcher les naufragés d'être pillés et molestés; des peines sévères atteignaient les forbans de la côte, soit qu'ils allumassent des feux pour tromper les marins et les attirer sur des écueils, soit que n'ayant contribué en rien à la perte du navire, ils eussent bénéficié du sinistre. Les lois de Constantin consacrèrent ce principe : qu'il était odieux que le fisc s'enrichît par la misère des gens de mer, alors même que les flots aveugles les avaient épargnés.

Mais les invasions des barbares qui firent crouler l'empire eurent pour première conséquence d'amener la prompte désuétude des lois qui protégeaient la navigation. L'atroce coutume de s'emparer de la personne des malheureux échappés au naufrage et de voler les débris de leur fortune se retrouva tout naturellement de nouveau mise en vigueur. Cependant ces pratiques abominables ne furent pas admises partout sans réclamation ; le code des Wisigoths condamnait à une amende considérable ceux qui dépouillaient les naufragés ; et l'empire d'Orient durant le moyen âge fit revivre les belles lois romaines. Ce ne sont là que des exceptions.

Lorsque l'impitoyable système féodal eut étreint la France comme avec une main de fer, les seigneurs terriens trouvèrent avantageux de mettre au nombre de leurs prérogatives — le droit de faire main-basse sur les épaves des navires que l'ouragan jetait sur leurs côtes — à leur portée ; quelques-uns de ces seigneurs, agissant en cela comme de véritables forbans, s'entendaient avec des pilotes sans foi ni loi, pour amener les navires sur l'écueil ou ils devaient se briser.

En ces siècles se développèrent — se régularisèrent — les horribles pratiques des naufrageurs du littoral breton. Sur la côte du Léonais, au nord de Lesneven, la péninsule de Pontusval, qui porte encore le nom de « Terre des païens », fournissait toute une population — à la face étroite et longue — de gens sans aveu qui pillaient pour leur propre compte les navires que la mer envoyait comme une bonne aubaine — la mer, cette « bonne vache qui mettait bas pour eux ! »

Il leur arrivait d'aider un peu la Providence du naufrageur, en promenant des signaux trompeurs sur la côte ; pendant la nuit ils attachaient des feux aux cornes d'un bœuf, et l'animal dans sa marche balancée donnait l'illusion des feux d'un navire : les marins couraient donc vers la terre sans défiance. Criminel ou avoué, ce brigandage fut inscrit dans nos lois sous le titre de Droit de bris et de naufrage. —

Ce droit passa à la couronne, lorsque la royauté se substitua au pouvoir des seigneurs féodaux. Cela dura jusqu'à Louis XIV, jusqu'à l'ordonnance de 1681.

La seule excuse que l'on puisse invoquer c'est que, chez nous, parti-

Vaisseau lumineux des Romains.

culièrement sur toutes nos côtes de l'ouest, la grande terreur des pirates du Nord, comme l'a remarqué Michelet, la vie tremblante du moyen âge, firent considérer la mer comme l'espace inconnu d'où arrivait à l'improviste un ennemi disposé à mettre tout à feu et à sang. On vit alors tout vaisseau avec effroi et, quand il échouait, il devenait une proie légitime. L'habitude continua ce que la crainte avait commencé; le pillage du naufrage fut un revenu du seigneur féodal : le noble « droit de bris ». Un comte de Léon se vantait de posséder dans son écueil une pierre plus précieuse que celles qu'on admire aux couronnes des rois. Les gens du Léonais, nous venons de le voir, le secondaient sans répugnance, et l'on peut croire que s'ils comptaient quelquefois avec leur seigneur, plus d'une nuit sombre et secouée par l'ouragan fut utilisée pour leurs petits profits particuliers.

Brigandage à part, au moyen âge les épaves maritimes appartenaient au seigneur haut justicier si elles n'étaient pas réclamées dans les délais fixés par les diverses coutumes.

Ces épaves comprenaient tous les objets, tous les vivres et les effets que la mer amène et jette au rivage, et dont aucun légitime propriétaire ne se fait connaître. Aux termes de l'ordonnance de la marine de 1681, les vaisseaux et effets échoués ou trouvés sur le bord de la mer, quand ils n'étaient pas réclamés dans le délai d'un an et un jour, devaient être partagés également entre le roi et l'amiral — les frais de sauvetage et de justice préalablement pris sur le tout.

Quant aux épaves trouvées en pleine mer, ou tirées du fond de la mer, le tiers devait en être délivré immédiatement à ceux qui les avaient recueillies ; les deux autres tiers devaient être gardés pour être rendus à ceux ayant le droit de les réclamer avant l'expiration d'un an et un jour. A défaut de réclamation, elles étaient partagées entre le roi et l'amiral.

Comme « droit », le droit d'épave disparut avec tous les autres droits seigneuriaux, quand la révolution de 1789 emporta les derniers vestiges du régime féodal.

Comme coutume déloyale, sur la côte bretonne, un des derniers faits avérés de pillage, avec circonstances aggravantes, peut être marqué à la date de 1825. Il s'agit de la *Minerva* qui périt non loin d'Audierne. En 1835, sur la pointe du Raz de Sein se perdit, corps et biens, le brick anglais *le Violet*, chargé de vins d'Espagne. Les douaniers et les gendarmes se mirent en mouvement, mais pas assez vite pour sauver la cargaison : déjà les gens de la côte étaient à l'œuvre et, sous l'influence des libations, ils prirent une attitude menaçante, faisant rouler des quartiers de roche sur ceux qui venaient les troubler dans leurs fructueux agissements. « Il y avait parmi ces paysans, raconte La Landelle — qui se complaît dans ce petit coin de cadre, où part est faite à la gaieté — il y avait un vieux matelot qui, peut-être, aurait fait merveille pour secourir des naufragés, mais qui, ne voyant à la côte que des barriques de vin, ne put tout à fait résister à la tentation. Il se saisit d'un tonneau, le flaire, le sonde, et cédant au mauvais exemple, y goûte, en se proposant bien de ne boire qu'un petit coup. Il a poussé la précaution jusqu'à préparer un bouchon pour fermer le trou qu'il va faire. Par malheur, le vin est exquis, la soif vient en buvant : au premier coup succède le second qui sera suivi de tant d'autres que les fumées capiteuses du nectar le mirent hors d'état d'accomplir sa louable intention. La pièce coulait sur lui ; étendu sur le dos, il tenait encore à la main son bouchon trop inutile. »

En Angleterre, avant le règne de Henri Ier, tout ce qui provenait d'un naufrage appartenait de droit au roi. Henri en décida autrement ; la propriété des épaves fut laissée aux naufragés. Richard Cœur de Lion ajouta encore aux lois de protection. Georges II, reconnaissant que, nonobstant les bonnes et salutaires lois en vigueur contre le pillage et la destruction des vaisseaux en détresse, des actes coupables avaient été commis à la honte de la nation, à l'égard de navires naufragés et de leurs épaves, déclara que la mort serait la punition de ceux qui allumeraient des feux trompeurs pour amener la perte des vaisseaux, et la punition également de ceux qui useraient de violence envers les naufragés.

Malgré la rigueur de ces lois, on eut à juger, même au siècle passé, trois riches habitants de l'île d'Anglesea qui, le 11 septembre 1773, avaient à l'aide de feux causé la perte de la *Charming Jenny*, dont la cargaison pouvait être évaluée à 19,000 livres sterling. Le navire se brisa, et tout l'équipage périt, sauf le capitaine. La femme du capitaine fut également sauvée. Ils furent portés l'un et l'autre sur la rive par un débris du vaisseau. Le capitaine Chilcot eut toutes les peines du monde à se tirer vivant, ainsi que sa femme, des mains des naufrageurs qui les dépouillèrent de leurs vêtements. Le jugement condamna à mort les nommés Roberts et Parry. L'un fut exécuté, l'autre vit commuer sa peine.

Le 7 septembre 1782, un certain John Webb fut exécuté à Hereford pour avoir pillé un navire vénitien, jeté à la côte de Clamorganshire par une tempête. Il ne semble pas qu'il y ait eu crime envers l'équipage ; mais cette condamnation montre assez la nécessité à cette époque de sévir vigoureusement contre ceux qui pillaient les navires.

Il existe malheureusement, même en notre siècle, d'autres exemples à joindre à ceux qui précèdent. Le 8 janvier 1811 une tentative criminelle fut faite par les habitants de la baie de Clonderalaw pour prendre possession du navire américain *Romulus*. Rassemblés au nombre de deux ou trois cents, ils dirigèrent pendant plusieurs heures sur ce navire un feu de mousqueterie. Toutefois ces bandits rencontrèrent de la part de l'équipage une résistance qui fité chouer leur tentative.

Des violences se produisirent encore le 27 octobre de la même année contre l'équipage de la galiote *Anna Hulk Klas Boyr*, qui fit côte à Porturlin entre Killalu et Broadhaven. Les malfaiteurs pillèrent tout ce qui pouvait s'emporter, ne laissant aux marins naufragés que les vêtements qu'ils avaient sur eux.

Mentionnons encore le naufrage de l'*Inverness* à l'embouchure du Shannon et le pillage de ce navire. Le major Fitzgerald dégaîna contre les maraudeurs étonnés et il y eut bataille. Le major fut blessé légèrement. Un mauvais parti lui eût été fait sans l'intervention d'un habitant du Kerry qu'il connaissait.

Le dernier fait de même nature se produisit en Angleterre, le 26 septembre 1817. Le brick norwégien *Bergetta*, capitaine Peterson, vint échouer sur les sables de Cefu-Sidau. Il venait de Barcelone et se rendait à Stettin avec un chargement consistant en vins, spiritueux, etc., lorsque au milieu du brouillard le capitaine prit la côte du Devon pour celle de France et engagea son navire dans le canal de Bristol, où il fit naufrage. Le capitaine et son équipage réussirent à se sauver ; mais malgré l'intervention des officiers de la douane, aidés de plusieurs honorables gentlemen, des actes de pillage furent commis avec la plus grande audace.

Faut-il croire que ces faits odieux sont bien les derniers que l'Angleterre ait à se reprocher ? Un journal anglais, le *Morning Post*, en constatant qu'un grand nombre de navires s'étaient perdus, en 1866, entre Sunderland et Tynemouth, n'hésitait pas à attribuer ces naufrages à de faux signaux qu'on avait vu briller sur des rochers. Cette affreuse coutume de provoquer des sinistres maritimes, ajoutait ce journal, restreinte jadis à la Cornouaille, se serait donc répandue dans le comté de Durham, sur les côtes de la mer du Nord...

Quoi qu'il en soit, aux naufrageurs anglais succédèrent pendant un temps les « hovellers » (du verbe *to heave*, lever, élever, virer). Si le naufrageur est un monstre à figure humaine, le hoveller est un homme hardi qui par tous les temps et à tous risques, va donner assistance aux navires en détresse, et parfois bénéficie de la perte d'un vaisseau sans y avoir en rien contribué.

A un moment, il y eut de véritables flottilles de bateaux montés par ces singuliers spéculateurs. C'est au point que des plaintes furent exposées au gouvernement britannique par divers gouvernements. Les hovellers rôdaient sans cesse dans le voisinage des bancs pour épier les navires, les sauver de gré ou de force d'un péril parfois imaginaire, et rançonner ensuite les armateurs à la faveur d'une législation qui mettait ces derniers à leur discrétion. L'opinion publique s'émut ; le gouvernement français fut assailli de plaintes élevées par les armateurs, souvent victimes d'extorsions et de violences.

Dans cette transformation anglaise du naufrageur, il ne faut voir que le dernier vestige de mœurs maritimes d'une autre époque. Nos voisins ont montré par le zèle qu'ils ont mis dans l'adoption et le développement des institutions de sauvetage, qu'ils pouvaient aussi, et avec bien plus d'ardeur, se porter vers le bien ; et de nombreuses brigades de sauveteurs donnent chaque jour des preuves d'un entier dévouement et du désintéressement le plus absolu.

Dans les mers du Nord, les mêmes coutumes, restes des siècles de barbarie, se perpétuèrent jusqu'en ce siècle. Le jurisconsulte Valin nous apprend que, dans certaines parties de l'Allemagne, on priait Dieu publiquement pour qu'il y eût beaucoup d'échouements sur les côtes. En 1721, dans les églises protestantes de l'électorat de Hanovre, lorsque la tempête battait le littoral, on faisait des prières publiques pour demander au ciel que les marchandises et les autres effets des vaisseaux faisant naufrage fussent jetés sur les côtes de l'électorat plutôt qu'ailleurs.

Sur un rivage africain, mais colonisé, au Cap, le pillage des épaves s'est pratiqué en grand, s'il faut en juger par ce que nous raconte Sparrmann dans son *Voyage au cap de Bonne-Espérance* : « Le 1er juin 1763, le navire le *Yong-Thomas*, qui était demeuré dans la baie de la Table jusqu'après le commencement de la saison des tempêtes, fut chassé sur le rivage de Zout-Rivier, vers le nord du fort. Dès le matin, aussitôt après cet événement, le gouvernement fit publier la défense à toutes personnes, sous peine de mort, d'approcher même de loin de ce malheureux rivage. Pour donner plus de poids et d'efficacité à leur défense, ses agents avaient, avec une égale promptitude, fait élever des gibets et posté des troupes de tous les côtés. Toutes ces précautions tendaient à empêcher que les marchandises naufragées qui pourraient être jetées sur le rivage ne fussent volées ; mais aucune n'avait pour but de sauver l'équipage. »

Au rapport de W. Cullen Bryant, l'auteur de *l'Amérique du Nord pittoresque*, ces scènes honteuses se continuent encore sur les rivages du Labrador, et l'on ne comprend pas qu'à la fin du XIXe siècle il existe encore des gens assez inhumains pour spéculer sur le malheur de leurs semblables. Les hommes qui vivent sur ces plages inhospitalières, sont, il faut le dire, le rebut de la société de l'ancien et du nouveau monde. Bon nombre de convicts ont fait élection de domicile dans ce coin du globe, loin des yeux vigilants de la police anglaise.

Il y a quelques années, un navire norwégien de deux mille tonneaux, l'*Oli-Sell*, avait quitté la baie de New-York, pour se rendre dans les eaux du Groënland et s'y livrer à la pêche de la baleine. Après avoir franchi le détroit qui sépare l'île de Terre-Neuve de la côte du Labrador, le navire baleinier se trouvait en plein océan, dans le voisinage du cap Charles. Le 13 novembre, le temps était devenu menaçant. La houle de l'ouest et les courants portaient à la côte, et le capitaine Adonto était d'avis que, si l'on ne parvenait pas à s'élever au vent, on courait grand risque d'être porté sur les bas-fonds du Labrador. L'*Oli-Sell* se trouvait alors par le travers du dehors de Belle-Ile, et il s'agissait de doubler à tout prix la pointe du cap Charles, opération très difficile par une mer énorme et avec un bâtiment tout à fait dégréé. L'équipage était à bout de forces et il ne fallait plus compter que sur quelques hommes plus dévoués et plus audacieux que les marins ordinaires, six prisonniers qui s'étaient révoltés contre le capitaine Adonto et avaient été mis aux fers. Une voie d'eau s'était déclarée qui avait été « aveuglée », puis s'était rouverte, et la manœuvre exigeait les bras disponibles de tout l'équipage. Le capitaine regretta amèrement alors d'avoir sévi contre ces hommes, mais il ne songea même pas à les employer.

Le lendemain vers le soir, il devint évident que le navire allait être jeté sur les rochers de la pointe du cap Charles, qui passe, avec juste raison, pour un des endroits les plus dangereux de la côte. On apercevait déjà, à travers la brume, les vagues surmontées d'écume blanche qui entourent comme d'un linceul les roches noires du cap Charles. A ce moment, les marins de l'*Oli-Sell* virent courir sur les rochers des lumières... Dans des parages plus civilisés, on aurait pu attendre des secours, mais le capitaine Adonto éprouvait les plus grandes appréhensions au sujet des habitants de cette plage inhospitalière.

Il ne se trompait pas. Le désir du pillage avait amené sur la côte du

Labrador tous les misérables d'un village voisin, qui se tenaient embusqués au milieu des rochers, prêts à se jeter sur le navire que la mer allait briser et mettre à leur merci. La tempête leur amenait un butin assuré et ils cherchaient à hâter la catastrophe en promenant sur la falaise des lanternes, afin de laisser croire au navire suédois qu'il y avait entre lui et le rivage un autre vaisseau, c'est-à-dire une mer libre où il était possible de manœuvrer.

Le piège tendu ne pouvait ajouter au péril de la situation. Le baleinier ne gouvernait plus et arrivait fatalement sur la triple ceinture d'écueils qui défend la côte canadienne. Sa perte n'était qu'une question de temps. Dans l'entrepont, les six matelots mis aux fers cherchaient à enfoncer la porte de leur cachot.

Un choc épouvantable ébranla tout à coup l'*Oli-Sell*, qui venait de talonner et qui se coucha sur le flanc à bâbord. Il était évident qu'avant une heure la mer l'aurait complètement démoli.

Tandis que ceci se passait à bord du baleinier, des hommes vêtus d'une manière sordide couraient comme des démons sur la grève. Des femmes déguenillées, portant des falots, se ruaient vers la mer : on eût dit quelque sabbat mené par des sorciers.

Le premier marin que le ressac jeta sur la côte était un solide gaillard, mais il arriva évanoui. Il fut rappelé à lui par des ongles crochus qui s'enfonçaient dans ses chairs ; des mains avides cherchaient à arracher les lambeaux de vêtements qui le couvraient. Les naufrageurs croyaient dépouiller un cadavre ; mais quand le marin jeta un cri, les oiseaux de proie s'enfuirent ; bientôt ils revinrent à la charge menaçants, le bâton levé, le couteau prêt à frapper.

Ce brave marin était disposé à se défendre, mais on lui enjoignit de s'éloigner, et, d'un rocher, il assista au hideux spectacle de ces forcenés, arrachant les vêtements et dépouillant de tout ce qu'ils avaient sur eux les cadavres que la mer rejetait sur le sable. De tout l'équipage, personne ne paraissait avoir échappé à la catastrophe, et quand le jour se fit — brumeux et terne — la lumière n'éclaira qu'une scène de désolation.

Cette troupe de misérables s'était accrue de quelques horribles mégères, qui avaient amené par le licou des chevaux maigres et malpropres, à longs poils. Le butin fut empilé dans de vastes paniers.

Au moment où les naufrageurs se mettaient en route, un homme essoufflé vint leur annoncer qu'un détachement de troupes à cheval s'avançait vers la côte. Il fallait aviser. La loi est formelle au Canada : tout naufrageur est pendu haut et court. Il s'agissait de passer aux yeux des soldats pour de braves pêcheurs revenant de la mer et rapportant le produit de leur pêche. Les naufrageurs se hâtèrent de ramasser du goémon, ils en couvrirent les paniers de façon à cacher ce qu'ils contenaient. Et forçant le marin de l'*Oli-Sell* de se revêtir d'un caban et de mettre sur sa tête un de leurs chapeaux goudronnés, ils l'entraînèrent avec eux.

En atteignant le sommet de la falaise, les pilleurs d'épaves virent s'avancer à leur rencontre un détachement de dragons. Sommés de répondre à diverses questions, ils auraient réussi sans doute à se tirer d'affaire ; mais le matelot n'ayant plus rien à craindre d'eux, les dénonça sans hésitation.

Il y eut alors un « sauve qui peut » général. Les dragons de la reine coururent sus aux fuyards et s'emparèrent du plus grand nombre. Les femmes demandèrent merci. Elles furent réunies en groupe et conduites avec les autres prisonniers au fort le plus voisin, où leur procès ne traîna pas. Les chefs furent condamnés à être pendus ; les autres, y compris les femmes, envoyés dans les pénitenciers du pays, s'en tirèrent par les travaux forcés.

Quant au pauvre marin de l'*Oli-Sell*, après s'être remis de ses fatigues, il demanda à être rapatrié, et seul de tous les hommes de son navire, il revit son pays natal.

CHAPITRE XVIII

LES PHARES; LES FEUX DES ANCIENS; PROGRÈS MODERNES : BORDA, LEMOYNE, AUGUSTIN FRESNEL ; NOS PHARES AU COMMENCEMENT DE CE SIÈCLE ET AUJOURD'HUI ; LA TOUR DE CORDOUAN, LES PHARES DE BARFLEUR, DES HÉHAUX DE BRÉHAT, D'AR-MEN, D'ECKMUHL, ETC. ; SUR LE LITTORAL ANGLAIS ; LE PHARE D'EDDYSTONE ET SES CONSTRUCTEURS SUCCESSIFS : WINSTANLEY, RUDYERD, JOHN SMEATON ; ANECDOTE SUR LOUIS XIV ; LES PHARES « PRIVÉS » EN ANGLETERRE ; LEUR RACHAT ; PHARES EN FONTE DE FER DANS DIVERSES PARTIES DU MONDE ; CLASSEMENT DES PHARES ET FANAUX, UNE CARTE DE VISITE RIMÉE ; LES PHARES, SELON MICHELET ; BALISES, AMERS, BOUÉES ET « SIRÈNES ».

Tandis que l'esprit du mal guettait dans l'ombre sa proie, que les naufrageurs poursuivaient l'œuvre de l'antique barbarie, des fanaux s'allumaient un peu partout pour éclairer le marin et lui montrer le port.

« La première idée d'un phare, a dit Faraday, c'est la lampe du logis que le pêcheur ne perd pas de vue pour assurer son retour. » L'usage des feux destinés à guider les navigateurs remonte aux plus anciens temps ; on édifia alors les tours de Sestos et d'Abydos, sur le Bosphore, et celle de l'île de Pharos dans l'ancienne Égypte, près d'Alexandrie, dont le nom est resté à toutes les constructions du même genre. Les Romains élevèrent un grand nombre de phares ; ils en avaient construit sur le littoral de la Gaule, notamment un à Icius-Portus (Boulogne-sur-Mer) qui existait encore en 1643 : il se composait d'une tour octogonale à douze étages ; chaque étage allant se rétrécissant donnait à cette tour l'apparence d'une pyramide. Vis-à-vis de Calais, à Douvres, on voit encore les ruines d'un phare attribué à Jules César. Il y eut aussi un très beau phare à Capio, en Espagne, à l'embouchure du Guadalquivir.

Plus tard, les phares se généralisèrent; mais ils ne remplissaient pas complètement leur objet. De regrettables confusions avec d'autres parties du rivage accidentellement illuminées causaient des désastres. Semblable erreur n'est plus possible aujourd'hui, grâce au moderne système de phares, qui consiste dans une combinaison bien entendue des anciens feux fixes avec les feux tournants et à éclipses, dont on attribue la première idée à Borda.

Le Dieppois Lemoyne proposa aussi de substituer au feu de charbon de terre une lampe d'Argant à double courant d'air; Augustin Fresnel et quelques autres ont introduit de grandes améliorations dans la construction et le mode d'éclairage des phares; aux feux réfléchis par des miroirs paraboliques, on a substitué des feux réfractés par d'énormes lentilles construites d'une façon très ingénieuse : devant l'impossibilité de fabriquer d'assez fortes lentilles d'une seule pièce, Fresnel imagina de faire tailler, dans du cristal, des lames ou portions de lentille formant des prismes à courbure calculée; ces lames réunies et disposées en escalier autour d'un centre immobile constituent une seule et grande lentille qui porte la lumière jusqu'à cinquante et soixante kilomètres de distance. Pour obtenir un foyer lumineux en rapport avec la puissance des lentilles, il fit de la lampe Carcel un appareil à trois ou quatre mèches concentriques qui, dans les phares les plus importants, donnent un éclat équivalent à celui de 600, et jusqu'à 4,050 becs de lampes Carcel.

Les feux des phares qui s'allument exactement toutes les nuits sont nombreux sur nos côtes. Au commencement du siècle nous en possédions en tout seize. Nous en avons aujourd'hui plus de deux cent cinquante sur nos côtes de France, de Corse et d'Algérie.

Les phares du premier ordre sont situés à environ trente kilomètres les uns des autres. Ils sont distribués de manière que le marin puisse toujours en apercevoir un en approchant des côtes; dès qu'il perd celui-là de vue, il entre dans le cercle de lumière du phare le plus proche. Ainsi les phares sont dressés sur les côtes de manière qu'on ne puisse les confondre. Si, par exemple, on peut apercevoir trois phares à la fois, l'un sera un feu fixe, le second aura des éclipses et le troisième des éclats à des intervalles de temps déterminés.

Outre les grands phares qui sont placés sur les principaux caps, visibles de très loin, — huit ou dix lieues, — et qui sont destinés surtout à déterminer la position des navires qui viennent du large, on en place d'une moindre portée à l'entrée des ports. Quand ces ports sont assujettis à la marée, on n'allume les phares qu'aux heures où il y a assez d'eau pour que les bâtiments puissent entrer.

Le phare d'Alexandrie servit de modèle à beaucoup d'autres.

Il y a des phares composés de deux tours, comme le double phare du cap de la Hève, au nord du Havre ; d'autres ont des feux intermittents : une moitié de la lanterne est aveuglée par une demi-cage de fer, qui après un mouvement de rotation continu, cache et découvre alternativement la vue du feu dans toutes les directions, ou encore, tout l'appareil, tournant sur lui-même, transporte la lumière à tous les points de l'horizon dans un temps déterminé ; certains feux varient de couleur : les diversités de formes et de lumières permettent de reconnaître en toute certitude la position des phares, et par suite celle des navires par rapport au littoral.

Déjà, aux siècles derniers, on construisit des phares importants. La tour de Cordouan à l'embouchure de la Gironde, qui s'élève sur un rocher couvert de trois mètres d'eau à haute mer, est encore citée parmi les plus beaux phares, grâce à ses proportions élégantes. Commencée en 1584, elle fut terminée en 1610. On cite aussi la tour de Gênes, à l'entrée du port de cette ville.

Mais les plus remarquables travaux de ce genre ont été exécutés de nos jours par les ingénieurs des ponts et chaussées. On leur doit le phare de Barfleur, sur la pointe de Gatteville dans la Manche. Bâti de 1829 à 1835, par l'ingénieur Delarue, il est tout en granit, et s'élève en forme de colonne au-dessus d'un soubassement rectangulaire et jusqu'à une hauteur de soixante-dix mètres. Le phare du cap la Hague, sur un îlot de rochers presque à fleur d'eau, au nord-est de Cherbourg, est une tour du même genre, construite aussi par Delarue, de 1835 à 1837.

Sur les côtes septentrionales de la Bretagne, plusieurs îles et roches éparses, Batz, le plateau de Triagoz, les Sept-Iles Bréhat, sont les témoins d'un littoral disparu. La partie de la côte qui a le mieux résisté au choc des vagues se termine à l'ouest de Bréhat par les redoutables « Épées de Tréguier », véritable jetée de cailloux que les vagues ont elles-mêmes construite et sur laquelle tant de navires sont venus se briser : elles guident aujourd'hui le navigateur, grâce au superbe phare des Héhaux de Bréhat, dressé sur l'un de leurs écueils.

Le rocher choisi par l'ingénieur pour sa construction se trouve à cinq kilomètres du cap le plus septentrional de la presqu'île bretonne. Il était submergé à mer haute, sauf quelques rares sommets que les flots ne couvrent pas, même dans les plus mauvais temps. L'ingénieur Reynaud ne mit pas moins de deux ans pour élever le phare (1836-1839), après une année d'études et de préparation. Sur l'un des écueils que la mer ne couvrait pas de ses eaux, on établit un abri pour cinquante ouvriers; on y fixa, par des chaînes et des anneaux de fer scellés dans le roc, des appareils de construction; à la marée basse, les ouvriers descendaient sur l'autre partie du rocher, et travaillaient aux fondations du phare, qui fut assis dans le roc même où avait été creusée une profonde rainure circulaire.

Lorsque la marée arrivait, les ouvriers regagnaient leur abri; les pompes devaient vider l'eau de la mer restée dans la rainure pour qu'on pût reprendre le travail.

C'est à l'île de Bréhat que l'on réunissait les matériaux et qu'on taillait les pierres; le granit très dur dont on se servait par blocs de mille à trois mille kilos, provenait de l'île Grande, située à quarante kilomètres de là; la chaux était apportée du bassin de la Loire par le canal d'Ile-et-Rance.

Ce phare n'a d'égal en aucun lieu du monde. Il se compose d'une tour en maçonnerie pleine, enchâssée dans la roche de porphyre sur laquelle il repose. La tour a près de quatorze mètres à sa base et huit mètres soixante centimètres à son sommet. Le pied est à un mètre au-dessus du niveau des plus hautes mers. Cette tour supporte une autre tour plus légère, dont l'intérieur est divisé en plusieurs étages; et ainsi la lanterne se trouve à une hauteur de cinquante mètres.

Sur la côte de Bretagne, près l'île de Sein, la mer bouillonne sur des récifs, véritable chaîne d'écueils que l'on nomme la Chaussée ou le Pont de Sein; elle s'avance à peu près de deux lieues dans l'Océan. On a entrepris d'édifier un phare à son extrémité, sur la roche d'Ar-Men, qui mesure de sept à huit mètres de large sur quinze de long, au niveau des plus basses mers. Elle est tellement balayée par le ressac que, même par un beau temps, on ne peut l'accoster sans difficulté. Pour arriver à y asseoir la maçonnerie, il a fallu sceller dans la pierre une série de barres de fer s'élevant verticalement d'un mètre environ.

Les vaillants pêcheurs de l'île de Sein commencèrent ce travail. Les jours où il était possible de poursuivre cette singulière besogne, une vingtaine d'entre eux se mettaient à l'œuvre, les uns armés du pic ou de la pioche, les autres pour veiller à la sûreté des travailleurs, pour les repêcher lorsque les vagues les enlevaient et les traînaient sur les pointes des rochers. Ces ouvriers courageux étaient tous munis de ceintures de sauvetage, et malgré cela ils se trouvaient souvent en danger de périr. Une pareille œuvre accomplie dans de telles conditions devait demander bien du temps; qu'on en juge par ce détail, qu'en 1867 on n'eut en tout que neuf heures de travail.

Le phare d'Ar-Men se compose de huit étages, ayant ensemble trente mètres de hauteur et portant un feu du premier ordre. La construction hardie de ce phare fut arrêtée dans ses dispositions générales par M. Léonce Reynaud, directeur du service des phares, et exécutée sous la direction de MM. Planchat et Fénoux, ingénieurs en chef.

On doit citer encore sur notre littoral quelques phares importants. Ce sont les phares du cap Gris-Nez près de Calais, de Saint-Valery-sur-Somme, de Dieppe, de Planier, près de Marseille ; il y en a au fond de la baie de Saint-Malo, sur tout le littoral de la Bretagne ; le phare de l'île de Bas est pour les navires un avertissement de se tenir à distance, ceux de Bréhat et du cap Frehel indiquent au contraire l'ouverture du golfe de Saint-Brieuc. Près de Brest, se trouve le phare de Saint-Matthieu. Il y a trois feux à l'embouchure de la Loire. Nous avons parlé de la tour de Cordouan ; il y a aussi des phares à Arcachon, à Bayonne, d'autres sur la Méditerranée.

Le dernier édifié sur notre littoral est le phare d'Eckmühl, qui a été inauguré le 16 octobre 1897. Il s'élève à l'extrémité sud de la pointe de Penmark. Son érection est due à la générosité de la comtesse de Blocqueville née d'Eckmühl, qui a légué une somme de trois cent mille francs à cette intention, en stipulant que le phare auquel elle donnait le nom de son père serait construit à l'un des endroits les plus dangereux des côtes de l'Océan. Les travaux ont duré quatre ans, ce qui est peu. Ce phare est illuminé par un appareil de feu-éclair électrique d'une puissance de trente millions de bougies. Durant la nuit, sa portée lumineuse dépasse cent kilomètres ; elle est ramenée à quarante kilomètres par les temps brumeux. — Avec le feu électrique, la tour porte à son sommet un signal sonore constitué par une sirène à air comprimé qui peut être mise instantanément en fonction.

L'Angleterre possède trois cent soixante phares et une cinquantaine de lanternes flottantes. Le plus célèbre de tous ces feux est le phare d'Eddystone, dans la Manche, vis-à-vis de Plymouth, sur des récifs à fleur d'eau, au milieu desquels les vagues de l'Atlantique viennent former des tourbillons.

Depuis des siècles, un grand nombre de bâtiments s'étaient brisés sur les arêtes meurtrières de ces écueils. Il semblait impossible d'établir un phare sur ces îlots, lorsqu'un mercier du comté d'Essex, nommé Henry Winstanley, tenta de résoudre la difficulté. C'était un homme ingénieux dont la maison était encombrée de pièces de mécanique amusante. Le phare dont il entreprit la construction en 1696 eut l'apparence bizarre d'une pagode. Inauguré en 1700, le phare de Winstanley résista trois ans aux rafales, et finit par être emporté dans un ouragan, avec les malheureux qui s'y trouvaient enfermés, y compris l'architecte.

Cinq ans plus tard, et après de nouveaux naufrages, un autre mercier, Rudyerd, de Londres, voulut rétablir ce phare d'Eddystone, si in-

Phare de Planier, près de Marseille.

dispensable. Il éleva une seconde tour en charpente, et cette fois ce fut l'incendie qui ruina l'œuvre, — en 1755. Le phare fut détruit, mais ses trois gardiens purent être sauvés par des pêcheurs avertis par les lueurs inaccoutumées que jetait sur la mer cette torche gigantesque. Toutefois l'un des gardiens mourut des suites de profondes brûlures.

Les choses en étaient là, et il s'agissait de dresser une troisième tour en bois, lorsque John Smeaton, ingénieur éminent, membre de la Société royale de Londres, déclara qu'il était possible d'employer la pierre pour une réédification durable de ce phare. Commencé le 12 juin 1757, le phare d'Eddystone alluma définitivement sa lanterne le 16 octobre 1759. On le cita longtemps comme une merveille : nos constructions modernes l'ont bien surpassé.

A l'époque où l'on construisit le second phare d'Eddystone, — celui de Rudyerd, — Louis XIV était en guerre avec la Grande-Bretagne ; un corsaire sorti de nos ports s'étant emparé des ouvriers, les emmena prisonniers en France. En apprenant cette capture, le roi blâma le zèle du corsaire, et ordonna qu'on mît en liberté les ouvriers, faisant observer avec sa grandeur habituelle, qu'il était « en guerre avec l'Angleterre, mais non avec le genre humain ».

Longtemps, sur le littoral britannique, un certain nombre de phares furent concédés par la Couronne, par Trinity-House, ou par actes du Parlement. Ils donnaient des bénéfices considérables par un droit de péage établi sur les bâtiments. Lorsque la corporation de Trinity-House (1) voulut racheter les phares « privés », on vit un rocher sur l'Océan se vendre 350,000 et 400,000 livres *sterling* (de huit à dix millions). Quelques propriétaires réclamèrent jusqu'à 550,000 livres, et longtemps encore après, de légères surtaxes étaient imposées à la marine marchande pour permettre à Trinity-House d'acquitter ses dettes.

Il faut que nous disions aussi que, dans les arts et les sciences qui ont fait des phares l'une des plus belles inventions modernes, nous avons devancé de beaucoup nos voisins les Anglais, bien que plus directement intéressés dans les progrès accomplis. Notre tour de Cordouan avait successivement remplacé sa flamme primitive par le gaz, par des lampes et des réflecteurs paraboliques en métal, et enfin par les lentilles de Fresnel, rayonnant à trente milles de distance, que sir David Brewster était forcé de s'adresser à la Chambre des communes pour dénoncer l'opiniâtre résistance d'un ingénieur routinier, sou-

(1) Corporation ayant pour objet les intérêts de la marine britannique. Elle a été reconnue par une charte de Henri VIII datée de 1524.

tenu par une commission locale, qui parvint à nier pendant dix ans la supériorité du système dioptrique. La réforme générale de l'administration des phares en Angleterre ne date que de 1854.

Aux États-Unis, sur le littoral de Long-Island et près de East-Hamp-

Le phare de Cordouan, muni de l'appareil du système Fresnel.

ton, se trouve le cap de Montauk. C'est un lieu solitaire au pied duquel une grève sablonneuse s'étend au loin quand la mer se retire. On y a établi, depuis 1795, un phare d'une incontestable utilité : lorsque le vent souffle du nord-ouest, la tempête se déchaîne avec furie ; il semble que l'Atlantique se livre à l'assaut de cette pointe de rocher. C'est l'un des phares les plus importants de l'Amérique du Nord.

De nos jours on construit des phares en fonte de fer, coûtant moins cher, et pouvant être édifiés même sur de mauvais terrains. Il y a des phares en fonte aux États-Unis, où l'on en compte plus de soixante dix ; il y en a aussi à Cuba, aux Bermudes, à Bahama, en Turquie, etc. Le phare des Bermudes, dressé à Gordon, et d'une élévation de trente-cinq mètres, a coûté quatre-vingt-douze mille francs ; celui de Bahama, haut de quarante et un mètres, et à sept étages, n'a pas coûté moins de deux cent mille francs.

Les phares et fanaux se divisent en six catégories :

1° *A feu fixe*, lumière éclatante ;

2° *A éclats*, lumière qui montre alternativement cinq éclats et cinq éclipses — ou davantage — dans l'espace d'une minute.

3° *Fixe à éclats*, lumière qui montre un éclat blanc ou rouge, précédé ou suivi de courtes éclipses, à des intervalles qui varient de deux, trois ou quatre minutes ;

4° *Tournant*, feu dont la lumière augmente d'une manière graduelle jusqu'à ce qu'elle jette sa plus grande clarté, et qui décroît ensuite graduellement jusqu'à s'éclipser à intervalles égaux d'une, de deux, trois minutes et quelquefois d'un tiers ou d'une demi-minute ;

5° *Intermittent*, c'est-à-dire dont la lumière, qui paraît tout à coup reste visible pendant un certain temps et s'éclipse comme elle est venue.

6° *Alternatif*, lumière qui paraît rouge et blanche alternativement, sans éclipse intermédiaire.

Les sources de lumière employées jadis ou encore en usage pour l'éclairage des phares, sont les suivantes : le bois ou le charbon, des torches et des chandelles de suif, l'huile, le pétrole, le gaz, l'électricité.

On l'a dit : les phares, ces étoiles de la terre, sont au voisinage des côtes ce que les étoiles, ces phares du ciel, sont en pleine mer : la providence du navigateur.

Le poète des *Contemplations*, un soir d'orage, put écrire avec raison sur le granit du phare de la jetée, au Havre, les vers suivants — carte de visité rimée :

C'est toi, c'est ton feu
Que le pêcheur rêve,
Quand le flot s'élève,
Chandelier que Dieu
Posa sur la grève !

Michelet l'a observé en parlant des phares : « Que de visites ils reçoivent de la femme inquiète qui épie le retour ! Le soir, vous la trouveriez là assise, attendant et demandant que la secourable lumière qui brille là-haut ramène l'absent, le mette au port. Les anciens, fort justement, dans ces pierres sacrées, honoraient l'autel des dieux sauveurs de l'homme. Pour le cœur en pleine tempête, qui tremble et espère, la chose n'a pas changé, et dans l'obscurité des nuits, celle qui pleure et qui prie y voit l'autel et le Dieu même. »

« Qui peut dire, — ajoute Michelet avec cette chaleur d'accent qui lui est propre, — combien d'hommes et de vaisseaux sauvent les phares ? La lumière vue dans ces nuits horribles de confusion, où les plus vaillants se troublent, non seulement montre la route, mais elle soutient le courage, empêche l'esprit de s'égarer. C'est un grand appui moral de se dire dans le danger suprême : « Persiste ! encore un effort !... Si le vent, la mer, sont contre, tu n'es pas seul : l'Humanité est là qui veille sur toi.

« C'est la France, après ses grandes guerres, qui prit l'initiative des nouveaux arts de la lumière et de leur application au salut de la vie humaine....

« Pour le marin qui se dirige d'après les constellations, ce fut comme un ciel de plus qu'elle fit descendre. Elle créa à la fois les planètes, étoiles fixes et satellites, mit dans ses astres inventés les nuances et les caractères différents de ceux de là-haut. Elle varia la couleur, la durée, l'intensité de leur scintillation. Aux uns elle donna la lumière tranquille, qui suffit aux nuits sereines ; aux autres une lumière mobile et tournante, un regard de feu qui perce aux quatre coins de l'horizon. Ceux-ci, comme les mystérieux animaux qui illuminent la mer, ont la palpitation vivante d'une flamme qui flamboie et pâlit, qui jaillit et qui se meurt. Dans les sombres nuits de tempêtes, ils s'émeuvent, semblent prendre part aux convulsions de l'Océan, et, sans s'étonner, ils rendent feu pour feu aux éclairs du ciel. »

Les balises et les amers concourent, avec les phares, à la sûreté de la navigation en vue des côtes.

Sous le nom de balises, on place à l'entrée des ports et havres certaines marques indiquant aux bâtiments les passages les plus sûrs. La balise est quelquefois un mât mi-planté dans l'eau à l'entrée des canaux — ou étangs — bordant la mer. Son extrémité est terminée par un ballon. Le plus souvent, la balise se compose de tonneaux attachés ensemble à une chaîne de fer dont les extrémités sont retenues au fond de l'eau par de grosses pierres. Le balisage est aussi constitué par des tourelles maçonnées.

On donne le nom d'amer à tout objet situé bien en vue, soit sur une côte, soit au large, et de nature à guider les navigateurs, à localiser leur position, sans possibilité d'erreur.

Le pic de Ténériffe, qui s'aperçoit de plus de cent milles, le Vésuve, le Stromboli, le volcan de l'île Bourbon, que l'on voit à quinze lieues « fumer sa pipe » la nuit, le cirque du Diable, de l'Ascension, sont autant d'amers gigantesques disséminés sur la surface du globe. A défaut de ces indicateurs, le marin sait utiliser un gros arbre, une tour, une colonne, un moulin, etc. Ce sont pour lui autant de jalons qui lui tracent la route à suivre, en entrant dans une baie, un port, un chenal, une passe, afin d'éviter les écueils et les brisants. Les amers sont marqués sur les cartes.

Tous ces moyens ne suffisent pas. On emploie encore les bouées pour indiquer les passages difficiles ou dangereux. La bouée, construite en bois, en liège ou en tôle, est flottante. Elle est quelquefois pourvue d'une cloche que le mouvement de la mer met en branle. Cette disposition est fort utile. Mais bien autrement puissante par le temps de brouillard est la « sirène », dont la voix n'est pas couverte par le bruit du ressac. La sirène est un appareil dont le son est produit par la vapeur au moyen d'air comprimé. Le son est porté dans des directions diverses à une distance considérable. C'est donc un excellent instrument pour les signaux.

CHAPITRE XIX

MUTINERIES D'ÉQUIPAGES ; HUDSON ABANDONNÉ PAR LES SIENS ; LA GRANDE RÉBELLION DE 1797 EN ANGLETERRE, ET SON CHEF RICHARD PARKER ; LORD HOWE ; LA RÉVOLTE DES MATELOTS DE LA *Bounty* ; LE COMMANDANT BLIGH ET FLETCHER CHRISTIAN ; UNE TRAVERSÉE DE 1,300 LIEUES SUR UNE EMBARCATION NON PONTÉE ; AFFAIRE DU *Fœderis Arca;* JUGEMENT ET QUATRE CONDAMNATIONS A MORT ; LE CAPITAINE DU *Wellington ;* LES DEUX MALAIS DU *Frank-N.-Thayer ;* PAVILLONS-NOIRS A BORD D'UN VAPEUR CHINOIS.

Nous avons donné une idée des périls que recèle la mer et de moyens qu'on leur oppose. Mais il y a encore toute une série de faits qui remplissent les annales de la navigation, tels que mutineries, révoltes d'équipages, drames maritimes, et une longue suite d'aventures de terre et de mer en pays lointains, — avec des massacres, des naufragés réduits en esclavage par des peuples barbares, des marins auxquels on tend des embûches, pour s'emparer d'eux et les manger, — dans ces archipels de l'Océanie, longtemps exclusivement peuplés d'anthropophages, — des marins abandonnés sur des ilots déserts, Robinsons vrais dont le désespoir, les souffrances nous émeuvent, dont la lutte pour la vie captive et passionne, dont l'énergie, quand ils surmontent l'horreur de leur situation, est pour tous un enseignement plein d'attrait.

Il y a aussi une place à faire à ces dangers d'un caractère particulier qui attendent les navigateurs dans les océans polaires. Là, les navires menacent d'être écrasés par les glaces, les marins ont à supporter des hivernages terribles. Souvent, les équipages forcés de quitter le navire soudé à la banquise et dérivant dans une direction inconnue, tentent le retour par de rudes étapes faites à pied, en se traînant à travers les espaces gelés — terre et mer — et en jalonnant de cadavres la route parcourue.

Commençons par les révoltes d'équipages.

Bien des fois les marins d'un navire ont dû se débarrasser de leur capitaine. Ces faits n'ont pas été connus, ou ils ont été vite oubliés... L'histoire a pourtant gardé le souvenir du mécontentement des compagnons de Christophe Colomb ; elle demeure encore douloureusement émue du sort fait à Hudson par les hommes de son équipage...

Rappelons comment Hudson, le simple et rude pilote, allant à la recherche d'un passage entre l'Europe et l'Asie par l'océan Polaire, avait été rejeté hors de sa voie par des encombrements de glaces ; comment après sa découverte de la baie et du grand fleuve auxquels on a donné son nom, son navire se trouva par un hiver rigoureux soudé à la banquise : au printemps, lorsque Hudson voulut retourner en Angleterre, il constata que les vivres lui manqueraient en route. Il a consigné dans quelques lignes de son journal les angoises qu'il éprouva quand il fut contraint d'employer l'autorité pour imposer à ses matelots un retranchement dans le rationnement devenu inévitable.

Mais ceux-ci ne comprirent pas cette dure nécessité ; ils conspirèrent contre leur capitaine, et le jetèrent dans une chaloupe avec son fils encore enfant, un candide amateur de science, nommé Woodhouse, qui avait suivi Hudson pour faire des observations astronomiques au pôle nord, le charpentier du bord et cinq matelots restés fidèles. Les rebelles leur donnèrent un fusil, quelques sabres et des provisions — pour un seul jour... On ne sut jamais quelles souffrances eurent à endurer le malheureux Hudson et ses compagnons d'infortune : leur abandon fut révélé par ceux mêmes qui en avaient décidé avec tant de cruauté.

La plus sérieuse rébellion que l'on connaisse est la grande mutinerie des escadres anglaises, en 1797. Quarante mille hommes y prirent part sur un seul point ; mais le nombre des mécontents s'élevait à plus du double. Les causes de désaffection étaient graves. A cette époque les matelots anglais peinaient beaucoup et recevaient peu d'encouragements. Depuis le règne de Charles II leur salaire était resté le même, tandis que tout avait renchéri. Leurs pensions de retraite n'avaient pas augmenté. Ils se trouvaient aussi à la discrétion des agents des vivres qui ne pensaient qu'à faire fortune. Enfin l'armée navale était composée en grande partie d'hommes réunis par la « presse » dans tous les ports ; ce qui constituait, à certains égards, de médiocres équipages.

Les matelots agirent d'abord avec modération ; ils commencèrent par employer tous les moyens légaux en leur pouvoir. A la fin de février 1797, les marins de quatre vaisseaux de guerre réunis dans la baie de Spithead, adressèrent des pétitions à lord Howe, commandant en chef de la flotte de la Manche. Lord Howe était très aimé des matelots qui l'avaient surnommé Dick le Noir, en raison de son teint fortement basané. Ils lui demandaient d'intercéder auprès de l'Amirauté afin d'obtenir un adoucissement à leur sort. Lord Howe, alors souffrant, communiqua les suppliques à lord Bridport et à sir Peter Parker, l'amiral du port, qui répondirent que les pétitionnaires étaient des gens mal intentionnés. Les matelots, voyant leurs réclamations repoussées, se décidèrent à exiger par la force ce qu'ils avaient d'abord demandé avec respect.

En six semaines, ils organisèrent leur plan dans un tel secret que lord Bridport n'eut vent de la conspiration que lorsque toutes les dispositions étaient prises. Il communiqua ses soupçons aux lords de l'Amirauté qui, pensant qu'un peu de service actif serait le meilleur dérivatif, ordonnèrent à la flotte de prendre la haute mer.

Les ordres arrivèrent à Portsmouth le 15 avril. Immédiatement lord Bridport commanda les préparatifs : ce fut le signal de la révolte. D'un mouvement simultané, sur chaque vaisseau, les matelots montèrent aux agrès et lancèrent trois vivats. Puis ils s'emparèrent du commandement et nommèrent des délégués pour conduire les négociations avec les représentants de l'Amirauté. Mais aucune violence ne fut exercée. Le premier lieutenant du *London*, sur l'ordre de l'amiral Colpoys, — un des officiers les plus détestés, — tua l'un des mutins, et cette mort ne fut pas vengée. Les matelots envoyèrent de nouvelles pétitions à l'Amirauté, et leur modération plaida fortement en leur faveur. Les autorités, voyant qu'avec le plus grand pouvoir entre leurs mains ils agissaient pacifiquement, firent toutes les concessions demandées et accordèrent au nom du roi un pardon général. Tout semblait fini.

Cependant les débats du Parlement traînant en longueur, lord Howe fut envoyé par le Cabinet avec plein pouvoir de ratifier tous les engagements qui avaient été pris, et mission de bien convaincre les mécontents du désir de les satisfaire qu'avait le gouvernement. Mais au moment où les marins de Portsmouth rentraient dans le devoir, la flotte du nord se souleva : cette fois ce fut avec une violence excessive. Sous l'influence des conseils séditieux, les canons armés pour la défense de la patrie menacèrent les foyers de ces égarés...

Richard Parker, le chef meneur, était un homme peu estimable, mais qui ne manquait ni de talent ni d'énergie. Fils d'un marchand aisé d'Exeter, il avait reçu une bonne éducation ; mais il avait plusieurs fois perdu ses grades de bas officier. Brave et résolu, il possédait un incontestable ascendant sur les matelots de son entourage. On a dit qu'il faisait partie de sociétés secrètes et que c'était un agent des révolutionnaires français. Après qu'on se fût rendu maître des officiers, Parker se donna le titre de *lord grand amiral* et commit nombre d'excès. Il fit canonner les vaisseaux qui ne voulaient pas suivre le mouvement, et mit à la torture des officiers prisonniers.

Le 6 juin, quatre vaisseaux de l'escadre de l'amiral Duncan vinrent se joindre aux révoltés. Quelques jours après, plusieurs autres navires arrivèrent à l'embouchure de la Tamise et augmentèrent le nombre des mutins. Lord Duncan voyant la plus grande partie de sa flotte l'abandonner, réunit l'équipage de son navire, et lui parla avec tant de chaleur, tant de patriotisme, que les marins émus, jurèrent de rester fidèles à leur amiral jusqu'à la mort. Ils rallièrent à eux les équipages des vaisseaux de l'escadre demeurés dans le devoir.

Parker, en voyant le nombre des navires que comptait la rébellion, perdit la tête et commit les plus grandes extravagances. Il parla de prendre la mer et de continuer la guerre ; il essaya d'empêcher la navigation sur la Tamise, déclarant qu'il voulait forcer la route jusqu'à Londres et bombarder la Cité, si le gouvernement n'accordait pas ce qu'il demandait. L'alarme fut vive dans la capitale. On arma les forts, on fortifia les rives de la Tamise. Enfin lord Spencer, lord Arden et l'amiral Young allèrent à Sheerness trouver Parker et les délégués; mais les mutins furent si audacieux que les lords de l'Amirauté rentrèrent à Londres sans avoir rien conclu. Le gouvernement décréta les plus grandes peines contre ceux qui aideraient les rebelles.

A la fin de la première semaine de juin, l'effervescence entretenue par Parker commença à faiblir. La flotte de Portsmouth désavoua les révoltés de Plymouth, et un ou deux vaisseaux résistèrent à l'autorité de Parker. Celui-ci commença à reconnaître qu'on l'abandonnait. Il essaya alors de reprendre de nouvelles négociations avec l'Amirauté ; mais ses demandes étaient trop ambitieuses ; elles furent repoussées.

Le 10 juin, deux navires, le *Léopard* et le *Repulse*, firent leur soumission ; leur exemple fut bientôt suivi par d'autres vaisseaux : la mutinerie prenait fin et la cause de Parker était perdue. L'équipage du *Sandwich,* le vaisseau sur lequel l'amiral des rebelles avait arboré son

Parker fit canonner les vaisseaux qui ne voulaient pas suivre le mouvement.

pavillon, se rendit au fort de Sheerness et livra Richard Parker aux autorités. Seize jours après il fut pendu.

L'esprit de révolte gagna la flotte de la Méditerranée ; mais l'amiral Jervis, qui la commandait et qui venait d'être créé lord Saint-Vincent après la victoire du 14 février sur la flotte espagnole, en vint rapidement à bout en déployant une vigueur extrême. Il fit saisir immédiatement les meneurs, qui furent jugés et pendus le lendemain, quoique ce fût un dimanche. Le dernier effort de cette redoutable rébellion se fit sentir dans les premiers jours d'octobre de la même année au Cap de Bonne-Espérance, où se trouvait l'escadre de l'amiral Pringle. Là aussi, les meneurs furent pendus sans miséricorde. Depuis la grande mutinerie de 1797, aucun acte d'insubordination ne s'est renouvelé dans la marine anglaise.

Formidable dans ses proportions, la mutinerie de 1797 est pourtant bien moins connue que la révolte du sloop de guerre la *Bounty :* c'est sans doute à cause des éléments dramatiques, des circonstances romanesques que recèle le drame maritime du grand Océan.

Sur les conseils du célèbre Cook, le gouvernement anglais avait, en 1787, conçu le projet de procurer à quelques-unes de ses colonies d'Amérique le précieux arbre à pain, ainsi que d'autres fruits et productions utiles de la mer du Sud. Au mois d'août de la même année, le lieutenant de vaisseau William Bligh fut nommé au commandement de la *Bounty*, navire de quarante-cinq tonneaux, monté par quarante-six hommes d'équipage, y compris le capitaine. Après dix mois de navigation la *Bounty* arrivait à Taïti.

Les insulaires donnèrent quelques milliers de pieds de l'arbre à pain convoité, et après un séjour de six mois dans cette île, Bligh reprit la mer, le 4 avril.

Il naviguait depuis une vingtaine de jours lorsque la moitié de l'équipage se révolta contre son capitaine, soutenu, mais sans succès, par l'autre moitié. Ce complot, tramé et mûri dans le secret le plus absolu, par des hommes qui mangeaient, dormaient et faisaient le service avec ceux dont ils méditaient de se défaire, fut mis à exécution le 28 avril 1789.

Voici les faits qui avaient amené un groupe important des marins de la *Bounty* à prendre une résolution d'une si extrême gravité.

Pendant la durée du voyage de la *Bounty*, le capitaine Bligh s'était trouvé plus d'une fois en mésintelligence avec des officiers, et l'équipage, en général, eut des raisons fondées de se plaindre de lui. Cependant, quels que fussent les sentiments des officiers à l'égard de leur commandant, le mécontentement général n'était pas assez grand pour qu'on pût prévoir ce qui allait arriver.

Parmi ceux qui avaient le plus de motifs de se plaindre se trouvait un bas officier nommé Fletcher Christian. C'était pourtant un protégé du capitaine Bligh, mais malheureusement il avait contracté envers son supérieur quelques obligations pécuniaires, et toutes les fois qu'un désaccord se produisait entre eux, le commandant de la *Bounty* faisait sonner haut les services rendus. Christian, excessivement irrité du blâme continuel dont il était l'objet, ainsi que les autres officiers, n'endurait qu'avec beaucoup de peine ce surcroît d'humiliation, et, dans un accès de colère, il déclara à son chef que tôt ou tard le moment viendrait d'un règlement de comptes.

La veille du jour où la révolte éclata, Bligh avait eu avec ses officiers une querelle pour un motif insignifiant, mais qui s'aggrava par la chaleur que chacun y apporta. Ce fut sur Christian que tomba tout le poids de l'irritation du commandant. Fletcher Christian avait déjà ressenti trop amèrement les injures précédemment reçues, pour que la mesure ne fût pas comble.

Le 28 avril, par une de ces magnifiques nuits des tropiques, le lieutenant Christian en faisant son quart sur le pont, repassait dans son esprit chagrin toutes les souffrances, toutes les humiliations dont il avait été abreuvé ; il se laissa aller à penser aussi à l'accueil que lui et ses compagnons avaient reçu à Taïti, et cette méditation dangereuse l'amena insensiblement à perdre le désir de retourner dans sa patrie, et à former le plan d'une évasion sur un radeau, pour essayer de gagner l'île Tofoa, l'une des îles des Amis, au sud de laquelle naviguait alors la *Bounty*.

Il communiqua son projet à un jeune officier, qui depuis a péri sur la *Pandore*, et qui lui représenta la folie d'une telle conception et les dangers qu'il y aurait à affronter. Celui-ci parla à Christian d'une révolte comme d'un moyen bien autrement praticable de regagner Taïti. L'esprit hasardeux de Christian adopta ce conseil ; le lieutenant résolut, s'il échouait, de se précipiter à la mer. Il se mit à l'œuvre sur l'heure même, et sonda tout d'abord deux matelots, Matthew Quinttal et Isaac Martin qui, peu de jours auparavant, avaient reçu le fouet sur l'ordre du commandant. Ces deux matelots faisaient partie des hommes de quart. Quinttal se montra irrésolu, Martin, au contraire, se déclara prêt à agir.

Le succès de ce début encouragea Christian ; il réussit à séduire et à rallier à lui plusieurs autres matelots, et avant le jour, la plus grande partie de l'équipage était à sa discrétion. L'un d'eux, Adams, dormait dans son hamac, lorsque Summer, l'un des conjurés, vint lui confier que le lieutenant Christian allait s'emparer du navire et mettre le capitaine à terre. En entendant cela, Adams se rendit sur le pont où déjà régnait une confusion de mauvais augure. Hésitant à prendre part à ce qui se tramait, il retourna à son hamac ; mais un moment après, il aperçut le lieutenant près du coffre aux armes, faisant une distribution à tous ceux qui en voulaient, et appréhendant de se trouver du parti le plus faible, il passa du côté des rebelles, et demanda un sabre d'abordage.

Voici comment les rebelles parvinrent à se procurer des armes.

Le maître d'armes, suivi de plusieurs matelots, se rendit chez l'armurier et, sous prétexte qu'il avait besoin d'un mousquet pour tuer un requin, il se fit remettre la clef du coffre aux armes. Devant ce coffre dormait l'aspirant de marine — midshipman — Hallet ; les conjurés le réveillèrent et l'entraînèrent sur le pont. Au même moment, l'aide charpentier, Charles Norman, qui ne savait rien du complot, éveilla l'autre midshipman, M. Hayward, et dirigea son attention vers le prétendu requin qui nageait le long du sloop. Christian parut presque aussitôt sur le pont, suivi de plusieurs matelots armés jusqu'aux dents.

Tous les hommes que Christian avait ralliés se trouvant prêts à agir, le lieutenant assigna à chacun d'eux son rôle. Lui-même, aidé du capitaine d'armes, saisit le commandant Bligh, qui eut les mains liées derrière le dos, fut attaché près de l'habitacle, tandis qu'il leur adressait des reproches sur leur conduite; ils lui répondirent en l'insultant, et même en lui appliquant un coup de plat de sabre. Et comme Bligh accusait Christian d'ingratitude, en lui reprochant selon son habitude les services qu'il lui avait rendus, et rappelant qu'il avait une femme et des enfants, Christian lui répliqua sèchement qu'il eût dû s'en souvenir plus tôt et régler là-dessus sa conduite.

D'autre part, Adams et plusieurs rebelles s'étaient emparés des autres officiers. On leur rendit la liberté dès qu'on fut maître du capitaine. La révolte était consommée.

Alors les rebelles se montrèrent divisés sur ce qui restait à faire. Il avait été convenu qu'on abandonnerait les vaincus à la merci des flots; mais les uns voulaient qu'on leur donnât un mauvais canot, incapable de tenir la mer plus de quelques heures, d'autres penchaient pour la chaloupe. Ce dernier avis ayant réuni le plus d'assentiment, la chaloupe allait être mise à la mer, lorsque Isaac Martin, qui craignait que cette embarcation ne donnât aux officiers le moyen de regagner l'Angleterre, et par suite de les dénoncer et de lancer un navire à leur recherche, manifesta une opposition très vive contre cette imprudente concession. Ses camarades, irrités sans doute des menaces contenues dans ses paroles, passèrent outre, et lui retirèrent la garde du capitaine Bligh, auprès de qui il fut remplacé par Adams.

Cependant la chaloupe avait été mise à la mer, et les deux midshipmen demeurés fidèles à leur commandant reçurent l'ordre de s'y embarquer ; on leur donna une petite pièce d'eau, cent cinquante livres de pain, — certaines relations disent de biscuit, — environ trente livres de porc, six litres de rhum et six bouteilles de vin, un octant, un compas, quelques lignes de pêche, des cordes, du fil à voile, de la toile et divers objets qui pouvaient leur être utiles dans une position aussi désespérée.

On fit descendre ensuite le capitaine dans la chaloupe. Le malheureux Bligh ayant réclamé quelques mousquets pour se défendre en cas de besoin, on les lui refusa en lui riant au nez ; mais on donna plusieurs sabres ou coutelas aux marins qui l'accompagnaient. La chaloupe dut pousser au large tandis que les rebelles, sous l'empire d'une immense joie, criaient en manière de défi :

— Et maintenant à Taïti ! à Taïti, les garçons ! Hourra pour Taïti !

Dans la chaloupe abandonnée à la mer, dix-neuf personnes avaient pris place : le commandant, le maître, le chirurgien, le second maître, le botaniste, trois officiers brevetés, l'agent comptable et huit matelots ; sur la *Bounty* demeurait la plus grande partie de l'équipage : Fletcher Christian garda le commandement. Les aspirants de marine Haywood, Young, Stewart, le capitaine d'armes, l'armurier et le charpentier, avaient été retenus de force à bord du sloop, où l'on pouvait avoir besoin de leurs services. Au dernier moment, Isaac Martin avait voulu partir sur la chaloupe, mais il en avait été empêché par Quinttal.

En comptant combien d'officiers et de matelots de la *Bounty* restaient fidèles à leur commandant, on pourrait s'étonner du succès de la conspiration, si l'on oubliait que Fletcher Christian avait très habilement choisi ses complices.

Alors s'accomplit le plus étonnant de tous les voyages, sur une embarcation non pontée, de vingt-deux pieds de long, qui tint la mer pendant quarante-huit jours avec le peu de vivres que l'on sait et accomplit une traversée de 1.300 lieues, ayant à éviter les archipels océaniens dont les sauvages les eussent massacrés, et de même les anthropophages du détroit de Torrès. Un seul homme périt dès les premiers jours de navigation, lorsque l'embarcation conduite par Bligh ayant abordé à l'île de Tofoa, pour y faire provision de fruits de l'arbre à pain, dut échapper à l'hostilité manifeste des insulaires, en abandonnant John Norton, l'un des quartiers maîtres, qui ne put rejoindre assez tôt : le malheureux fut lapidé sous les yeux de ses compagnons.

Les victimes de la rébellion eurent à essuyer des mauvais temps, de la pluie; le 7 mai, passant en vue de quelques îles rocailleuses, ils furent poursuivis par deux grandes pirogues chargées de sauvages auxquels ils se dérobèrent à grand'peine; la ration de vivres fixée à une once de pain par jour et un verre d'eau, ne fut améliorée que par quelques légères distributions de rhum et de vin; toutefois, ils purent prendre deux ou trois gros oiseaux de mer, et le 28 mai, ils trouvèrent quelque repos sur une île de la côte orientale de l'Australie, qui leur fournit en abondance des huîtres : on les fit cuire avec du porc salé et du pain, et chaque homme put se rassasier à son appétit.

Malgré ce réconfort, au moment où Timor allait être signalée, les compagnons de Bligh se trouvaient dans un lamentable état. « Le 10 juin au matin, lisons-nous dans la relation de l'infortuné commandant, je fus frappé du triste état de la plupart des hommes. Une peau blême et desséchée laissait saillir les os de leur visage; leurs jambes étaient enflées et leur faiblesse si grande qu'ils pouvaient à peine se mouvoir, et restaient plongés dans une sorte de somnolence dont ils ne sortaient que pour balbutier des phrases incohérentes. Deux surtout paraissaient toucher à leur dernière heure. Je rappelai la vie chez eux en leur faisant prendre quelques cuillerées du vin qui nous restait encore, et je m'efforçai de ranimer le courage de tous en leur faisant entrevoir une arrivée prochaine à Timor. »

Le 12, on aperçut la terre, qui fut saluée par des cris de joie. Deux jours après, l'embarcation de la *Bounty* entrait dans la baie de Coupang. Bligh et ses compagnons d'infortune furent cordialement reçus. Les malheureux ressemblaient à des spectres; n'ayant plus que la peau et les os, couverts d'ulcères, vêtus de haillons indescriptibles, ils inspiraient à la fois la pitié et l'effroi. Malgré tous les soins qui furent prodigués à tous, le botaniste mourut à Coupang, trois des hommes à Batavia, et un autre sur le vaisseau qui ramenait en Angleterre les marins de la *Bounty* demeurés fidèles. Quant au docteur, qu'on avait dû laisser à Timor à cause de l'état de sa santé, on n'entendit plus jamais parler de lui.

Nous retrouverons plus loin, — à Pitcairn, — les rebelles, devenus

Canal des Deux-Mers et port de Cette.

de paisibles colons, — non sans qu'il y eût du sang versé, — s'alliant aux sauvages polynésiens, se créant de nouvelles familles et une seconde patrie.

Voici maintenant une véritable cause célèbre, le procès des rebelles du *Fœderis-Arca*, qui se termina par la condamnation à mort de quatre hommes de l'équipage pour crime de piraterie. La loi du 10 avril 1825 dispose que tout individu faisant partie de l'équipage d'un navire français qui, par fraude ou violence envers le capitaine ou commandant, s'emparerait dudit bâtiment, doit être poursuivi et jugé comme pirate. C'était le procès. Quant aux faits, nous en donnerons l'historique d'après M. de la Landelle :

Le *Fœderis-Arca*, chargé de houille à destination de la Vera-Cruz, au Mexique, avait en complément de cargaison des spiritueux tels qu'absinthe et vermout qui, dès l'instant de l'arrimage, tentèrent les gens du bord. Ces hommes qui, pour la plupart, se seraient fait scrupule de tout autre genre de larcin, n'eurent plus d'autre pensée que de dérober les liqueurs qui les tentaient. Ils y parvinrent si facilement qu'en peu de jours ils tombèrent dans un monstrueux état d'abrutissement qui porta les uns au crime et qui priva les autres de la force nécessaire pour s'opposer à leur fureur.

Il était fort difficile, pour ne point dire impossible, d'empêcher les matelots de pénétrer dans la cale. Loin d'aider le second, M. Aubert, qui redoublait de surveillance, Lénard, chargé des fonctions de maître, faisait comme les autres. Le cuisinier Nutler favorisait les larcins. Pour prévenir de semblables délits, l'on ne dispose point sur un bâtiment marchand, monté par une quinzaine d'hommes, des moyens qu'on peut employer sur les navires de guerre.

Le second du capitaine, sans cesse obligé de sévir, était devenu l'objet d'une haine brutale. On lui en voulait mortellement d'être, par sa vigilance, un obstacle continuel.

Parti de Cette le 8 juin 1864, le trois-mâts, après un mois de navigation, se trouvait dans les eaux des îles du cap Vert, quand, un soir, un vacarme extraordinaire se fit entendre sur le gaillard d'avant où l'équipage était rassemblé, à l'exception du novice nantais Julien Chicot, qui se trouvait à la barre du gouvernail.

— Ils se seront encore soûlés et les voici qui se battent, pensa le second en accourant pour rétablir le bon ordre.

Aussitôt on l'entoure, les plus méchants se jettent sur lui et le criblent de coups de couteau. Inertes, stupides, terrifiés, les autres approuvent ou feignent d'approuver. Pierre Oillic ou Hoëlic porte les premiers coups; Antoine Carbuccia, matelot corse, se figurant qu'il exerce une vengeance, frappe comme un forcené. La demi-obscurité ne permet guère de voir qui s'abstient ou qui coopère au guet-apens. Mais les meneurs, parmi lesquels il faut nommer encore François Thépaut, Marnier et Daoulas, ne sont pas gens à supporter la neutralité. L'absinthe et la peur arment ainsi des malheureux qui, peut-être, ont horreur de leur action.

Lénard, le maître d'équipage, sorti de sa cabine, n'approche point, « parce qu'il n'ose pas », a-t-il dit plus tard; mais en réalité, il est l'un des principaux coupables. D'après ses camarades, s'il avait eu du cœur, il aurait pu empêcher les crimes dont il prétendit n'avoir été que témoin. Investi de la confiance de M. Richebourg, capitaine du *Fœderis-Arca*, chef de quart, et d'ailleurs très capable de bien remplir ses fonctions, il joue un double rôle. Aussi est-ce à bon droit que ses complices l'ont dépeint comme un fourbe. C'était un homme de trente ans, du type blond, grand, fort, et dont la physionomie, généralement calme, annonçait une prudence énergique. Ses antécédents devaient naturellement tromper ses chefs : ce marin avait été décoré d'une médaille pour fait de sauvetage. Aucun des matelots du *Fœderis-Arca* ne subit plus que lui l'influence fatale des liqueurs fortes.

M. Aubert déployait un admirable courage. Frappé sur la tête avec le levier de fer de la pompe, blessé de coups terribles qui ont plié les lames des couteaux, il oppose une résistance inouïe. Les meurtriers le précipitent à la mer. Il s'accroche le long du bord, y remonte, lutte encore, mais enfin, accablé par ses ennemis, il est rejeté à l'eau, et disparaît en leur envoyant sa malédiction.

Le capitaine Richebourg accourait, en ce moment, armé de pistolets ; mais avant qu'il pût bien comprendre ce qui se passait, Hoëlic le saisit par derrière, et, secondé par ses camarades, le mit dans l'impossibilité de se défendre. Le capitaine, malgré sa paternelle indulgence, fut accablé de mauvais traitements ; on lui donna des coups de couteau ; on lui passa une corde autour du cou :

— Tuez-moi, dit-il enfin, mais ne me faites point souffrir.

— A la mer ! à la mer ! crient les assassins.

Et le pauvre capitaine est lancé par-dessus le bord.

La brise était faible ; le navire filait très lentement. Le capitaine nageait dans le sillage sans espérer qu'on viendrait à son secours. Il avait trop vu que ces cruels assassins étaient les maîtres ; il entendait Lénard, son homme de confiance, qui, d'un ton d'autorité, disait encore :

— A l'eau ! Laissez-le aller !

Alors, enflant la voix, il leur cria :

— Vous aurez tous le cou coupé !

Juste menace qui ne se réalisa que pour quatre des assassins ; — encore leur crime faillit-il rester impuni.

L'un d'eux, le cuisinier Nütler, devait se faire justice lui-même et se noyer après les orgies qui suivirent le meurtre. Un second s'évada. Un troisième mourut en prison.

Les vins capiteux, le vermout, l'eau-de-vie, l'absinthe continuaient leurs effets. Ivres d'alcool et de sang, les scélérats se menaçaient les uns les autres. C'était l'arche de la discorde et de la terreur que ce trois-mâts maudit qui portait le nom dérisoire d'*Arche d'Alliance*.

Les novices Pierre Leclerc et Julien Chicot tremblaient en obéissant aux bandits. L'unique passager du trois-mâts, nommé Orsini, semblait approuver. Le mousse Dupré, pauvre enfant de douze ans, pleurait.

L'horreur de la situation allait croissant.

Plus de chefs, plus de service, plus de manœuvre. La fatale barque flottait à l'aventure, les voiles n'étaient plus orientées ; pendantes, masquées, en ralingue, elles restaient à l'abandon comme celles d'un navire désert.

— Si nous sommes rencontrés, notre voilure nous dénoncera, pensaient les marins, se réveillant après avoir cuvé leurs liqueurs fortes. Orienter, gouverner, faire route, à quoi bon ? Où aller ?

Après avoir bu à satiété, les plus enragés commençaient à avoir peur. Les malédictions du second, la menace du capitaine mourant les obsédaient. Lénard fut consulté. Il avait déjà son projet, que ses complices approuvèrent.

On coulerait le navire et l'on s'embarquerait dans la chaloupe et le grand canot bien approvisionnés, de manière à atteindre les terres les plus voisines, si toutefois l'on n'était pas recueilli en mer par quelque bâtiment. Une fable que chacun apprendrait par cœur, serait minutieusement combinée. Entre autres détails, le capitaine, le second, le cuisinier — et le mousse Dupré, dont la mort était déjà décidée, — seraient censés avoir péri engloutis avec le trois-mâts au moment où ils allaient descendre dans la baleinière ; cette relation mensongère devait être rédigée par Carbuccia et signée par tous les gens du bord.

En conséquence, le naufrage fut mis à exécution.

Le matelot charpentier Antoine Tessier, aidé de plusieurs autres, ouvrit à coups de hache une large voie d'eau ; la chaloupe et le grand canot reçurent l'équipage. Le mousse continuait de pleurer ; au lieu de le laisser à bord, on l'emmena dans la chaloupe :

— Je m'en charge ! dit Hoëlic.

Lorsque le compromis eut été mis sur le papier, le Corse Carbuccia refusa la plume au mousse :

— Tu n'as pas besoin de signer, toi, lui dit-il, ton affaire est claire.

En effet, le malheureux enfant dont on craignait les révélations ne tarda point à être poussé à la mer. — Comme le second, comme le capitaine, il nagea. Il nageait en demandant grâce ; mais les gens de la chaloupe crièrent à ceux du canot :

— S'il vous accoste, faites-le déborder à coups d'aviron !

— Ma mère ! Mon Dieu ! disait le petit Dupré.

Son cri de détresse fut tel que certains des plus farouches se bouchèrent les oreilles en détournant les yeux.

Ce troisième crime une fois consommé, les répétitions des rôles commencèrent. Chacun était successivement interrogé, chacun devait répondre au thème convenu. Malheur à celui qui manquait de mémoire. Avec les plus exécrables serments, on s'engageait à assassiner quiconque ne soutiendrait pas en toute occasion ce qui était écrit.

Lénard, patron de la chaloupe, et le Corse Carbuccia faisaient réciter la sinistre leçon. Les deux embarcations communiquaient ensemble en se jetant les demandes et les réponses.

Hoëlic, patron du canot, Thépaut, le plus hideux de la troupe, Marnier et Daoulas écoutaient et surveillaient avec une attention jalouse. Il y allait de la vie pour quiconque se fût trompé. Le passager Orsini, le matelot mulâtre Charles Pierre, dit Pierri, le charpentier Tessier, les novices Leclerc et Chicot n'eurent garde d'être distraits. L'unanimité des futures dépositions se fabriquait ainsi de par la corde, le couteau et la noyade.

Et ce fut au point que la fable impie eut un plein succès par trois fois : d'abord sur le navire danois qui recueillit comme naufragés les assassins, frais, dispos, bien portants, n'ayant souffert ni du mauvais temps, ni de la disette : puis à bord du vapeur de la marine impériale *le Monge*, qui les ramena des îles du Cap-Vert à Brest; et enfin à Brest même où eut lieu l'enquête réglementaire relative au naufrage en mer du *Fœderis-Arca.*

Aucune contradiction n'éveilla les soupçons de personne: la perte du trois-mâts fut donc considérée comme un sinistre ordinaire et les neuf survivants se dispersèrent dans diverses directions.

Cependant M. Napoléon Aubert, frère de l'infortuné second, et marin comme lui, avait étudié avec soin le procès-verbal d'enquête. Rendu clairvoyant par sa fraternelle douleur, il trouvait étrange que le capitaine et l'unique officier du bord se fussent réservés la baleinière, en ne conservant avec eux que le cuisinier et le mousse.

A quoi bon la baleinière? les deux autres embarcations suffisaient largement pour quinze hommes. Si le capitaine a le devoir de s'embarquer le dernier, il a le devoir aussi de prendre le commandement de la chaloupe. Celui du canot revient au second qui aurait pu s'embarquer dès le commencement. Le mousse et le cuisinier ne sont pas de ceux que l'on garde en réserve. Il y avait dans tout cela des invraisemblances choquantes pour un marin, — l'indice d'un crime. Après s'être concerté avec plusieurs capitaines au long cours, qui partagèrent son opinion, M. Aubert sollicita une contre-enquête.

Elle eut lieu au mois de mars 1865, à Nantes, où se trouvait dans sa famille le novice Julien Chicot, le seul qui n'eût pas encore repris la mer. Interrogé par le directeur des mouvements du port et par le commissaire de marine, le pauvre garçon s'efforça de répondre selon les leçons de Lénard et de Carbuccia. Mais doublement terrifié par les menaces de ses complices et par les nouvelles recherches de l'autorité maritime, Chicot, qui avait pris une part subalterne aux actes criminels, se troubla, se contredit, et prévenu qu'on le rappellerait au besoin, tomba dans une tristesse profonde.

Sa mère en fut frappée. — Il voulut lui donner le change, elle ne le crut point, le harcela de questions, et lui ayant arraché le récit complet des événements, n'hésita pas à lui ordonner de tout révéler à la justice.

— Mais je risque d'être condamné à mort, moi aussi!

— Eh bien, tu te repentiras, et ton âme éternelle sera sauvée!

Vaincu par la pieuse fermeté de cette mère énergique, le novice obéit et révéla au juge d'instruction les crimes qui s'étaient succédé à bord du *Fœderis-Arca.*

Des ordres furent immédiatement donnés pour faire arrêter tous les gens qui montaient le navire. Le Corse Carbuccia fut trouvé à Marseille, l'astucieux Lénard à Anvers, le hideux Thépaut au Havre ; Hoëlic, Marnier, Tessier, Leclerc, furent successivement pris aux divers coins du monde.

Daoulas, embarqué à Montévidéo par les soins du consul de France, à bord d'un trois-mâts français en partance pour le Havre, y fut mis aux fers sous une tente qui lui servait de prison. Dans la Manche, deux jours avant l'arrivée du navire, il trouva le moyen de s'enfuir, en se glissant à la mer avec une cage à poules.

Le capitaine de ce navire, traduit devant la cour de Rouen en suite de cette évasion, prouva clairement qu'il ne l'avait point favorisée, et fut acquitté. Daoulas avait-il ou n'avait-il pas à bord des compères ayant commis la mauvaise action de le soustraire aux poursuites ? Périt-il en mer ? Trouva-t-il un asile ? — En mars 1867, le bruit courut qu'il avait été arrêté à Trèves, dans la Prusse Rhénane ; des soldats prussiens l'avaient escorté la baïonnette aux reins, jusque dans les prisons de Metz, et de Metz, toujours sous bonne escorte, on l'avait expédié à Brest. Mais à Brest on ne tarda point à reconnaître qu'il y avait erreur de personne, et qu'un infortuné déserteur du 78e de ligne avait eu la mauvaise fortune d'être pris pour Daoulas.

Une ordonnance de non-lieu mit hors de cause le passager Orsini, témoin précieux dont la disparition donna lieu à un conte qui circula durant quelques jours. On disait qu'il avait été trouvé déguisé en Indien à Matchouala, au Mexique, et mis en état d'arrestation par un capitaine français, commandant la place.

Au mois de décembre 1865, les accusés étaient détenus à Nantes. Lénard s'occupait à gréer un petit modèle de navire dont le pavillon portait l'inscription : « Souvenir de l'équipage du *Fœderis-Arca.* » — Odieux souvenir ! Hoëlic et Thépaut ne témoignaient aucune inquiétude. Ce dernier refusant de se laisser photographier, dit rudement :

— Vous aurez ma tête, mais vous n'aurez pas mon portrait. C'est bien assez que nos noms paraissent dans les journaux.

Il était évident que le crime était bien celui de piraterie, tel que le définit la loi. La question de compétence fut néanmoins soulevée. Elle entraîna d'interminables longueurs, si bien que le procès ne fut appelé qu'en juin 1866, par-devant le tribunal maritime de Brest.

Sur ces entrefaites, Marnier était mort en prison. Ses camarades le chargèrent à qui mieux mieux des méfaits les plus horribles. L'accusation appelait toute la rigueur des lois sur Lénard, Hoëlic, Thépaut, Carbuccia, Pierri et Tessier. En ce qui concernait les deux novices Chicot et Leclerc, le ministère public déclarait s'en rapporter aux appréciations des juges.

Nonobstant le réquisitoire du commissaire impérial, le charpentier Tessier et le mulâtre Pierri eurent le bonheur d'être acquittés, ainsi que les deux novices Leclerc et Julien Chicot.

Lénard, Carbuccia, Hoëlic et Thépaut, condamnés à mort, furent exécutés à Brest, le 11 octobre, à six heures du matin.

Le contre-partie de ce célèbre drame maritime nous a été offerte en 1885 : cette fois c'est le capitaine qui se livre à des actes coupables. Au mois de février, on reçut la nouvelle des événements tragiques qui avaient ensanglanté le *Wellington*, trois-mâts barque anglais, parti du Havre le 20 janvier pour New-York, avec un chargement de barils vides.

Le navire se trouvait à environ 400 milles des Sorlingues, lorsque l'équipage se révolta, mais voici pourquoi : le capitaine Armstrong, en proie à une attaque de *delirium tremens*, avait tiré sur l'équipage et blessé deux hommes. On n'aurait pu se rendre maître de lui qu'en le tuant. Le second avait pris le commandement du bateau et fait route vers le port le plus proche des côtes d'Angleterre.

Il est certain que sous une influence fâcheuse, quelques hommes peuvent porter la terreur sur un navire, entraîner des gens faibles, les amener à commettre des violences : c'est l'histoire de toutes les révoltes à bord des navires. Ce qui paraît plus extraordinaire, c'est que deux ou trois forcenés puissent se faire redouter de tout un équipage, comme il est arrivé au commencement de janvier 1886, à bord du *Franck-N.-Thayer*.

Le 12 janvier, les habitants de l'île de Sainte-Hélène étaient mis en émoi par l'arrivée d'une embarcation non pontée, montée par dix-sept personnes ; le capitaine Clarke, sa femme et son fils et quatorze matelots du voilier américain le *Franck-N.-Thayer*. Le capitaine et quatre matelots étaient blessés, les autres dans un déplorable état. Depuis huit jours, ils avaient abandonné leur bâtiment incendié par deux Malais qu'on avait engagés à Manille. Ces Malais s'étaient rendus maîtres du navire pendant près de quarante-huit heures, après avoir tué cinq hommes, blessé le capitaine et plusieurs marins, et terrifié le reste de l'équipage.

Voici le récit de cet extraordinaire attentat : le *Franck-N.-Thayer* allait de Manille à Boston. Parmi les hommes de son équipage se trouvaient les deux Malais, excellents matelots, très appréciés de tous. Le 2 janvier, on était à environ 700 milles au sud-est de Sainte-Hélène, faisant bonne route, par un temps favorable, quand à minuit, les deux Malais, qui ne s'étaient pas quittés de la soirée, tombèrent à coups de couteau sur les deux officiers chefs de quart, au moment où ceux-ci se rendaient le service; tuèrent l'un d'eux, et blessèrent l'autre à mort.

Celui-ci eut néanmoins la force de se jeter dans l'escalier conduisant à la chambre du capitaine Clarke, et de l'appeler. Le capitaine, qui s'était couché à dix heures, crut qu'on le réveillait pour affaire de service, mais à peine eut-il atteint le dernier échelon de l'escalier montant de sa cabine au pont, qu'il reçut à son tour un formidable coup de couteau dans le côté et un autre en plein visage. Malgré ses terribles blessures, il eut l'énergie de faire tête à l'assaillant; mais le Malais continuant à le frapper avec son arme, le capitaine tomba baignant dans son sang à la porte de sa cabine, et les assassins le croyant mort, remontèrent sur le pont.

Mme Clarke s'était éveillée; sans perdre un instant, sans une défaillance, elle pansa les blessures de son mari, qui avait pu s'armer d'un revolver. Un matelot l'avait rejoint; mais celui-là mourait de peur : il avait vu tuer les deux officiers et demeurait terrifié.

A peine les blessures du capitaine étaient-elles pansées que les Malais revinrent vers sa cabine et tentèrent de s'y introduire en passant par une des fenêtres. Le capitaine tira au hasard deux coups de revolver qui décidèrent les assassins à battre en retraite.

L'homme préposé à la barre du gouvernail avait assisté à la scène de carnage sans oser faire un mouvement. Les Malais ne le ménagèrent pas plus que les autres; d'un coup de couteau ils l'étendirent mort et le jetèrent par-dessus le bord, — comme ils avaient fait des deux officiers. Une demi-heure plus tard, ce fut le tour d'un autre matelot et du charpentier. Le cuisinier, un Chinois, trouva grâce devant eux.

Ce n'était pas fini. Les Malais cherchèrent alors à pénétrer dans la partie réservée au logement de l'équipage ; là, ils rencontrèrent de la résistance; néanmoins, armés de leurs couteaux plantés dans de longs manches de bois, ils parvinrent encore à blesser quatre hommes.

Le jour se leva sur ces tristes scènes; le capitaine, dans un état d'extrême faiblesse, était incapable de faire un mouvement; les Malais se barricadaient sur le pont en prévision d'un retour agressif ; les survivants de l'équipage n'osaient se montrer. Cinq hommes tués et jetés à la mer, cinq blessés, tel était le bilan de la nuit. Un matelot s'était réfugié dans la mâture ; il dut se mettre en défense et s'armer d'une petite

Pavillons-Noirs.

poulie qu'il maniait comme une fronde. Il eut raison de prendre ses précautions, car un des assassins lui donna la chasse dans la mâture, mais le matelot put le tenir à distance.

La nuit du 3 au 4 janvier se passa sans incidents. Le 4 au matin, le capitaine put se lever malgré sa faiblesse ; il releva le courage du marin qui s'était réfugié dans sa cabine, l'arma d'un revolver et ouvrit le feu sur les Malais. L'un de ceux-ci ayant été blessé au pied, M. Clarke se décida à courir sus aux deux forcenés. Les Malais firent tête, mais l'un d'eux ayant reçu une balle en pleine poitrine poussa un grand cri et se précipita à la mer.

Au bruit, l'équipage se mit en mouvement, fit brèche dans la barricade avec des barres de cabestan, et parvint à rejoindre le capitaine.

Les marins américains se croyaient sauvés, mais ils n'étaient qu'au commencement de leurs traverses : déjà une fumée âcre et épaisse montait de la grande écoutille, et leur annonçait que d'un danger ils tombaient dans un autre. En effet, le Malais qui restait à bord avait disparu dans la cale du navire toute remplie de chanvre formant le chargement. Après avoir éventré plusieurs balles, il avait répandu sur ces matières textiles du goudron et y avait mis le feu.

On tira des coups de revolver sur l'incendiaire qui, blessé sans doute, surgit au milieu des assaillants, s'élança sur le pont et, d'un bond, se précipita à l'eau.

Les marins voulurent en finir avec ce misérable. Quelques secondes plus tard, frappé d'une balle, il disparaissait.

Mais l'incendie gagnait ; il fallut perdre tout espoir de sauver le trois-mâts et songer à l'évacuer. Le capitaine fit mettre des vivres dans les deux canots et, quand toute chance favorable eut disparu, il fit embarquer l'équipage.

Dans la soirée le beau voilier n'était plus qu'une épave. La mâture s'était effondrée ; le feu faisait brèche dans sa muraille. On fit alors route sur Sainte-Hélène, en se servant de couvertures en guise de voiles. Pour comble de malheur, à moitié route une des embarcations chavira ; il fallut recueillir son équipage, et c'est ainsi, entassés dans une frêle embarcation, que ces malheureux arrivèrent à Sainte-Hélène, après toute une semaine de souffrances.

On peut croire que les deux Malais avaient agi sous l'empire d'une de ces folies furieuses où les jette l'usage de l'opium. Leur conduite n'est pas autrement explicable.

Des rébellions devaient inévitablement se produire à bord des navires qui eurent mission de ramener dans leur pays les pirates connus sous le nom de Pavillons-Noirs, lorsque leur rôle s'effaça au Tonkin.

A la fin de l'année 1885, le pilote anglais d'un vapeur chinois, chargé d'un de ces rapatriements, adressa à un journal de Dublin une lettre contenant des détails épouvantables sur les scènes qui s'étaient produites à bord de ce navire.

C'est à Amoy que les Pavillons-Noirs avaient été embarqués pour Hankou, au nombre de 2,500; on put en désarmer un millier avant l'embarquement, mais les autres, ivres pour la plupart, firent violemment irruption sur le navire, s'introduisant partout.

Le vapeur avait à peine quitté le port d'Amoy que tout ce monde, bien pourvu d'argent, se mit à jouer et à se quereller ; pendant toute la nuit ce fut une suite non interrompue de batailles ; des hommes furent poignardés, étranglés, jetés par-dessus bord, écrasés ou étouffés. L'équipage n'osa pas intervenir.

A l'aube, on relevait les cadavres par douzaines. Un groupe de Pavillons-Noirs avait pris possession des locaux où se trouvaient les provisions d'eau ; on la refusait à l'équipage, qui était altéré par une chaleur suffocante. D'épouvantables batailles se produisirent entre les défenseurs des barriques d'eau et les assaillants qui cherchaient à s'en emparer.

Les aliments furent aussi accaparés ; les forcenés jetaient les sacs de riz dans la mer et menaçaient les cuisiniers de les égorger. L'effervescence avait atteint ses dernières limites, et tout indiquait que les Pavillons-Noirs s'apprêtaient à massacrer le capitaine et l'équipage ; mais le commandant du navire avait viré de bord et naviguait à toute vapeur vers Amoy. Un bâtiment de guerre approcha aux signaux ; on put enfin rétablir l'ordre ; on fit passer les Pavillons-Noirs sur des canonnières chinoises ; ceux qui n'obéissaient pas étaient jetés à l'eau. Cinq émeutiers furent décapités, une centaine reçurent la bastonnade, bon nombre se noyèrent pour échapper au châtiment. On trouva même peu après, cinq cadavres dans la cale ; et l'équipage dut s'estimer heureux d'avoir été sauvé, grâce à la présence d'esprit du capitaine.

CHAPITRE XX

DÉSERTIONS DE MARINS, FRÉQUENTES AUTREFOIS ; ATTRACTION DES ILES DE LA POLYNÉSIE ; LE *Rambler* ET LE CAPITAINE POWELL AUX ILES TONGA ; UN ROBINSON PEU SYMPATHIQUE : L'IRLANDAIS PATRICK WATKINS ; LES REBELLES DE LA *Bounty* A L'ILE PITCAIRN ; L'ILE JUAN-FERNANDEZ : LES ROBINSONS VRAIS ; ALEXANDRE SELKIRK, MODÈLE DU ROMAN DE DANIEL DE FOË ; LES SOLITAIRES DE L'ILE PELL DÉCOUVERTS PAR LE CAPITAINE LÜTKE ; UN AUTRE ROBINSON : LE MOUSSE NARCISSE PELLETIER ; LE PETIT GISLES COUTURE CHEZ LES PEAUX-ROUGES ; LE CAPITAINE BARNARD AUX ILES MALOUINES.

Autrefois les désertions étaient fréquentes à bord des navires qui jetaient l'ancre devant des îles nouvellement découvertes. Des matelots ayant à redouter un châtiment essayaient de s'y soustraire, dussent-ils renoncer pour jamais à leur patrie. D'autres, fatigués par de périlleuses navigations, se trouvaient tout d'un coup séduits par le tableau d'une vie heureuse et calme, sur une de ces terres fortunées que recèle la Polynésie ; l'ambition, le désir de dominer, l'espoir de se placer à la tête d'une peuplade ignorante, devenait le mobile de certains autres. Aujourd'hui, ces îles fréquentées par les marins de tous les pays, n'offrent plus le même attrait, et les désertions de matelots sont bien moins nombreuses.

Certains faits ne datant que du siècle dernier ont pour nous l'étrangeté du roman. Tels sont les événements qui amenèrent la mort du capitaine Powell. Ce marin anglais se recommandait déjà à vingt-trois ans par la découverte du groupe austral qui porte son nom. Il partit sur le *Rambler* pour la pêche du cachalot dans le grand Océan, emmenant avec lui un jeune étourdi, qui lui avait été recommandé par sa famille Le baleinier vint mouiller dans le port du Refuge, sur la côte ouest de Vavao, l'une des îles Tonga. Des relations d'intimité s'établirent aussitôt avec les naturels.

Tout allait pour le mieux ; ceux-ci apportaient aux navigateurs des cocos, des bananes, des fruits à pain, des cannes à sucre ; le capitaine Powell faisait des présents aux naturels de l'île; leur roi Houloulala était presque toujours à bord du baleinier ; il y couchait même ; sa fille Ozela montrait une affection enfantine pour John, le jeune protégé du capitaine. Mais quelques difficultés survinrent à la suite de plusieurs larcins commis par les sauvages...

Un soir, un émissaire vint prier le roi de descendre à terre. Celui-ci se rendit à ce désir avec une précipitation qui inspira des soupçons Il n'était plus possible de le retenir, quand l'appel de l'équipage fit découvrir l'absence de cinq hommes ; John était du nombre. La défiance devint extrême, et toutes les craintes furent augmentées par le rapport d'un matelot né dans les Indes, qui, après un séjour de quelques années dans l'île, venait de prendre du service sur le *Rambler*.

On l'envoya à terre ; il y trouva toute la population en mouvement et prête à prendre le parti des déserteurs. Persévérant dans son dévouement, l'Indien accepta une nouvelle mission auprès du chef, avec ordre de traiter d'abord pour le renvoi des cinq hommes, et en cas de non-réussite, pour la rançon du seul John.

Rien ne put décider Houloulala à renvoyer tous les blancs qui s'étaient joints à sa peuplade ; mais il se montra plus accessible quand, pour l'échange de John, on lui offrit quelques livres de poudre, une provision de balles, des pierres à fusil et un mousquet. Le marché allait se conclure, quand la fille du chef, en montrant à son père la douleur que lui causait le départ du jeune Anglais, fit échouer les négociations.

Il fallut recourir à d'autres moyens : deux grandes pirogues de guerre des îles Hapaï se trouvaient au mouillage entre le *Rambler* et la côte. Le capitaine Powell résolut de s'en emparer comme gages. Il crut qu'il suffirait de quelques coups de fusil pour en éloigner ceux qui les gardaient ; mais les insulaires, avec leur adresse ordinaire, se jetèrent à l'eau du côté abrité, et parvinrent adroitement à haller les pirogues à terre.

Georges Powell, désespéré de ce mauvais succès, assembla ses officiers pour leur exposer sa position : chargé par une famille honorable de veiller sur son enfant, il se croyait obligé de ne rien épargner pour arracher l'imprudent au sort qu'il se préparait. On résolut de tenter l'impossible.

Le 3 avril, au lever du soleil, des groupes de naturels couvraient les plages de port Refuge, suivant attentivement les mouvements du navire baleinier. Les pirogues avaient disparu ; mais on finit par découvrir qu'elles se trouvaient sur un point éloigné de la baie. Powell fait aussitôt appareiller son navire, tire quelques coups de canon pour effrayer les insulaires, et se dirige vers les pirogues. Lorsqu'il est près d'elles, il arme deux canots, s'embarque et, protégé par le feu de la baleinière, il réussit à mettre à la mer la plus grande des deux pirogues qu'il amène à la remorque.

Il crut qu'il lui serait aussi facile de s'emparer de la seconde pirogue. Il repart avec un seul canot et débarque sans obstacle. Se sentant soutenu par les canons de son navire, il n'hésite pas à avancer ; les insulaires, armés de lances, de haches et de casse-tête, cachés près du rivage, attendaient le moment d'agir ; mais les canons du baleinier les tenaient en respect. A un moment, ils observèrent avec une étonnante sagacité que le navire, forcé par le peu de profondeur de l'eau de virer de bord, leur présentait son avant et ne pouvait faire feu. Ils s'élancent et attaquent les Anglais.

Revenus de leur première surprise, ceux-ci se défendent avec bravoure ; mais avant qu'ils aient rechargé leurs armes ils sont enveloppés ; leur canot est encore à flot, ils tentent d'y rentrer et de fuir. Dans ce mouvement, Powell est atteint par derrière d'un coup de hache qui l'abat. Plusieurs officiers et matelots partagent son sort ; deux matelots seulement parviennent à regagner le baleinier à la nage, et encore l'un d'eux était-il dangereusement blessé d'un coup de sagaie, celui-là même qui a raconté les péripéties de ce drame.

De tous côtés retentissait le bruit de la conque guerrière, les sauvages couraient aux armes ; leurs pirogues se réunissaient pour une attaque générale. Dans cette situation périlleuse, l'équipage affaibli du *Rambler* n'eut d'autre ressource que d'abandonner la pirogue capturée, de forcer de voiles et de s'éloigner en toute hâte.

Ces faits se passaient en 1826. La désertion de quelques marins était la cause de cet épouvantable massacre...

C'est aussi à la suite d'une désertion que nous trouvons dans une île de l'Océanie, voisine du continent américain, un Robinson des moins sympathiques.

En 1805, un Irlandais, nommé Patrick Watkins, ayant déserté d'un navire anglais, se construisit une hutte dans l'île Charles, faisant partie de l'archipel des Gallapagos, qui appartient au Pérou. Dans un petit coin de terre, le seul cultivable de l'île, il parvint à faire pousser des

Powell est atteint par derrière d'un coup de hache.

pommes de terre et des citrouilles, en assez grande quantité pour en vendre aux marins dont les navires venaient mouiller dans ces parages, ou en échanger contre de l'eau-de-vie.

L'extérieur de cet homme était aussi repoussant que possible : ses haillons le couvraient à peine ; ses cheveux rouges, sa barbe mêlée, sa peau horriblement brûlée par le soleil, lui donnaient un aspect sauvage auquel ajoutaient encore ses manières. On ne pouvait le regarder sans effroi. Pendant plusieurs années, cet être misérable vécut seul dans cette île déserte, sans aucun désir que de se procurer de l'eau-de-vie — comme s'il voulait se maintenir dans un état d'ivresse habituel. Il paraissait être réduit au dernier degré de l'abrutissement. Mais si dégradé et si misérable qu'il fût, il conçut le projet de forcer plusieurs individus à travailler pour lui.

Il réussit à se procurer un vieux fusil, une certaine quantité de poudre et quelques balles. Il se regarda dès lors comme le souverain de l'île, avec le désir d'user de son autorité à l'égard de ceux qui lui tomberaient sous la main.

Sa première victime fut un noir, commis à la garde d'une chaloupe appartenant à un navire américain, qui avait relâché à la hauteur de l'île pour s'y procurer de l'eau.

L'Irlandais, armé de son mousquet, se rendit à l'endroit du rivage où avait touché la chaloupe, et ordonna au noir de le suivre. Celui-ci fit quelque résistance, et deux fois le mousquet fut mis en joue, mais ne partit pas ; cependant le nègre, intimidé, consentit à obéir.

Alors Patrick mit son mousquet sur son épaule, et conduisit son captif à sa hutte. Chemin faisant, il lui déclara qu'il le considérait désormais comme son esclave, et que la manière dont il serait traité dépendrait de sa conduite. Au moment où ils suivaient un passage étroit, le nègre, voyant que Patrick n'était pas sur ses gardes, le saisit, le jeta à terre, lui attacha les mains sur le dos, et, le chargeant sur ses larges épaules, l'emporta vers la chaloupe, d'où il fut transporté à bord du navire américain.

Un contrebandier anglais était alors aussi mouillé dans le havre de l'île Charles. Le capitaine condamna Patrick à être fouetté à bord des deux navires, sentence qui reçut son exécution. Après quoi l'Irlandais, les mains étroitement enchaînées, fut reconduit à terre par les contrebandiers anglais.

Ils le forcèrent à montrer l'endroit où il cachait les dollars, produits de la vente de ses légumes aux marins de passage, et ils les lui prirent. Mais pendant qu'ils se faisaient un passe-temps de détruire sa hutte et son champ, le misérable parvint à leur échapper et se cacha parmi les rochers dans l'intérieur de l'île, jusqu'à ce que les contrebandiers eussent remis à la voile.

Alors il sortit de sa cachette, et, au moyen d'une vieille lime qu'il enfonça dans un arbre, il se débarrassa de ses menottes.

Après le mauvais succès de cette première tentative, le farouche Irlandais, plus méchant que jamais, chercha un autre moyen d'arriver à ses fins. Il se promit de mieux réussir en faisant boire à l'excès les matelots qui se hasarderaient dans son île. Grâce à ce piège, pensait-il, il pourrait les tenir cachés dans quelque endroit d'un difficile accès.

Ce scélérat réalisa ce qu'il avait si bien arrangé dans ses calculs. Il eut ainsi jusqu'à quatre compagnons qu'il domina tyranniquement. Il fit tout son possible pour leur procurer des armes. On suppose que son but était de surprendre quelque navire, et, après avoir massacré l'équipage, de s'en emparer.

Si telles étaient ses visées, il dut en rabattre et se contenter d'une embarcation, dont il se rendit maître par fraude, et qui lui permit de gagner le continent américain. Il débarqua à Guayaquil et se rendit à Payta, où sa mauvaise mine le fit arrêter et jeter en prison. Tels sont les faits rapportés par un capitaine Porter, dont il ne faut sans doute pas suspecter la bonne foi.

Nous avons raconté la fameuse rébellion de la *Bounty*, et suivi le capitaine Bligh et ses compagnons dans cet étonnant voyage d'une chaloupe montée par dix-neuf hommes, qui accomplit une traversée de 1,300 lieues, en n'ayant qu'une très petite quantité de vivres. Il nous reste à dire ce qu'il advint des matelots rebelles demeurés à bord de la *Bounty*, et retrouvés plus tard dans l'île Pitcairn.

Trente années avaient presque fait oublier cette célèbre mutinerie, lorsque le capitaine Folger, commandant le navire américain *Topaz*, raconta à Valparaiso qu'il avait découvert dans l'île Pitcairn les derniers survivants de la *Bounty*. C'était en 1809. L'amirauté anglaise se préoccupa de ce fait.

En 1814, les navires de S. M. britannique le *Briton*, commandé par sir Thomas Stains, et le *Tagus*, capitaine Pipon, traversant l'océan Pacifique, reconnurent que non seulement l'île Pitcairn était habitée, mais encore que les insulaires y parlaient très bien l'anglais. Leurs équipages, interpellés dans cette langue, furent peu après visités par les habitants de l'île, venus dans un canot marchant à la voile.

On sut alors ce qu'était devenu le restant de l'équipage de la *Bounty* après l'expulsion du capitaine Bligh et des marins de son navire demeurés fidèles.

Les rebelles racontèrent que la *Bounty*, dont l'un d'eux, Fletcher Christian, avait pris le commandement, fut dirigée sur la petite île Tabouai, où les naturels ne voulurent pas laisser s'établir les hommes blancs, leur disputant le terrain pied à pied. On décida de retourner à Taïti.

Ils furent bien reçus par les insulaires qu'ils avaient quittés depuis peu, et à qui ils durent raconter, pour expliquer leur retour, que le capitaine Bligh ayant reconnu une île favorable pour un établissement, y était débarqué avec une partie de son équipage. On les crut, et, suivis de quelques indigènes, les marins révoltés de la *Bounty* tentèrent, une seconde fois, de pénétrer à Tabouai, mais sans réussir davantage à s'en rendre maîtres.

Il fallut retourner à Taïti.

La plupart des rebelles se décidèrent à demeurer dans cette île ; ceux-là eurent sujet de s'en repentir plus tard, lorsqu'ils furent enlevés par le bâtiment anglais *la Flore*, ramenés en Angleterre, et condamnés à mort par une cour martiale.

Mieux avisés, les autres, parmi lesquels Christian, John Adams, Quinttal, Edouard Young, Mac-Coy, ne restèrent pas longtemps à Taïti. Après avoir partagé avec leurs compagnons les ustensiles et les provisions que contenait le navire, ils dirigèrent la *Bounty* vers une île inhabitée.

Ils ne s'y rendirent pas seuls : plusieurs femmes de Taïti et des insulaires, invités par les marins à venir à leur bord, furent emmenés plutôt de force que de plein gré.

L'île Pitcairn allait être choisie comme refuge. C'est une île située à l'extrémité méridionale de l'archipel des Iles Basses, et tout à fait sous le Capricorne. Entourée de rochers, dépourvue de port, elle n'a aucune importance en raison de son peu d'étendue.

Christian dirigea la *Bounty* vers cette île, où le débarquement eut lieu le 23 janvier 1790. Les rebelles démolirent ensuite le navire et le brûlèrent, dans la crainte qu'on ne les découvrît. Ils construisirent leurs habitations dans un endroit éloigné du rivage, et masqué par des bois à la vue des bâtiments qui passeraient au large de l'île.

Pitcairn fut nommée *Bounty-Bay*. Nous n'étonnerons personne en disant que les marins anglais traitèrent d'une façon tyrannique les Taïtiens qu'ils avaient emmenés avec eux : six hommes et plusieurs femmes.

Au moment où la colonie semblait être en voie de prospérité, un des révoltés, l'armurier Williams, perdit la femme qu'il s'était choisie parmi les Haïtiennes, et exigea qu'on lui remplaçât sa compagne, menaçant de quitter l'île s'il éprouvait un refus.

Les Polynésiens indignés décidèrent la perte des blancs. Un premier complot, avorta ; mais peu de temps après les insulaires, bien résolus à massacrer leurs oppresseurs, empruntèrent des armes sous prétexte d'aller chasser des cochons sauvages, et se rendirent dans un champ d'ignames où ils surprirent Williams et Christian qu'ils massacrèrent. Deux autres Anglais subirent le même sort. Adams eut la gorge traversée par un coup de mousquet que lui portèrent les assassins. Quoique blessé, il allait réussir à s'échapper, ce que voyant, les Taïtiens le rappelèrent, et lui promirent la vie sauve. Young, que les insulaires aimaient, fut également épargné. Quinttal et Mac-Coy purent se réfugier dans les montagnes.

Cinq des Européens sur neuf avaient péri dans cette journée. Le massacre des Anglais fut bientôt vengé par le meurtre des hommes de Taïti. Ce fut la dernière tragédie que vit s'accomplir l'île Pitcairn. Les survivants, paisibles possesseurs du sol, y fondèrent un établissement durable.

A la date du 3 octobre 1793, il ne restait dans l'île Pitcairn que quatre hommes blancs, dix femmes et quelques enfants. Edouard Young commença alors à écrire un journal, qui donne une idée de l'état de l'île et des occupations de ses habitants ; on les voit vivant dans une tranquillité parfaite, bâtissant leurs maisons, cultivant les terres, allant à la pêche. Le seul nuage, fut le mécontentement des femmes indigènes, qui se refusaient absolument à rendre les crânes des Européens assassinés par les Taïtiens, et s'opposaient à ce qu'on leur donnât la sépulture.

Adams et Young furent bientôt seuls en vie, des quinze hommes — blancs ou jaunes — débarqués à Pitcairn. Ces deux marins réglèrent avec beaucoup d'ordre la vie de famille. De l'union des Anglais et des femmes polynésiennes provenait une nouvelle génération remarquable par la beauté de ses formes, et qui grandit sous la direction bienfaisante de John Adams. Édouard Young mourut quelques années après.

En 1825, quarante ans après le révolte de la *Bounty*, l'île Pitcairn fut visitée par le capitaine Beechey, commandant du *Blossom*, et ayant appartenu à l'équipage du navire commandé par Bligh.

En ce moment l'établissement des colons comptait soixante-six personnes. Nous détachons les lignes suivantes de la relation du capitaine Beechey :

« L'intérêt qu'excita l'annonce que l'on apercevait du haut des mâts du *Blossom* l'île Pitcairn, amena tout le monde sur le pont, et donna lieu à une suite de réflexions qui accrurent l'envie que nous avions de communiquer le plus tôt possible avec ses habitants, de voir et de partager les plaisirs de leur petite société, et de connaître d'eux toutes les particularités relatives au sort de la *Bounty ;* mais l'approche de la nuit nous força de remettre au lendemain l'accomplissement de nos désirs.

Nous longeâmes alors le côté de l'île reconnu et sondé par le capitaine Carteret, avec l'espoir d'y mouiller ; dans cette position nous eûmes la satisfaction d'apercevoir un bateau à voile, se dirigeant sur nous. Au premier abord, l'équipement complet de cette embarcation nous fit douter qu'elle fût la propriété des insulaires, et nous en conclûmes qu'elle devait appartenir à l'un des bâtiments baleiniers de la côte opposée; mais bientôt nous fûmes agréablement surpris par la singulière composition de son équipage. C'était le vieil Adams et tous les jeunes hommes de l'île. »

D'après la même relation, Adams était alors un homme de soixante-cinq ans, d'une force et d'une activité rares à cet âge. Il portait une chemise de matelot, une culotte, un chapeau bas de forme, qu'il tenait presque toujours à la main. Il conservait les manières d'un marin, inclinant la tête légèrement toutes les fois qu'un officier lui adressait la parole.

C'était la première fois que le vieux matelot se trouvait à bord d'un navire de guerre depuis la révolte de la *Bounty*, ce qui produisait chez lui un certain embarras, mais sans aucune appréhension pour sa sûreté personnelle, après les assurances de bons sentiments reçues par lui, tant du gouvernement britannique que de beaucoup d'autres personnes.

Les jeunes insulaires, au nombre de dix, étaient de haute taille, robustes et de bonne santé. L'apparence d'un bon naturel répandue sur toute leur personne leur avait procuré partout un accueil amical. Les pièces de leur costume provenant de présents faits par des capitaines et des équipages de bâtiments marchands, formaient un ensemble bariolé. Quelques-uns ne portaient pour tout vêtement qu'une chemise, d'autres rien qu'un gilet; aucun d'eux n'avait de souliers ni de bas, deux seulement possédaient un chapeau.

L'accroissement de la population de l'île commençait à dépasser les ressources du sol ; le manque d'eau même devenait sensible. En 1830, le gouvernement anglais, pour satisfaire au désir des colons, les fit transporter à Taïti. La reine de ces îles leur accorda des concessions de terres ; mais ils ne purent s'habituer à leur nouveau séjour. Il fut permis à quelques-uns de retourner à Pitcairn, où, en 1841, la population comptait cent douze personnes. Enfin, en 1852, ces insulaires obtinrent encore de la reine Victoria la faveur d'être transportés à l'île Norfolk, petite île située entre la Nouvelle-Galles du Sud et la Nouvelle-Calédonie, pas plus grande que l'île Pitcairn, mais bien plus fertile, et ayant autrefois servi de lieu de déportation pour les *convicts* récidivistes de Botany-Bay.

John Adams était mort en 1829.

Nous arrivons aux Robinsons de l'île Juan-Fernandez : car il y en eut plusieurs successivement, dans ce lieu prédestiné, voisin des côtes américaines de la mer du Sud.

Lorsque le navigateur Juan Fernandez obtint du gouvernement espagnol la concession des îles qu'il venait de découvrir, à l'ouest du Chili, il établit dans une des îles qui ont conservé son nom, une colonie qui aurait pu y prospérer ; mais le désir de revoir leur patrie eut bientôt dispersé les nouveaux colons ; ils partirent, abandonnant quelques chèvres, qui se multiplièrent, et dont on voit encore aujourd'hui de nombreux troupeaux.

Quelques années plus tard, un navire périt sur les côtes de cette même île ; un seul marin échappa au naufrage. Ce malheureux attendit cinq années sa délivrance. Après lui, l'île principale du groupe Juan-Fernandez eut encore successivement quelques habitants, les uns exilés volontaires, les autres jetés par la tempête sur ce rivage hospitalier.

Enfin, vers l'année 1704, un nouvel hôte lui vint, qui devait lui donner dans l'avenir une incomparable célébrité, un marin écossais nommé Alexandre Selkirk, qui a fourni le modèle du *Robinson Crusoé,* de Daniel de Foë, et servi de type à la nombreuse et attrayante famille des Robinsons.

Alexandre Selkirk, natif de Largo, dans le comté de Fife, était maître d'équipage à bord du *Cinque-Ports,* commandé par le capitaine Stradling. Voué à la mer dès son enfance, Selkirk, selon les uns, était d'un caractère violent et d'un esprit enclin à l'insubordination. Il désertait, changeait de nom, passait d'un navire à l'autre, battait ses camarades et se rendait insupportable à ses chefs. Au rapport de quelques autres qui semblent l'avoir connu, c'était au contraire un jeune homme grave, réfléchi, mélancolique, et même porté au mysticisme.

Ce qui n'est pas douteux, c'est que, s'étant pris de querelle avec son capitaine, il se sentit saisi d'un profond dégoût de la vie, et demanda à êre abandonné sur l'île de Juan-Fernandez. La relâche du *Cinque-Ports* dura plusieurs jours, pendant lesquels Selkirk eut le temps de se livrer à de sages réflexions. Il fit donc sa soumission et demanda à rentrer en grâce ; mais le capitaine Stradling, homme dur et sévère, refusa de le reprendre à son bord. Le sort aveugle ne faisait pas la plus mauvaise part au marin écossais : quelques mois plus tard, le *Cinque-Ports* périssait, et avec lui une partie de son équipage.

Au moment où il quitta le vaisseau, Selkirk put emporter son hamac, quelques habits, un fusil, une livre de poudre et des balles, une hache, un couteau, un chaudron, du tabac, une Bible et les instruments de marine qui lui appartenaient.

Quand il vit s'éloigner ce vaisseau, où il avait eu sa place, et qu'il sentit toute l'horreur de son abandon, il tomba dans un profond désespoir. Les premiers mois furent bien tristes à passer. En se voyant seul, il reportait douloureusement sa pensée vers les biens dont l'avait privé sa funeste passion pour les voyages, sa folie à courir les aventures, quand il eût pu vivre si tranquillement au foyer paternel.

Enfin, l'obligation de pourvoir à ses besoins lui créa une puissante diversion. Il lui fallait s'ingénier, trouver des expédients, pour se nourrir, se loger, se vêtir, sur une île déserte.

Il se décida à se construire un abri avec quelques morceaux de bois et des peaux d'animaux. L'île de Juan-Fernandez était remplie de chèvres et de chats. Tant qu'il eut de la poudre, il tua des chèvres, et fournit sans trop de peine à sa subsistance : mais cette ressource lui manqua bientôt; la pêche des crabes et des congres, quelques baies sauvages y suppléaient insuffisamment. Il tendit des pièges aux jeunes chevreaux, mais sans beaucoup de succès ; il se vit alors contraint de prendre les chèvres à la course ; la chair et la peau de ces animaux lui étaient également indispensables.

C'était un exercice nouveau pour un marin et demandant de l'agilité. A peine couvert de quelques peaux grossièrement cousues, bras nus et jambes nues, il engageait des courses folles à la poursuite de bêtes qui sautent de rocher en rocher, s'élancent sur les parois les plus escarpées, sur les arêtes tranchantes ou les pics aigus ; avec elles il franchissait les torrents et bondissait par-dessus les buissons sans se ménager, on peut le croire, n'ayant d'autre moyen que de fatiguer la proie convoitée, jusqu'à ce qu'elle se rendit haletante et épuisée.

Ces expéditions n'étaient pas toujours exemptes de dangers. Un jour, au moment où il venait de saisir une chèvre, il tomba avec elle au fond d'un précipice, et y demeura longtemps privé de connaissance. Quand il reprit ses sens, il trouva la chèvre morte sous lui : il ne devait son salut qu'à la façon dont ce corps avait amorti sa chute. Le croira-t-on ?

Selkirk finit par acquérir une si merveilleuse agilité, que cette chasse périlleuse ne fut plus qu'un jeu pour lui; il lui arriva souvent, après avoir pris une chèvre, de la marquer à l'oreille, et de la relâcher, pour avoir le plaisir de la rattraper une autre fois.

D'autres occupations apportaient encore une amélioration matérielle à sa position. Les Européens qui, les premiers, étaient venus dans l'île, y avaient semé quelques légumes et planté des choux palmistes; Selkirk reprit ces cultures et améliora ainsi son régime. Pour se délivrer du voisinage importun des rats qui rongeaient ce que contenait sa hutte, et dévoraient ses provisions, il se mit à apprivoiser de jeunes chats.

Il se procurait du feu à la manière des sauvages, en frottant l'un contre l'autre deux morceaux de bois résineux.

Le marin écossais ayant réussi à pourvoir aux exigences les plus impérieuses de la vie matérielle, chercha un soulagement à son isolement dans la lecture et la méditation. La Bible lui fut d'un grand réconfort. Il travailla à son perfectionnement moral, apprit la patience, la résignation, le sacrifice... Par l'opiniâtreté de sa volonté, il s'élevait peu à peu de l'état de nature où il était subitement tombé, à un degré de perfection qu'il n'avait jamais connu dans le désarroi et la turbulence de sa vie de marin. Grandi à ses yeux et fier de lui-même, il se sentait de force maintenant à braver cette solitude écrasante.

Un jour, un navire espagnol aborda à Juan-Fernandez; d'abord Selkirk se cacha dans les bois, résolu à ne rien changer à son état. Comme il l'avoua plus tard, il craignait aussi que les Espagnols ne l'envoyassent dans leurs « présidios », où ils internaient leurs soldats déserteurs, les malfaiteurs et les vagabonds. Cependant, la vue de ses semblables produisit sur lui une impression qui vainquit raisonnements et craintes : il se montra donc sur la lisière du bois ; mais les Espagnols, effrayés de cette étrange apparition, lui tirèrent quelques coups de fusil qui l'obligèrent à se cacher de nouveau.

Quatre ans et trois mois s'étaient écoulés, et Selkirk prenait son parti d'être séparé à tout jamais du reste des vivants, lorsqu'un libérateur lui arriva. Woode Rogers et Dampier croisaient alors sur les côtes du Chili, avec deux corsaires, *le Duc* et *la Duchesse*, de Bristol. Le 1er février 1709, ils abordèrent à Juan-Fernandez, et Selkirk se rendit à eux; Dampier, qui l'avait connu autrefois, intervint en sa faveur, et détermina Woode Rogers à le recevoir à son bord.

Wöode Rogers, dans la relation de ses voyages (1712), publia les détails les plus circonstanciés sur le marin qu'il avait trouvé dans l'île Juan-Fernandez. Les aventures de Selkirk eurent dans toute l'Europe un grand retentissement. Daniel de Foë les popularisa bien davantage encore en écrivant son immortel roman de *Robinson*, pour lequel il utilisa peut-être des indications obtenues directement du marin écossais, devenu l'une des célébrités des tavernes de Londres.

Deux hommes de devoir oubliés dans une île et qui semblaient bien y avoir été abandonnés :

Le capitaine Lütke, de la marine russe, abordant au port de Lloyd, de l'île Peel, — l'une des îles du groupe de Bonin-Sima (Micronésie), — eut la suprise d'y trouver deux matelots établis là dans l'attente d'un baleinier qui devait venir les prendre. Ces deux matelots appartenaient à l'équipage d'un navire baleinier, *le Williams*, échoué dans une anse du port Lloyd, dans l'automne de 1826. Tout l'équipage s'était sauvé à terre.

A peu de temps de là, un autre baleinier, *le Timor*, appartenant au même armateur, vint mouiller dans ce port, et tous les naufragés, à l'exception de deux, s'embarquèrent sur ce navire. Ces deux matelots, qui consentaient à demeurer dans l'île pour sauver ce qu'on pourrait du baleinier naufragé, se nommaient Wittrien et Petersen. Le capitaine du *Timor* leur promit de les délivrer l'année suivante.

Confiants dans cette promesse — qui ne devait pas se réaliser — les deux marins s'installèrent le plus commodément qu'il était possible. Ils construisirent une maisonnette formée de bordages du *Williams*, couverte de toile à voile. Une table, deux hamacs, un coffre, des fusils, une Bible, un volume de l'Encyclopédie britannique, des instruments de pêche et deux estampes, garnissaient cette habitation unique sur les îles Bonin.

Au rapport du capitaine Lütke, qui s'est complu à décrire la retraite des deux matelots, appelés par lui les anachorètes de Bonin, il y avait attenant un petit réduit, couvert de plaques de cuivre ; à côté un magasin ; un peu plus loin deux marmites pour servir de saunerie ; sur le rivage, deux canots en planches doublés en cuivre ; partout, dans une association de dénûment et de confort, des créations du génie inventif de l'homme.

Divers sentiers conduisaient de la maison à des bancs placés dans les endroits d'où l'on pouvait le mieux découvrir la mer. Les deux marins y passaient des journées entières, attentifs à découvrir quelque navire, messager de leur délivrance. Cet insurmontable sentiment de tristesse qui s'empare de l'homme éloigné de la société de ses semblables, troublait une vie qui, avec les ressources que leur offrait la richesse du sol, sous un beau climat, jointes aux épaves qu'ils étaient parvenus à arracher à la mer, aurait sans doute pu être supportable.

Ils possédaient un superbe troupeau de porcs, provenant de quelques animaux de cette espèce sauvés du naufrage. Ainsi nulle inquiétude pour la subsistance... Ces porcs erraient en liberté; mais au coup de sifflet qui leur était connu, ils accouraient au gite, de toutes les parties de l'île. Petersen « avait même apprivoisé un petit cochon, absolument comme un épagneul de boudoir; il couchait dans la maisonnette et dansait. »

Voici comment les Robinsons de l'île Pell furent découverts par le capitaine Lütke.

Cette île du groupe de Bonin surgit de la mer en une masse montagneuse, couverte d'une riche végétation. Près de la mer, une bordure de rochers âpres et nus s'élève de trois cents pieds au-dessus de l'eau; en plusieurs endroits s'ouvrent des plages sablonneuses, dominées presque abruptement, à la hauteur de sept ou huit cents pieds, par ces montagnes boisées jusqu'à leurs sommets, qui donnent à l'île un caractère très pittoresque. Aux environs de l'île, et plus nombreux à la pointe méridionale, des îlots s'éparpillaient. Sur un de ces rochers, l'officier russe vit de la fumée, puis des hommes tirant des coups de fusil, et faisant des signaux avec un pavillon anglais. Quoique la nuit fût proche, il voulut tout de suite envoyer une embarcation à terre. Le canot revint le lendemain matin, ramenant le bosseman Wittrien et le matelot Petersen.

Depuis le naufrage du *Williams*, l'île Pell avait été visitée par la corvette *la Blossom*, commandée par le capitaine Beechey. Cet officier de la marine britannique avait remis au bosseman une carte de reconnaissance des îles du groupe, destinée aux navigateurs qui auraient occasion d'en faire l'exploration. Sur cette carte, le havre au fond duquel les marins du *Williams* avaient trouvé un refuge, s'appelait Port Lloyd.

Wittrien et Petersen avaient refusé de profiter du passage du *Blossom* pour quitter l'île Pell : ils attendaient avec confiance le retour du capitaine du *Timor*. Mais déçus dans leur attente, ils prièrent le capitaine

Lütke de les délivrer de leur longue captivité, ce qui leur fut accordé avec plaisir.

Un autre délaissé, plus à plaindre encore parce qu'il était seul et sans aucune ressource... Pour celui-là, être délivré, c'était échapper à la plus affreuse des morts. En mars 1826, l'amiral Gourbeyre, alors capitaine de la *Moselle*, passant en vue de l'île de la Trinité, sauva un marin anglais délaissé depuis vingt jours sur ces tristes rivages. Ce malheureux pensait n'avoir plus que la mort à attendre.

James Owen, c'est le nom de ce marin, embarqué sur le navire anglais *le Darius*, était descendu à terre avec le capitaine Bowen, et avait pénétré par son ordre dans l'intérieur de l'île à la découverte des sangliers et des chiens sauvages qu'elle renfermait; mais il lui arriva de tomber dans un précipice, et sa chute le mit hors d'état de rejoindre le canot du bord.

Cinq jours après ce funeste accident, ayant retrouvé assez de force pour se traîner jusqu'au rivage, il n'aperçut ni embarcation ni navire; mais il trouva là son coffre et son hamac, que le capitaine, en l'abandonnant, avait cru devoir y faire déposer, sans doute dans l'espoir qu'il n'était pas mort. Il ne sembla pas au malheureux Owen que l'on eût songé à lui laisser quelques vivres — à moins que les bêtes errantes n'eussent dévoré ce qu'on aurait mis pour lui avec ses effets. Ce fut une triste constatation. L'île est stérile, on y voit quelques rares arbustes sur le sommet des mornes; nulle part de végétal alimentaire, seulement des animaux sauvages, des oiseaux de mer et, parmi les roches, des coquillages.

Vers le soir, et au moment de s'éloigner de l'île, le capitaine Gourbeyre découvrit un feu que les accidents de terrain lui avaient caché. Il fit tirer un coup de canon et envoya un canot; mais la mer brisait avec une telle violence qu'on ne put approcher, et ce ne fut que le lendemain qu'il fut possible d'aborder à l'aide de grappins, de lignes et d'une bouée de sauvetage, puis avec un petit radeau. Plusieurs matelots tentèrent de traverser à la nage les brisants pour porter une ligne à terre; trois faillirent se noyer et ne furent sauvés qu'au moment où leurs forces les abandonnaient; un quatrième fut plus heureux; il parvint, après de nombreux efforts, jusqu'au rivage. Un va-et-vient fut établi; le radeau conduit au pied des rochers, et le naufragé, placé sur cette frêle machine, se vit bientôt recueilli par les hommes généreux dont l'humanité et le courage méritaient un tel succès.

Un Robinson vrai, c'est ce jeune Français, Narcisse Pelletier, adopté tout enfant par des naturels de l'Australie.

Le 11 avril 1875, des matelots du steamer anglais *John Bell*, débarqués pour y chercher de l'eau fraîche au cap Flattery, situé au nord-ouest de l'Australie, aperçurent, dans les bois, un homme blanc, au milieu d'un groupe d'indigènes à la peau brune. Ils rapportèrent cette circonstance à leur capitaine, qui les renvoya à terre avec ordre de se saisir de cet étranger en employant présents et menaces. Le blanc ne se souciait guère de quitter ses compagnons, mais il n'osa pas résister aux Anglais.

On le conduisit à Somerset, où il fut bien traité, vêtu, soigné, et enfin il s'apprivoisa assez pour qu'on reconnût qu'il était Français et qu'il avait su lire et écrire.

Ce faux Australien se nommait Narcisse Pelletier; il était né à Saint-Gilles, dans la Vendée. Mais il avait pris les habitudes et même l'extérieur des Australiens au milieu desquels il avait passé dix-sept années. Pendant les premiers temps de son séjour à Somerset, il se montra taciturne, inquiet ; il se perchait, comme un oiseau, sur une barrière d'où il observait ceux qui l'entouraient.

C'était un homme jeune encore, de petite taille, mais fortement constitué, à la peau d'un rose rougeâtre et bronzée par le soleil. Il portait quelques tatouages sur la poitrine: deux lignes parallèles et horizontales, s'étendant d'un sein à l'autre. Au-dessus de chaque sein apparaissaient encore quatre marques superposées horizontalement, et sur l'avant-bras droit, un dessin en forme de gril. Le lobe de l'oreille droite, percé et allongé de deux pouces, était garni d'une rondelle de bois de la grandeur d'une pièce de cinq francs. Il avait aussi le nez percé, et orné d'un morceau d'écaille d'huître perlière.

La mémoire revint peu à peu à ce malheureux, et il parvint à retrouver assez de mots de sa langue pour raconter son histoire. A douze ans, il s'était embarqué comme mousse à bord du *Saint-Paul*, de Bordeaux.

Ce navire, qui transportait en Australie trois cent dix-sept coolies chinois, fit naufrage, en 1858, à l'île Rossel, dans l'archipel de la Louisiade. Le capitaine du *Saint-Paul* laissa les Chinois sur un îlot, et tenta de gagner l'Australie pour y chercher du secours.

Nous aurons occasion de raconter les souffrances des hommes qui l'accompagnaient; l'eau surtout leur manquait. Longeant de près le continent, ils hésitaient à y aborder, dans la crainte des naturels. Cependant, un jour qu'ils s'étaient hasardés à descendre sur ce rivage inhospitalier, à la recherche d'eau douce, le pauvre mousse souffrant d'une blessure à la tête se traînait péniblement à leur suite. Enfin il rejoignit ses compagnons qui, ayant découvert un peu d'eau dans un trou, s'étaient arrêtés pour la boire: ils l'épuisèrent jusqu'à la dernière goutte sans que le pauvre mousse pût en approcher ses lèvres.

— Reste ici, lui dirent-ils; l'eau suintera, et tu pourras boire tant que tu voudras; nous allons à la recherche de quelques fruits et nous viendrons te reprendre.

Il les crut; mais l'eau ne parut point et les marins ne revinrent pas.

Le petit Narcisse demeura là trois jours, et il avait presque perdu connaissance, quand deux hommes noirs et trois femmes le trouvèrent. Les sauvages lui donnèrent à manger des noix de coco jetées par la mer sur le rivage et d'autres fruits; puis ils l'emmenèrent dans leur tribu qui l'adopta et où il demeura pendant tant d'années!

Narcisse Pelletier avait rencontré un véritable père adoptif: un Australien compatissant, nommé Naademan, se chargea plus particulièrement de lui et lui imposa le nom d'Amglo. Le mousse vendéen fut assez longtemps avant de s'accoutumer à la nourriture des sauvages de la tribu des Ohantaala, misérables comme le sont les indigènes du continent austral, qui n'ont pas même de huttes. Une trentaine de familles composaient la tribu.

Narcisse, comme un nouveau Robinson, retourna à l'état de nature, mais sa jeunesse ne permettait pas une grande résistance aux influences environnantes; il devint sauvage comme ceux qui l'entouraient, mena une existence toute bestiale, prit part aux démêlés de la tribu avec des tribus voisines, et plus d'une fois figura sur des champs de bataille où quelques douzaines de combattants se piquaient de leurs flèches tandis qu'à deux pas les femmes des belligérants se prenaient aux cheveux. Malgré tout, Narcisse pensait souvent à sa famille qu'il désespérait de revoir.

La tribu à laquelle appartenait le petit mousse, établie au bord de la mer, vivait principalement de pêche. Plusieurs fois, des marins de diverses nationalités abordèrent, offrant des présents. Mais dans ces occasions les sauvages tenaient éloigné le jeune blanc. Leur défiance disparut peu à peu, et lorsque le canot du *John Bell* se montra, les craintes de chacun furent d'autant moins vives que la plupart des hommes qui montaient ce canot étaient des nègres enrôlés dans l'équipage du steamer anglais.

Ramené en pays civilisé, Narcisse Pelletier écrivit à ses parents pour leur annoncer qu'il était encore de ce monde. En recevant d'Australie une lettre de ce fils qu'ils pleuraient depuis bien des années, les braves gens doutèrent d'abord ; mais les journaux répandaient l'histoire du Franco-Australien; les parents de Narcisse se prirent à espérer. Cinq mois après, le 13 décembre 1875, Pelletier arrivait à Toulon, où son frère vint le chercher. Trois semaines plus tard, il faisait à Saint-Gilles une entrée triomphale ; la population s'était portée à sa rencontre. Ses anciens camarades, en le serrant dans leurs bras, avaient de la peine à le reconnaitre.

Narcisse Pelletier n'avait pas été de parti pris délaissé par ses compagnons d'infortune. Ces malheureux n'avaient sûrement pas fait pour retrouver le jeune mousse tout ce que commandait strictement l'humanité ; mais leur situation était si précaire, leur propre existence si peu assurée, qu'on ne saurait les blâmer trop sévèrement.

Bien autrement coupables cette mère et cet oncle qui s'entendent pour aller perdre en Amérique un tout jeune enfant ! L'histoire remonte au milieu de XVIIe siècle. En ce temps-là, au village de Notre-Dame de la Délivrande, près Caen, vivait un homme appelé Gisles Couture, propriétaire d'un bateau avec lequel il transportait des toiles en Angleterre ; il avait amassé dans ce trafic une assez jolie fortune.

Dans un de ses voyages à l'étranger où sa femme l'accompagnait, il fut forcé de prolonger son absence. Il renvoya sa femme en France à bord d'un bâtiment de commerce. Mais ce voyage si court fut singulièrement contrarié par les vents, qui portèrent le navire jusque dans le détroit de Gibraltar. C'est au milieu de la tourmente que le fils de Gisles Couture vint au monde.

L'enfant fut baptisé à la hâte dans l'église de l'abbaye Sainte-Marie, et reçut le nom de Gisles Couture, comme son père. Les vents ayant changé de direction, le navire revint, sans accident, en Normandie.

Trois ans après, la mère de ce petit enfant né au milieu des tempêtes mourut, et Gisles Couture, que son commerce attirait toujours loin de son pays, songea à donner une seconde mère à son fils, qu'il chérissait.

Des enfants naquirent de cette nouvelle union, et la marâtre du petit

Gisles n'eut plus qu'une pensée : se débarrasser de cet enfant qu'elle haïssait.

Elle avait un frère, capitaine au long cours. Elle parvint à le décider à prendre le petit Gisles à son bord en l'absence de son père, pour l'abandonner n'importe où. Le frère trop complaisant de cette méchante femme se rendait à Quebec.

L'enfant, accoutumé dès ses premières années à voir la mer et à fréquenter des marins, consentit sans défiance à suivre son oncle.

Quand on fut à l'embouchure du fleuve Saint-Laurent, le capitaine descendit à terre, emmenant l'enfant avec lui. Il lui fit boire des liqueurs, et le pauvre innocent finit par s'endormir. A son réveil, le capitaine et le navire avaient disparu. Gisles se trouvait seul, sur une terre inconnue. Il avait alors cinq ans. Des Iroquois, humanisés par leurs relations avec les Français du Canada, rencontrèrent le pauvre abandonné. Charmés par les grâces et la douceur de l'enfant, ils l'emmenèrent avec eux dans leur tribu, où commença pour le petit Normand une vie nouvelle bien différente de celle qui avait été la sienne jusque-là.

Quant au père, lorsqu'il revint de voyage, on lui raconta, avec force larmes, que son fils jouant au bord de la mer, s'était noyé, et qu'on n'avait pu retrouver son corps.

Il y avait déjà deux ans que le petit Gisles Couture vivait au milieu des Peaux-Rouges, lorsque, se trouvant un jour sur le rivage près duquel il avait été abandonné, il aperçut un navire qui portait le drapeau blanc de la France ; à l'instant il grimpe à un arbre, secoue un lambeau de toile, attire l'attention du capitaine qui fit mettre un canot à la mer. L'enfant fut recueilli, et l'on s'étonna de trouver dans ces lieux un enfant qui, non seulement parlait le français de la Normandie, mais citait au capitaine les noms de plusieurs personnes qu'il connaissait. Il apprit comment l'enfant avait été abandonné et le ramena à son père. Nous passerons sous silence la confusion de la marâtre, convaincue de tentative criminelle. Nous avons hâte de dire que cette aventure fit beaucoup de bruit ; la marquise de Cauvigny prit l'enfant sous sa protection, et se chargea de son éducation ; il se distingua par des études brillantes, et embrassa l'état ecclésiastique.

Il professa en seconde à l'université de Caen, et la rhétorique à Vernon. Paris ne tarda pas à l'enlever à la province ; il fut appelé à la chaire d'éloquence au collège de la Marche, et devint enfin recteur de l'Université, professeur d'éloquence au Collège de France, et membre de l'Académie des inscriptions et belles-lettres.

Gisles Couture s'est toujours plu à raconter la violence qui avait fait de lui dès sa plus tendre jeunesse un Iroquois par adoption, vagabondant sur le littoral de l'Acadie.

Vue de Rio-Janeiro.

Voilà bien des récits émouvants, des aventures surprenantes. Nous terminerons nos anecdotes sur les vrais Robinsons par la trahison dont fut victime un officier de la marine des États-Unis.

Au commencement de l'année 1814, le capitaine Barnard relâcha aux îles Malouines, — à New-Island ; dans ces solitudes de l'Amérique australe, l'équipage et les passagers d'un vaisseau anglais naufragé, — environ trente personnes, — attendaient dans un affreux dénûment quelque secours inespéré. Ils erraient au milieu de rochers, parmi lesquels la mer furieuse s'engouffre parfois avec un horrible fracas. Le bâtiment américain était petit, et bien nombreux ceux qui imploraient du secours ! mais le capitaine Barnard, touché de leur infortune, n'hésita pas à les recueillir à son bord.

Pour subvenir aux besoins de tant de monde, il fallait chasser dans l'île. Un jour qu'il revenait au mouillage avec quatre de ses matelots qui l'avaient accompagné, tous chargés de gibier, les Américains songeaient à la joie de leurs hôtes... ils touchaient presque au rivage quand, en levant les yeux vers l'endroit où devait être leur navire, ils le cherchèrent en vain du regard. Un vague sentiment d'abandon vint épouvanter ces malheureux ; ils montèrent sur un rocher élevé d'où l'on découvrait toute la plage. Désespoir! la plage si animée, les jours précédents, retentissante de voix humaines, était déserte et muette ! L'île est vide, la baie est vide ! au loin, le navire s'éloigne avec son pavillon américain.

Les Anglais avaient, en effet, coupé le câble et cinglaient à pleines voiles vers Rio-Janeiro, abandonnant sans pitié leur libérateur et ses quatre matelots sur cette plage inhospitalière, sans vivres, sans vêtements.

La douleur et l'indignation s'emparèrent de ces malheureux. Quelle horrible ingratitude ! Eh quoi ! rendre ainsi le mal pour le bien! C'était odieux. Comment ces choses avaient-elles pu se produire ? Le premier sentiment des naufragés avait été une vive reconnaissance ; mais ensuite des craintes s'emparèrent d'eux. Les États-Unis étaient alors en guerre avec la Grande-Bretagne et les Anglais, malgré les assurances données par le capitaine Barnard, soupçonnaient le loyal Américain de vouloir les livrer à son gouvernement. Le soin de leur sûreté leur fit oublier ce qu'ils devaient à un homme qui les avait arrachés à une mort presque certaine.

Dès que les matelots s'étaient vus abandonnés sur ces affreux rochers, véritable chaos granitique, ils avaient cruellement reproché à leur capitaine son trop de confiance, le rendant responsable de leur infortune. C'est au point que le malheureux capitaine Barnard, désespéré, eut la pensée d'attenter à ses jours. Mais alors il fut accablé des plus sanglants reproches par ces hommes affolés qui pensaient, malgré tout, avoir encore besoin de lui.

Comment exister ? Les Anglais en s'enfuyant n'avaient laissé ni vivres ni vêtements à ceux qu'ils trahissaient !

Il fallut s'ingénier. Des œufs d'albatros et des coquillages recueillis sur le bord de la mer fournirent, durant les premiers jours, une nourriture suffisante. Pendant ce temps, les délaissés s'appliquèrent à dresser un chien qui les avait suivis dans l'île le jour de leur abandon. Ils le lancèrent à la poursuite de porcs provenant sans doute d'animaux domestiques débarqués dans New-Island, qui s'étaient multipliés en devenant sauvages. Les peaux de phoques qu'ils tuèrent avec le reste de leur poudre, servirent pour les vêtements. Enfin ils parvinrent à construire une maisonnette en pierre assez solide: elle se voyait encore à New-Island à l'époque où le commandant Duperrey visita les îles Malouines.

Le capitaine Barnard était de tous celui qui souffrait le plus. Il n'usait de son autorité fort amoindrie que pour donner à ses compagnons des conseils utiles; et ces conseils étaient mal reçus. Ils en vinrent à comploter de l'abandonner à son tour.

Un soir, les quatre matelots, qui, sous un prétexte frivole, avaient chassé dans un autre endroit que leur capitaine, ne revinrent point. Le lendemain, au point du jour, le capitaine Barnard, saisi d'un fâcheux pressentiment, se dirigea vers le lieu où le canot devait être amarré : il n'y était plus : les insensés l'avaient enlevé pour tenter de se sauver. Le pauvre capitaine demeurait seul, bien accablé, bien découragé : il ne lui restait plus que son chien. Malgré toutes les humiliations dont ces hommes grossiers l'avaient abreuvé, il déplorait leur éloignement. Enfin, il se mit courageusement au travail. Il continua de se faire de son chien un auxiliaire utile pour la chasse. Souvent il gravissait les parties montagneuses de l'île pour interroger l'horizon ; il demeurait des journées entières au sommet d'un mur de rochers qui s'élève à plus de cinquante pieds au-dessus des flots et contre lequel viennent se briser d'énormes vagues qui entourent sa base d'écume et d'embruns.

Plusieurs mois s'étaient écoulés depuis la fuite de ses compagnons, lorsqu'un jour, assis devant la porte de la maisonnette, il vit des hommes se diriger vers lui : c'étaient les transfuges qui, incapables de pourvoir par eux-mêmes à leur subsistance, venaient implorer leur capitaine et lui demander son assistance. Ils furent pardonnés.

Et cependant, leur animosité reparut; un de ces marins de grossière trempe alla même jusqu'à songer à se débarrasser de lui en le tuant. Heureusement cet horrible dessein fut dévoilé par les autres. Le coupable fut jeté sur un ilot, où il se trouva réduit à l'impuissance. Mais le capitaine Barnard, toujours généreux, pourvut aux besoins de son existence. Puis au bout de trois semaines il lui pardonna et lui permit de venir de nouveau s'asseoir au foyer commun.

A partir de ce moment la bonne harmonie ne fut plus troublée.

New-Island garda deux ans ses hôtes. Un jour, une voile apparut à l'horizon : c'était la fin de leur captivité. Un hasard heureux voulut que Barnard, trahi et sacrifié par des Anglais, dût son salut à des marins de la même nation.

CHAPITRE XXI

AVENTURES DE TERRE ET DE MER ; LE P. CRESPEL ET SES COMPAGNONS D'INFORTUNE ; LES NÈGRES DÉLAISSÉS A L'ILE DE SABLE APRÈS LE NAUFRAGE DE l'*Utile ;* LES MARINS DE l'*Heureuse* SUR UN BANC DE CORAIL ; LESQUIN DE ROSCOFF ET L'*Aventure;* LE *Jan-Hendrik* AU PENEDO ; NAUFRAGÉS TOMBÉS EN CAPTIVITÉ : M. SAUGNIER, M. DE BRISSON, LE *Commerce*, L'*Aventure*, LE *Silène*, L'*Epervier*, LE *Degrave.*

Voici un autre ordre de faits émouvants : la vie aventureuse et pénible menée par des marins et des voyageurs échappés au naufrage. Quelques récits glanés dans les annales de la navigation, qui ne sont que trop riches en drames maritimes, compléteront le tableau des souffrances des naufragés que nous avons esquissé dans un chapitre précédent.

Douloureuses sont les aventures du P. Crespel et de ses compagnons d'infortune après le naufrage du bâtiment qui ramenait du Canada l'ancien missionnaire flamand (1736). Ils passèrent par toutes les horreurs de la faim et du froid ; ils éprouvèrent toutes les souffrances morales

A la pointe méridionale de l'ile d'Anticosti, située à l'embouchure du Saint-Laurent, leur navire sombre ; les naufragés se réfugient dans les canots ; une fausse manœuvre précipite à la mer une dizaine d'hommes. Les survivants parviennent à atterrir et se construisent un abri contré la neige, à l'aide de morceaux de voile. Ils n'ont que des ressources tout à fait insuffisantes. Bientôt le froid devient intense : une épaisse couche de neige couvre la terre ; les rivières sont prises, la mer est encombrée d'énormes glaçons.

Le P. Crespel propose d'aller tous ensemble chercher du secours au Labrador, où hivernaient quelques Français. Bien qu'il y eût quarante lieues à franchir dans la neige et douze lieues de mer à traverser, cet avis fut adopté.

On s'embarque, le 27 novembre, treize dans un canot et dix-sept dans une chaloupe. La mer, avec ses glaçons flottants, était difficile à tenir. Après cinq jours de lutte et de souffrances, le canot disparut ; on ne le revit plus. Un matin, la chaloupe fut entourée de glace, soudée à la banquise. Il fallut renoncer à pousser plus loin, attendre le printemps...

Les matelots ébauchent quelques huttes et s'y blottissent. Il ne reste plus qu'un peu de viande gelée, quelques livres de pois et un peu de farine que l'on délaie avec de la neige fondue. Crespel rationne avec une parcimonie extrême cette misérable nourriture.

Au commencement de janvier, une nouvelle catastrophe vient accabler les malheureux survivants. Des pluies torrentielles amènent un adoucissement de la température. Les glaces ne résistent pas à une tempête sous-marine. Dans ce désordre des éléments, la chaloupe est emportée, anéantie.

La mort frappait à coups redoublés au milieu des pauvres gens. En un seul jour trois hommes succombent. Ceux qui survivaient étaient dans le plus affreux état. Ils avaient les jambes gelées et gangrenées ; épuisés par la faiblesse et les privations, leurs corps se couvraient de plaies hideuses. L'ancien missionnaire résistait le plus vaillamment.

Un jour, on aperçoit un indigène ; mais cet homme, effrayé sans doute à la vue de ces gens lamentables à voir, se dérobe par la fuite. Quelques semaines plus tard, Crespel et deux marins, guidés par un autre sauvage, furent plus heureux ; ils parvinrent jusqu'à un campement d'indigènes d'où, après deux jours de repos, ils purent s'acheminer vers Mingan, station qu'ils savaient occupée par des chasseurs français.

Ils y arrivent enfin ; on leur donne du secours. Une chaloupe part à la recherche des vingt-quatre hommes demeurés en arrière : ces malheureux avaient été réduits à manger le cuir de leurs souliers ; quatre seulement vivaient encore, et l'un d'eux mourut après avoir bu le verre d'eau-de-vie que lui offraient ses libérateurs. Les six malheureux échappés à tant de misère restèrent quelques semaines à Mingan, et de là furent transportés à Quebec. Le P. Crespel rentra ensuite en France.

La flûte *l'Utile*, capitaine de la Fargue, en se rendant de Madagascar, où elle avait pris un chargement d'esclaves, à l'île de France, fit naufrage le 31 juillet 1761. Un officier, dix-sept matelots et un noir se noyèrent ;

mais le reste de l'équipage et de nombreux esclaves se réfugièrent sur l'île de Sable ou île Tromelin, écueil de six cents toises de longueur sur moitié de large. Le premier soin de ces infortunés fut de sauver le plus de vivres possible et de chercher de l'eau douce ; ils eurent le bonheur d'en trouver de passable, en creusant à quinze ou seize pieds dans le sable. Cela ranima un peu leur courage, et ils se mirent à construire, avec les débris du navire, un long bateau plat, sur lequel les blancs, au nombre de cent vingt-deux, s'embarquèrent, en jurant aux noirs qu'on les viendrait prendre avant peu. On leur laissa pour trois mois de vivres.

Les marins de l'*Utile* quittèrent l'île de Sable le 27 septembre, et, après une traversée de quatre jours, ils abordèrent à Madagascar, où ils rendirent compte de leur naufrage. Les noirs restèrent sur l'île de Sable, en proie aux plus cruelles souffrances, attendant toujours, mais vainement, les secours promis.

Cette île, ou plutôt cet îlot, n'est qu'un pâté de corail élevé de quinze pieds au-dessus de la mer, pouvant à peine offrir un refuge momentané aux équipages qui font la pêche sur le banc environnant où le poisson est assez abondant. On n'y est même pas à l'abri des lames durant les mauvais temps. Le seul végétal qui pousse sur cette île désolée est le veloutier, petit arbuste rachitique à feuilles grasses. Les oiseaux de mer viennent en grande quantité s'y reposer ; mais à part une espèce ils ne sont pas mangeables.

Les malheureux noirs étaient tout à fait oubliés, lorsque quinze ans, après, — en 1776, — la *Dauphine*, commandée par le chevalier de Tromelin, rencontra sur son chemin l'île de Sable. Il sut tourner les obstacles qui défendent l'approche de ce dangereux écueil, et il eut le mérite de ramener à l'île de France les tristes restes des naufragés de l'*Utile* : sept négresses survivaient seules ; quatre-vingts noirs, hommes et femmes, avaient péri de misère et de privations.

Les noirs perdus sur cet îlot, accomplissant des prodiges pour prolonger leur existence menacée, avaient construit, avec les débris du navire naufragé, une hutte en la couvrant d'écailles de tortues de mer. Ils vécurent de la chair des oiseaux de passage et des tortues qui viennent déposer leurs œufs sur la plage. Une des négresses que Tromelin sauva d'une mort prochaine était mère d'un jeune enfant qui se ressentait de la faiblesse extrême de la pauvre femme.

Les naufragés racontèrent qu'ils avaient vu successivement cinq bâtiments, dont plusieurs avaient tenté vainement d'aborder au lieu de leur captivité. Un petit navire, *la Sauterelle*, leur avait donné l'espérance d'être délivrés ; mais un canot de ce bâtiment, dans la crainte sans doute de faire naufrage sur l'îlot, où il avait déjà eu beaucoup de peine à aborder, s'en éloigna subitement, et avec tant de précipitation qu'un des matelots qui le montait resta parmi les noirs ; cet homme, victime de son courage et de son humanité, se voyant abandonné de ses camarades, prit le parti désespéré de se rendre à Madagascar sur un radeau.

Il s'embarqua avec trois noirs et trois femmes, deux mois et demi avant l'arrivée de la corvette *la Dauphine* : ce fut une façon de mettre fin plus tôt à leurs souffrances.

Une autre aventure de mer eut une plus heureuse terminaison.

En 1769, la frégate française *l'Heureuse* fit naufrage sur un banc de corail, entre les Séchelles et les Comores.

Ce bâtiment était parti de l'île de France pour se rendre au Bengale. Ce fut au milieu de la nuit qu'il se perdit sur une chaîne de brisants. Le vaisseau était sur le point d'être submergé, lorsque le capitaine Campis fit jeter l'ancre : l'équipage attendit la fin de la nuit, grimpé aux mâts.

La venue du jour ne retira pas les naufragés de leur position alarmante ; mais ils eurent quelques lueurs d'espérance en apercevant, dans le lointain, un petit plateau de sable : tout l'équipage s'y rendit successivement, dans le canot que le capitaine avait eu la précaution de mettre à la mer avant le moment du naufrage ; mais ce plateau de sable n'était qu'une plage que la mer abandonnait dans les basses marées. On ne pouvait songer à y faire un établissement passager.

Dans sa cruelle perplexité, le capitaine ne vit d'autre ressource que d'envoyer son canot chercher du secours à la côte d'Afrique. Il fut bien inspiré. Les hommes qui montaient cette embarcation rencontrèrent sur leur route, huit heures après leur départ, une petite île que le capitaine Campis nomma la Providence, et avec raison ; car nos marins y trouvèrent de l'eau, des tortues de mer, des cocotiers.

Neuf hommes de l'équipage du canot y demeurèrent, tandis que deux rameurs s'efforçaient de revenir vers le plateau de sable, où le reste de l'équipage de la frégate attendait qu'on vînt à son secours ; attente cruelle s'il en fût : ils se voyaient au moment d'être engloutis par les hautes marées dont le terme fatal approchait. Le canot mit trois jours à regagner ce triste asile. Ces braves gens apportaient une bien heureuse nouvelle !

Comme le canot avait trop peu de capacité pour recevoir tous les naufragés, on y suppléa par la construction d'une grande chaloupe; ce radeau fut remorqué par le canot jusqu'à l'île de la Providence.

Les naufragés restèrent deux mois sur cette île, ayant pour se nourrir, en plus des vivres sauvés du naufrage, le produit d'une pêche abondante, la chair des tortues de mer, d'une espèce de grands crabes terrestres — qui pèsent souvent jusqu'à six livres — et aussi des fruits en assez grande quantité. Le 8 novembre, la construction de la grande chaloupe projetée se trouvant terminée, ils s'y embarquèrent tous au nombre de trente-cinq hommes, et, en quatre jours, ils eurent le bonheur d'atterrir sans accident à huit lieues au sud du cap d'Ambre — Madagascar.

En 1825, le capitaine Lesquin de Roscoff, commandant la goélette *l'Aventure*, partit de l'île de France se rendant aux îles Crozet, dans le double but de reconnaître cet archipel encore presque ignoré, et d'y déposer des marins équipés pour la pêche — ou la chasse — aux phoques.

Arrivé en vue de cet archipel, situé dans la région australe et dans le voisinage du continent africain, le bâtiment fut assailli par un ouragan furieux, et après avoir lutté pendant plusieurs jours contre les vents et la mer, il fut jeté sur une plage hérissée d'écueils, au-dessus desquels la mer venait briser avec un bruit formidable. Quatre hommes de l'équipage avaient été envoyés deux jours auparavant à l'île Charles, et n'avaient pu en revenir; le reste se sauva à la nage et parvint heureusement au rivage. Les flots ne rejetèrent sur la grève que fort peu d'objets et une très petite quantité de vivres gâtés par l'eau de la mer.

C'est avec ces médiocres ressources que Lesquin et ses compagnons furent obligé de s'établir, jusqu'à un jour inconnu — le jour de la délivrance ! — dans la petite île de Chabrol.

Les phoques leur fournirent de la graisse pour alimenter des lampes — chauffer et éclairer, — et un aliment coriace dont ils durent se contenter. Ils y ajoutèrent les œufs des oiseaux de mer et quelquefois les oiseaux eux-mêmes : albatros, pingouins et poules du Port-Egmont ; ils sont rares les animaux qui vivent sur ces tristes îles, sentinelles avancées de l'Afrique vers le pôle austral...

Les compagnons de Lesquin parvinrent à construire une cabane

avec les débris du navire, et c'est dans cet abri précaire qu'ils bravèrent pendant dix-sept mois la fureur des tempêtes et les rigueurs de l'hiver, si âpre dans ces hautes latitudes australes, souvent, obligés d'aller chercher leur nourriture au milieu des neiges et des glaciers qui couvraient l'île, tombant dans des crevasses, revenant, tout au moins, avec leurs pieds nus ensanglantés aux aspérités du sol.

Les naufragés furent enfin recueillis par un baleinier anglais, qui se trouvait par hasard dans les parages de leur île.

Rien de lamentable comme le triste sort des marins et passagers qui survécurent au naufrage du navire hollandais *Jan Hendrik*, parti d'Amsterdam pour Batavia, sous le commandement du capitaine Eckelenburg, et qui vint se perdre, le 29 mai 1845, sur le Penedo, ou rocher de San-Pedro, situé sous l'Equateur, non loin du rivage africain : le capitaine, se jetant à la nage avec une corde, parvint à fixer une amarre à l'une des anfractuosités de la roche, et à établir un va-et-vient au moyen duquel put s'opérer le sauvetage de la plupart des hommes. Le navire ne tarda pas à disparaître tout à fait.

Réunis sur ce rocher étroit, dont la partie la plus haute ne s'élève pas à plus de seize ou dix-sept mètres au-dessus de l'Océan, et que ne couvre aucune végétation, les naufragés ne voyaient devant eux que la faim et la mort. Leur vaisseau s'était perdu à trois heures du matin, et l'on n'avait pu sauver qu'un peu de farine, de biscuit et de genièvre. A peine vêtus, ils se trouvaient exposés à un soleil ardent, sans une goutte d'eau. Pour échapper à la chaleur et tromper leur soif, ils restaient plongés dans la mer jusqu'au menton durant de longues heures.

Le troisième jour après le naufrage, un navire fut en vue, — un navire américain. On hissa sur un espar le pavillon hollandais, que l'on avait sauvé, ainsi qu'un canot. Les naufragés ne se bornant pas à cette demande de secours, le maître d'équipage, sept matelots et un passager s'embarquèrent sur le canot, suppléant aux avirons par des morceaux de planches, et se dirigèrent vers le bâtiment américain ; mais ils ne furent sans doute point aperçus : le navire continua sa route sans se détourner. Quant au canot, entraîné au large par les courants, il fut bientôt hors de vue.

Le désespoir des malheureux qui restaient dans l'île fut alors à son comble ; ils succombaient sous le poids de la fatigue, des privations et de la chaleur. Enfin, après cinq jours d'horribles souffrances, les naufragés virent apparaître un autre navire ; c'était la *Chance*, capitaine

Roxby, navire anglais, qui avait voulu s'assurer en passant de l'existence de ce rocher du Penedo, révoquée en doute par quelques marins. Le capitaine Roxby aperçut avec surprise un pavillon hollandais flottant au vent; en approchant, il distingua quelques malheureux pouvant à peine faire des signes de détresse.

Un canot fut aussitôt mis à la mer. Les matelots qui le montaient trouvèrent, en arrivant au Penedo, une vingtaine de personnes, étendues çà et là sur la roche nue et presque mourantes. Ne pouvant prendre tout le monde à la fois, ils embarquèrent le capitaine, le second, le maître d'hôtel, deux matelots et trois novices, promettant aux autres de venir les chercher sans délai.

Il fut facile au canot de rejoindre le navire. Le capitaine Roxby, apprenant qu'il restait encore onze naufragés à secourir, fit préparer aussitôt la chaloupe ; quelques minutes plus tard deux embarcations se dirigeaient ensemble vers les rochers ; mais par une déplorable fatalité, le vent se levait en même temps, et une houle effroyable vint paralyser les efforts des sauveteurs.

Après cinq heures de tentatives les plus courageuses, on dut renoncer à aborder et ramener les embarcations. Pendant dix jours, la *Chance* demeura en vue de l'île, épiant le moment où la mer permettrait une tentative nouvelle ; mais le vent et la mer n'offrirent aucun répit. Alors, convaincu qu'il ne restait plus personne à sauver, le capitaine Roxby reprit tristement sa route.

Autrefois, plus qu'aujourd'hui, il y avait à redouter en faisant côte de n'échapper aux dangers de la mer que pour tomber aux mains de peuples barbares disposés à faire subir aux naufragés une longue et cruelle captivité. Nous avons des relations d'anciens naufrages sur le littoral du Maroc ; l'une des plus intéressantes est celle de M. Saugnier, naufragé en 1784, et qui fut longtemps esclave chez les Maures.

Sur les côtes occidentales de l'Afrique, M. de Brisson, officier d'administration des colonies françaises, naufragé en 1785, subit un sort identique.

En 1815, le brick américain *le Commerce* fit naufrage sur la côte d'Afrique, et les Arabes, après avoir dépouillé les naufragés, les réduisirent en esclavage, les vendirent comme un article d'échange.

Les équipages des bricks français *l'Aventure* et *le Silène*, naufragés dans le voisinage d'Alger en 1830, furent conduits dans cette ville et traités en captifs. Ils furent délivrés après cinquante jours de souffrances et d'angoisses par la prise d'Alger.

Le vaisseau de la Compagnie hollandaise des Indes orientales, *l'Epervier*, qui fit naufrage en 1653 dans les mers de Chine, eut son équipage réduit en esclavage pendant douze ans, en Corée.

Robert Drury, naufragé du *Degrave* sur les côtes de Madagascar, n'échappa au massacre que pour subir une dure captivité chez les Madécasses (1701).

On pourrait multiplier les faits de ce genre.

CHAPITRE XXII

MARINS MASSACRÉS ; MISSIONS DE LA MALAISIE ; MASSACRES A BALAMBANG, EN RADE DE VAROUNI, A KOTTI ; LES ÉQUIPAGES DE L'*Argo* ET DU *Duke of Portland* ; L'ANGLAIS MARINER AUX ILES TONGA, ET LE ROI FINAU ; LE CAPITAINE BUREAU, DE NANTES, ET L'*Aimable Joséphine*, AUX ILES VITI.

La plupart des voyageurs chargés de missions par les gouvernements colonisateurs de la Malaisie, ont péri misérablement. Le capitaine Padler y fut égorgé en 1769 ; un établissement anglais fut anéanti à Balambang, en 1774 et en 1803 ; un capitaine hollandais fut massacré en 1788, avec tout son équipage, en rade de Varouni ; le capitaine Pavin, en 1800, éprouva le même sort, l'équipage du *Rubis* ne l'évita que par un bonheur inoui.

Ces terribles catastrophes, se renouvelèrent en 1806, en 1810 et 1811. Quelques années plus tard, Dalton fut longtemps prisonnier du sultan de Kotti, et l'infortuné major hollandais Muller périt massacré au cours de son expédition vers la partie centrale de cette île.

Aux îles Tonga, l'un des archipels polynésiens, peu après le massacre des missionnaires amenés en 1797, par le *Duff*, l'équipage du navire *Argo*, naufragé sur le groupe Viti, et qui avait pu gagner Tonga, y périt dans des combats tellement inégaux qu'on peut leur donner le nom de massacres. Un seul homme put se sauver et fut recueilli par un bâtiment de passage.

Quelque temps après ce désastre de l'*Argo*, l'équipage du *Duke of Portland*, bâtiment marchand, subit le même sort sur ces côtes peu hospitalières de Tonga-Tabou (1797). Le capitaine Melon fut une des premières victimes. Par suite de la trahison d'un Malais et d'un déserteur américain nomme Doyle, tous les marins furent massacrés, à l'exception d'un vieillard et de quatre mousses.

Une femme de couleur nommée Elisa Mosey, qui se trouvait à bord du navire, fut aussi épargnée.

Le vieux matelot et les mousses n'avaient eu la vie sauve qu'à cause de leur âge. On devait les employer au déchargement du navire et à sa destruction, sauf à les immoler plus tard pour anéantir toute trace de l'attentat. Le traître Doyle présidait aux travaux, il était l'âme et le bras des avides pillards de Tonga. Le déchargement durait depuis plusieurs jours, lorsqu'un matin, le vieux homme et les quatre mousses surprirent le traître, le tuèrent, chassèrent du navire les naturels qui s'y trouvaient, coupère les câbles, et prirent le large, laissant sur l'île Elisa Mosey. Mais on n'eut plus de nouvelles de ces malheureux, qui allèrent sans doute se perdre sur une autre plage.

Au commencement de ce siècle, un très jeune marin anglais, Mariner, faisait partie de l'équipage du *Port-au-Prince*, beau navire pourvu de vingt-quatre canons de douze et de huit caronades, et monté par une centaine d'hommes, qui avait été armé à la fois pour la pêche de la baleine et la course contre les Espagnols, sur les côtes occidentales de l'Amérique. Le capitaine Duck qui commandait ce navire mourut dans les parages de la Californie, et le capitaine baleinier qui le remplaça, nommé Brown, cingla vers les îles Tonga et y jeta l'ancre le 24 novembre 1806.

Il y fut massacré avec la plus grande partie de ses hommes. Mariner, que le roi Finau prit pour le fils du capitaine assassiné, dut à sa jeunesse, sans doute, d'obtenir la vie sauve ; quatre ou cinq de ses compagnons furent aussi épargnés, mais leur délivrance n'eut lieu que plus de trois ans après, lors du passage, en vue des îles, d'un brick pêcheur de nacre de perles, *la Favorite*.

Mariner a écrit — ou dicté — une *Histoire des naturels des îles Tonga*, où se trouvent racontées ses aventures. Ce livre, accueilli par quelques lecteurs comme le roman des îles Tonga, malgré les précautions prises par l'éditeur dans sa préface pour établir la véracité du narrateur, a toutefois fourni à lord Byron les accessoires de son poème *l'Ile, ou Christian et ses compagnons*, dont la rébellion de la *Bounty* a inspiré le sujet au grand poète anglais.

Dans le courant de l'année 1833, le capitaine Bureau de Nantes, officier brave et instruit, arriva à Valparaiso (Chili) avec un petit brick *l'Aimable Joséphine*.

Il trouva dans ce port un beau brick de guerre qui avait été construit à Bayonne ; il l'acheta au gouvernement chilien pour le substituer à son brick, et lui transféra le nom de *l'Aimable Joséphine*. Il fit voile sur son nouveau bâtiment pour les îles Viti, où il comptait se procurer de l'écaille et du trépan.

Ces îles Viti ou Fidji sont voisines des îles Tonga. Arrivé aux îles Viti, et en vue de celle qu'on nomme Ambou, il y débarqua un marin de son équipage, muni de nombre d'objets destinés à faire des échanges avec les naturels ; mais cet homme devait tromper sa confiance.

A environ un mille d'Ambou est située la petite île Beou. Le chef de cette île et quatre autres naturels se trouvaient, un matin, à bord de l'*Aimable Joséphine*, au moment où le capitaine envoyait une embarcation à terre. Tout à coup le chef s'écrie : « Capitaine, votre canot coule bas ! » Pendant que le brave officier braquait attentivement sa longue-vue pour vérifier le fait, il fut frappé par le chef d'un coup de massue de bois de fer sur le derrière de la tête, et tomba raide.

Le second et la plupart des matelots, n'étant pas sur leurs gardes, furent aussitôt attaqués. Des naturels, qui attendaient le moment favorable, se joignirent à leur chef, et dans une lutte par trop inégale tout l'équipage succomba. Le brick fut ensuite allégé et échoué sur les hauts fonds, afin que d'autres bâtiments ne tentassent pas de le reprendre. Le matelot qui trahissait son capitaine s'était engagé sur le brick lors de sa première apparition aux îles Viti, et parlait couramment la langue des insulaires ; il prit part au complot, et fut très utile aux indigènes pour alléger le bâtiment et le conduire au lieu où il devait être ensablé.

Le capitaine d'un bâtiment américain, qui se trouvait à la baie du Sandal, ayant appris cet événement, résolut de profiter du malheur des Français. Il se rendit sur les lieux, et entra en négociations avec les naturels pour acheter le brick, en le payant avec une certaine quantité de poudre et d'armes à feu. Les indigènes remirent le brick à flot et le conduisirent au mouillage du navire américain ; mais le matelot qui avait conspiré avec eux, et que ce marché contrariait, s'avisa de demander aux insulaires s'ils avaient été payés d'avance. Sur leur réponse négative, il leur conseilla de ne pas livrer le brick et de laisser tomber l'ancre, ce qui fut fait.

Une rixe s'ensuivit; le bâtiment américain fit feu de ses canons sur le

Bayonne.

brick, qui riposta ; des coups de fusil furent tirés de Beou, et un ou deux coups de canon d'Ambou. Les Américains, pour ne pas demeurer exposés aux attaques des insulaires, se hâtèrent de quitter ces parages et se rendirent à la Nouvelle-Zélande, d'où la nouvelle de la catastrophe de l'*Aimable Joséphine* ne tarda pas à parvenir dans la colonie anglaise de la Nouvelle-Galles du sud.

Le capitaine Dillon, — qui le premier retrouva à Vanikoro des débris du naufrage de la Pérouse, — était à Sydney quand on y connut ce drame maritime ; il fut chargé par le vice-consul de France pour les îles de la mer Pacifique de faire le nécessaire pour rentrer en possession du brick capturé.

Aux iles Tonga, aux îles Viti, les marins furent attirés dans des pièges, assommés, égorgés en haine de la supériorité de leur race. Ils devaient être traités plus cruellement, si c'est possible, dans les archipels peuplés d'anthropophages.

CHAPITRE XXIII

LES ANTHROPOPHAGES DE LA NOUVELLE-ZÉLANDE ; LES MARINS HOLLANDAIS ; MASSACRE DU CAPITAINE MARION DU FRESNE DANS LA BAIE-DES-ILES ; TAKOURI ; LE CAPITAINE CROZET ; LE CANOT DE L'*Aventure* ; L'*Agnès* ET LE MATELOT RUTHERFORD ; LES CANAQUES DE LA NOUVELLE-CALÉDONIE ; MASSACRE DES MARINS DE L'*Alcmène* ; AUX ILES TONGA : L'*Union* ET ELISA MOSEY ; JOHN WILLIAMS AUX NOUVELLES-HÉBRIDES ; LE DÉTROIT DE TORRÈS ET LA NOUVELLE-GUINÉE ; LE *Northumberland* ; LE CAPITAINE MORRELL AUX ILES SALOMON ; LE *Saint-Paul* DANS L'ARCHIPEL DE LA LOUISIADE ; TROIS CENT QUATORZE CHINOIS TUÉS ET MANGÉS EN 1858 ; ENCORE LE MOUSSE NARCISSE PELLETIER.

Le Hollandais Tasman, qui reconnut le premier les côtes de la Nouvelle-Zélande, rencontra tout d'abord l'hostilité des naturels de cette grande île (1642). Tasman naviguait de conserve avec un autre bâtiment hollandais. Les deux navires furent l'objet de la surveillance des insulaires qui, dans leurs doubles pirogues, étudiaient de très près leurs mouvements avec de mauvaises intentions, comme on s'en aperçut vite : un canot monté par un quartier maître et six matelots, se détachant d'un des navires pour porter des ordres à l'autre, les pirogues des sauvages coururent dessus avec une telle impétuosité que, sous le choc, le canot hollandais se remplit d'eau et faillit chavirer.

Les insulaires attaquèrent aussitôt. « Le premier de ces traîtres, raconte Tasman dans son livre de bord, armé d'une pique grossièrement aiguisée, donna au quartier maître Cornélius Joppe un coup violent dans la gorge, qui le fit tomber dans la mer. Alors les autres naturels attaquèrent le reste de l'équipage du canot avec leurs pagaies et de courtes et épaisses massues. Dans cet engagement, trois de nos hommes furent tués, un quatrième blessé à mort. Le quartier maître et deux matelots se mirent à nager vers notre navire, et nous envoyâmes un canot qui put les recueillir. »

Le navigateur hollandais, constatant l'impossibilité de se procurer de l'eau et des vivres chez ces sauvages intraitables et qui avaient répondu par le meurtre aux avances amicales qu'on leur avait adressées de loin, fit appareiller ses navires. Quand on fut sous voiles, vingt-deux pirogues des insulaires partirent de terre et s'avancèrent vers les vaisseaux, avec le désir sans doute de ne pas laisser échapper une si belle proie. Mais on les tint à distance par quelques coups de canon chargés à mitraille. — A la façon dont les naturels s'étaient emparés d'un des cadavres, on peut conjecturer que c'était pour le manger.

Plus malheureux encore que le navigateur hollandais, cent trente années plus tard, le capitaine Marion du Fresne et seize de ses gens périrent victimes de la plus détestable trahison.

Le 13 mai 1772, le capitaine Marion du Fresne, chargé d'entreprendre un voyage scientifique dans l'océan Austral, et ayant sous ses ordres les navires le *Mascarin* et le *Marquis de Castries*, avait cherché un refuge près de la Baie-des-Iles du capitaine Cook, où il mouilla. C'est là qu'il tomba sous les coups des sauvages Maoris.

On doit au capitaine Crozet le récit de ce massacre. Nous le lui empruntons en l'abrégeant.

A deux lieues du cap Brett, les navires du capitaine Marion aperçurent trois pirogues qui venaient à eux ; il ventait peu et la mer était belle. Une des pirogues s'approcha d'un des vaisseaux ; elle contenait neuf hommes. On les engagea par signes à venir à bord. Ils s'y décidèrent après quelques difficultés.

Le capitaine Marion leur offrit du pain. Il en mangea d'abord devant eux, et ils en mangèrent. Puis on leur fit voir différents outils, tels que haches, herminettes, ciseaux. Les sauvages se montrèrent extrêmement désireux de les avoir, et s'en servirent aussitôt pour montrer qu'ils en comprenaient l'usage. Enfin, la plupart d'entre eux, très satisfaits de la réception qu'on leur avait faite, partirent, laissant à bord quelques-uns de leurs compagnons.

Pendant ce temps, un canot envoyé pour explorer de près la côte, revint vers le soir après avoir reconnu l'existence d'une baie au fond de laquelle se trouvait un village considérable, avec un port, des terres cultivées, des bois

Le 12 mai, le commandant envoya dresser des tentes sur une île où il y avait de l'eau, du bois et une anse d'un facile accès. Il y fit transporter les malades et y établit un corps de garde. Les naturels nomment cette île Motou-Aro.

Les naturels, montés dans leurs pirogues, apportaient tous les jours des quantités de poissons qu'on recevait en échange de verroteries et de clous ; ils ne s'éloignaient qu'à la nuit. Ils se montraient doux, caressants même, et bientôt ils connurent tous les officiers par leurs noms. On communiquait avec les naturels à l'aide du vocabulaire de Taïti, bien que cette île soit distante de plus de six cents lieues de la Nouvelle-Zélande.

Peu de jours après l'arrivée dans la Baie-des-Iles, le commandant fit diverses courses le long des côtes, et dans l'intérieur du pays, pour chercher des arbres propres à faire des mâts pour le *Castries*. Les Maoris l'accompagnaient partout. Le capitaine trouva une forêt de cèdres magnifiques, à deux lieues dans l'intérieur des terres, et à portée d'une baie peu éloignée des vaisseaux.

Là, on forma un établissement dans lequel furent placés les deux tiers des équipages, avec les haches, les outils, et tous les appareils nécessaires pour abattre les arbres, faire les mâts, et aplanir les chemins, afin de les amener sur le bord de la mer.

Les Français eurent bientôt de la sorte trois postes à terre : l'un sur l'île Motou-Aro, consacré aux malades ; il s'y trouvait une forge, où l'on préparait les cercles de fer destinés à la nouvelle mâture du *Castries*, et toutes les futailles vides, avec les tonneliers pour faire leur eau. Ce poste était gardé par dix hommes. Un second poste établi sur la grande terre, au bord de la mer, servait d'entrepôt et de point de communication avec le troisième poste, celui des charpentiers, qui travaillaient au milieu des bois...

Malgré tous les témoignages d'obéissance et d'affection que leur donnaient les sauvages, les Français se tinrent longtemps sur leurs gardes. Peu à peu, cependant, la confiance s'établit, au point que le commandant, qui d'abord ne laissait jamais aller les canots à terre que bien armés, se relâcha de cette précaution. Comment en eût-il été autrement ? Lorsque le capitaine Marion était à bord de son vaisseau, la chambre du conseil se remplissait de naturels qui lui apportaient leurs plus beaux poissons ; lorsqu'il allait à terre, ils l'accompagnaient avec de grandes démonstrations de joie ; les enfants même le caressaient et l'appelaient par son nom.

Takouri, le chef du plus grand village, lui amenait souvent son fils et le laissait passer la nuit sur le vaisseau.

Il y avait trente-trois jours que les vaisseaux de l'expédition se trouvaient mouillés dans la Baie-des-Iles, et rien ne semblait devoir altérer la bonne intelligence dans laquelle on vivait avec les sauvages. Le 12 juin, à deux heures de l'après-midi, Marion descendit à terre dans son canot armé de douze hommes, et emmenant avec lui deux jeunes officiers, — MM. de Vaudricourt et Lehoux, — un volontaire et le capitaine d'armes de son vaisseau. Takouri et cinq ou six sauvages l'accompagnaient dans cette partie de plaisir, où l'on se proposait de manger des huitres et de pêcher au filet.

Le soir, le capitaine ne revint pas coucher à bord de son vaisseau, ni personne du canot. On n'en fut nullement inquiet, tant la confiance dans l'hospitalité des indigènes était fermement établie ! On crut seulement que le commandant avait couché à terre dans un des postes...

Mais le lendemain matin, on aperçut sur les vagues un homme qui nageait vers le vaisseau; on lui envoya un bateau pour l'amener à bord. C'était un chaloupier, qui seul avait échappé au massacre des marins français.

Il raconta que lorsque la chaloupe avait abordé la terre, les sauvages s'étaient présentés sans armes au rivage, se montrant comme à l'ordinaire bons et respectueux, mais que les matelots s'étant dispersés pour ramasser du bois, les sauvages, armés de casse-têtes, de massues et de lances, s'étaient précipités par troupes de huit et dix sur chaque matelot, et les avaient mis à mort. Le chaloupier était parvenu, après s'être défendu, à gagner le bord de la mer, et à se cacher dans les broussailles. De là, il avait vu tuer ses camarades ; les sauvages, après les avoir frappés mortellement, les avaient dépouillés de leurs vêtements pour dépecer les corps... Ce marin avait pris le parti de gagner le vaisseau à la nage.

Il n'y avait pas à en douter : on se trouvait en présence d'une population de cannibales ; le commandant Marion du Fresne et les siens avaient eu le plus pitoyable sort !

Les officiers qui restaient à bord des deux vaisseaux s'assemblèrent pour aviser aux moyens de sauver les trois postes. On décida d'expédier la chaloupe du *Mascarin*, bien armée, pour rallier nos marins dispersés et sans défiance, au milieu de tant d'ennemis. La chaloupe du *Castries* et le canot du capitaine Marion furent découverts échoués près du village où Takouri commandait. Les naturels qui se montraient étaient armés de haches, de sabres et de fusils, dépouilles de nos marins égorgés.

Le capitaine Crozet se trouvait au poste lorsque le détachement arriva baïonnette au bout du fusil. Ce déploiement de forces lui fit pressentir un malheur. Il s'approcha seul, et fut informé, par l'officier qui conduisait la vaillante petite troupe, des événements tragiques survenus la veille. Alors il défendit aux marins du détachement de communiquer à leurs camarades les tristes nouvelles, et il fit cesser les travaux, rassembler les outils et les armes, puis il ordonna de faire un trou où l'on enfouit ce qu'on ne pouvait emporter. On mit le feu à la baraque du poste pour cacher sous les cendres les traces de la fosse.

En gardant le silence sur le massacre, le capitaine agissait avec prudence. Les hommes avaient besoin de tout leur sang-froid pour se défendre s'il en était besoin : Crozet se voyait entouré de tous côtés par les naturels, qui se rassemblaient par troupes sur les hauteurs environnantes.

Enfin la petite troupe de soixante hommes, bien armés, se mit en marche, Crozet formant l'arrière-garde, et traversant de nombreux groupes de sauvages. Quelques chefs, en les voyant passer, leur criaient comme une menace du sort qui les attendait : *Takouri maté Marion*, « Takouri a tué Marion. »

Deux lieues se firent ainsi jusqu'au bord de la mer où les chaloupes attendaient ; les Maoris marchaient toujours sur les flancs de la colonne, de plus en plus hardis et menaçants, ne cessant de répéter que Marion avait été tué et mangé.

Quelques marins, ayant fini par comprendre que leur commandant était tombé victime d'une trahison, voulaient combattre et tirer une vengeance immédiate, et ce ne fut qu'à grand'peine que Crozet parvint à les maintenir, sachant très bien que le premier coup de feu donnerait le signal d'un massacre général : jamais alors aucun des hommes des deux vaisseaux n'eût rapporté la nouvelle de la mort de ses compagnons. D'ailleurs, il fallait songer au troisième poste, — celui des malades, — à mettre en sûreté.

Cependant, comme nos marins arrivaient à la chaloupe, les sauvages les serrèrent de plus près ; Crozet donna l'ordre aux matelots chargés d'outils de s'embarquer les premiers ; puis plantant un piquet à terre à dix pas de lui et s'adressant au chef, il lui dit :

— Si un seul des tiens dépasse ce piquet, je le tue avec ma carabine.

Le chef répéta à ceux qui l'entouraient les paroles du capitaine, et aussitôt les sauvages s'assirent à terre. Mais quand le dernier homme eut embarqué, les sauvages se levèrent d'un seul mouvement, en poussant leur cri de guerre. Ils lancèrent des javelots et des pierres, et pour assouvir leur haine brûllèrent les cabanes qui étaient sur le rivage.

Dès que le capitaine Crozet arriva à bord du *Mascarin*, il expédia la chaloupe pour aller dégager le poste des malades. Ils furent heureusement ramenés sur les vaisseaux à onze heures de la nuit. Autour du poste, les naturels hurlaient et criaient; mais ils n'osèrent rien entreprendre.

Cependant le vaisseau *le Castries* n'avait ni beaupré, ni mât de misaine. On fit des mâts avec un assemblage de petites pièces de bois recueillies dans les deux vaisseaux. D'autre part, on manquait d'eau et de bois pour continuer le voyage. L'île Motou-Aro, placée au milieu de la baie, à portée des deux vaisseaux, offrait du bois à discrétion et de l'eau douce ; mais sur l'île il y avait un village qu'il fallait observer. En envoyant un détachement dans l'île Motou-Aro, le capitaine Crozet ordonna de faire feu au premier signe d'hostilité.

Nos marins, heureux de pouvoir enfin venger la mort de leurs officiers et de tant de braves compagnons, n'y manquèrent pas. Dès qu'ils se virent menacés, ils entamèrent une fusillade qui jeta bas six chefs et nombre de sauvages. Les guerriers, dirigeant leur fuite vers leurs pirogues, furent poursuivis la baïonnette dans les reins ; plus de cinquante furent tués ou culbutés dans la mer.

On enterra les sauvages tués dans le combat, en leur laissant à tous une main hors de terre, pour bien faire voir que les Français ne mangent point leurs ennemis.

Il fallait, pour appareiller, sept cents barriques d'eau et soixante-dix cordes de bois à feu, à partager entre les deux bâtiments. Pour les réunir, cela demanda un mois : tous les jours la chaloupe était envoyée dans l'île, les travailleurs escortés de marins armés.

Avant de quitter la Nouvelle-Zélande, les officiers du *Mascarin* et du *Castries* envoyèrent en expédition un fort détachement afin d'avoir quelque renseignement sur le sort du capitaine Marion et de ses compagnons. L'officier qui commandait fit des perquisitions minutieuses, d'abord à l'endroit où l'on avait vu les deux chaloupes échouées, puis au village de Takouri, où l'on fouilla toutes les cases vides. Les sauvages s'étaient retirés ; on vit de loin Takouri, portant sur ses épaules le manteau écarlate et bleu de l'infortuné Marion.

Dans ce village abandonné, il né restait que quelques vieux Maoris assis tranquillement devant leurs huttes. Dans la demeure de Takouri, on trouva le crâne d'un homme qui avait été cuit depuis peu de jours ; on y voyait encore quelques parties charnues, et même les marques des dents des cannibales; on découvrit aussi un morceau de cuisse, passé à une broche de bois.

On réunit quelques pièces de vêtement et des armes provenant des marins massacrés, et une fois en possession de ces preuves, aucun doute ne pouvant plus d'ailleurs subsister sur le sort du commandant Marion du Fresne et des hommes de sa suite, on mit le feu à deux villages, — représailles bien insuffisantes!

Le 14 juillet, les vaisseaux le *Castries* et le *Mascarin*, commandés par MM. Duclesmeur et Crozet, quittèrent enfin la Nouvelle-Zélande pour continuer leur voyage dans les mers du Sud.

L'année suivante, l'illustre Cook, qui dans un premier voyage avait dû tenir en respect les Néo-Zélandais en les menaçant de ses canons, revint encore reconnaître le littoral de la plus grande île de la Polynésie. Dans ce second voyage, un des canots du vaisseau *l'Adventure*, commandé par Furneaux, compagnon de Cook, fut enlevé par les Maoris, qui massacrèrent et mangèrent les marins qui le montaient.

Il y a de pareils faits plus récents encore, à mettre à la charge des Néo-Zélandais, nous n'en citerons qu'un. En mars 1816, le brick américain *l'Agnès* ayant mouillé sur la baie de Toko-Malou, trois hommes de l'équipage furent tués par les Maoris, puis onze autres. Ces derniers furent assommés, rôtis et mangés. Un seul marin trouva grâce à leurs yeux, un Anglais nommé Rutherford. Il plut à Emaï, un chef très puissant. Rutherford devint chef à son tour ; mais il se sauva après dix années de cette captivité dans les grandeurs, et put atteindre l'Europe.

Non loin de la grande terre des Maoris se trouve, on le sait, la Nouvelle-Calédonie. L'attention du gouvernement français fut attirée sur cette île par le retentissement qui suivit un de ces horribles attentats, œuvre des cannibales océaniens: les Canaques de Balade semblaient jaloux des indigènes de la Nouvelle-Zélande. Déjà, ils avaient assassiné plusieurs missionnaires et massacré les équipages de caboteurs anglais venus d'Australie pour pêcher sur leurs côtes, lorsqu'en 1851 l'*Alcmène*, commandée par le comte d'Harcourt, vint mouiller à Balade. Chargé de faire des travaux hydrographiques, cet officier donna ordre à quinze de ses hommes, sous la direction de deux aspirants de marine, de remonter vers le nord dans une chaloupe.

« Pendant le cours de cette exploration, a écrit M. Jules Garnier, l'équipage de la chaloupe descendit sur l'ilot Yenguébane pour y faire son repas et y passer la nuit; les naturels étaient venus de toute part pour examiner les étrangers : il n'y eut échange que de bons procédés; cependant M. Devarenne, commandant de la chaloupe, jugea prudent de ne point passer la nuit à terre : ses hommes dormirent donc dans l'embarcation, pendant que les visiteurs indigènes, sur le rivage, étaient étendus autour de leurs feux, irrités, probablement, du peu de confiance que semblaient leur montrer les étrangers.

« Jusqu'ici tout allait bien, lorsque, vers le matin, avant de partir, par une fatale inspiration, les Français revinrent à terre pour y faire le café; les indigènes, comme la veille, semblèrent bienveillants; ils apportèrent du bois pour faire du feu, et rendirent plusieurs services ; les matelots se promenaient sur la plage et plaisantaient avec les naturels, dont le nombre augmentait peu à peu.

« Au moment où nos compatriotes s'embarquaient, les sauvages devinrent presque obséquieux, portant eux-mêmes la chaudière pleine de café dans le canot, prenant les hommes sur leur dos pour les empêcher de se mouiller en entrant dans l'eau pour gagner leur embarcation ; de cette façon, ils entourèrent le canot sans éveiller les soupçons.

« Suivant l'usage, M. Devarenne restait le dernier à terre ; il se disposait à monter sur le dos d'un matelot, lorsque les sauvages qui étaient près de lui le renversèrent et l'assommèrent ; en même temps, ceux qui entouraient le canot tombaient sur les matelots, dont les armes étaient au fond de l'embarcation, pendant qu'ils prenaient leurs avirons ; les lances et les casse-têtes fonctionnèrent ; en un instant tout fut terminé. Cependant, trois matelots s'étaient précipités dans la mer, et, fous de terreur, nageaient vers le large ; les naturels les atteignirent bientôt et les firent prisonniers. Après le massacre, on fit la part des cadavres des victimes et un horrible repas eut lieu, accompagné de danses et de hurlements joyeux.

« Quelques jours après, un grand canot, à la recherche du premier, passa par là et, grâce à l'intelligence de celui qui le dirigeait, parvint à connaître la vérité et put heureusement se faire rendre les prisonniers, qui étaient très bien traités, d'ailleurs.

« Une expédition fut dirigée contre ces cannibales, qui gagnèrent la grande terre et ses montagnes inaccessibles ; cependant quelques-uns d'entre eux furent tués, leurs cases, leurs plantations, leurs pirogues détruites, et plus de six mille pieds de cocotiers, qui n'en pouvaient mais, abattus.

« Depuis ces événements, j'ai été un des premiers Européens qui fût revenu dans ces parages, et sur les lieux mêmes du massacre ; les indigènes me montraient avec une sorte de complaisance ceux d'entre eux qui y avaient pris le plus de part. Certes, pendant qu'ils nous faisaient un semblable récit, nos cœurs battaient de colère, et nous aurions été heureux de tirer une vengeance éclatante de ces forfaits ; mais j'étais venu dans cette tribu redoutable et nombreuse avec sept hommes armés seulement, et, bien loin de provoquer une attaque, nous aurions fait tout notre possible pour l'éviter. »

Toutes les îles de l'Océanie semblent rivaliser quand il s'agit de cruauté.

Aux îles Tonga, déjà trop de fois nommées, l'*Union* de New-York, capitaine Isaac Pendleton, perdit son capitaine et plusieurs hommes de son équipage, et si le second, nommé Wrigt, n'eût fait couper les câbles, le navire eût été enlevé par les naturels. Ces féroces insulaires cherchèrent à attirer un des canots à terre. Mais une femme de couleur, cette même Elisa Mosey demeurée sur l'une des îles depuis le massacre du *Duke of Portland*, s'offrit aux naturels pour faciliter l'exécution du guet-apens que l'on préparait. Elle se fit conduire près du navire, se flattant de persuader l'officier qui commandait à bord et de l'attirer dans le piège ; mais cette femme courageuse, quand elle fut près de l'*Union*, se jeta à la nage et vint dévoiler les projets des insulaires. Wrigt mit aussitôt à la voile... Hélas! c'était pour tomber en des mains plus cruelles encore. Une implacable fatalité pesait sur ce navire ; quelques jours après, il se perdit sur les îles Viti, et son équipage fut massacré et dévoré par les cannibales de cet archipel.

Du reste, ces naturels se traitent entre eux avec tout autant de cruauté. Ainsi, vers 1820, une grande pirogue de Tonga ayant fait naufrage sur les côtes de Landzala, l'une des nombreuses îles Viti, les cannibales massacrèrent et mangèrent tous les hommes qui la montaient.

Ce n'est pas forcer notre cadre que de donner un souvenir à un vaillant missionnaire anglican, qui fit véritablement montre des aptitudes d'un navigateur.

John Williams, peu connu chez nous, est l'un des plus célèbres missionnaires anglais. Né à Tottenham, près de Londres, en 1796, il était encore en apprentissage chez un taillandier lorsqu'à l'âge de seize ans il abandonna les cisailles pour se consacrer à la prédication et à l'ins-

Anthropophages.

truction des sauvages dans les îles des mers du Sud. Quelques années après, il se trouvait établi dans l'île de Raiatea — île du groupe de Taïti. Ses efforts pour civiliser les insulaires furent couronnés de succès. Il parvint à organiser une administration; il enseigna aux naturels à construire des demeures fixes, et, pour les exciter à commercer, il acheta un schooner nommé *le Endeavour*, avec lequel il établit des communications d'une île à l'autre.

En 1823, le hardi missionnaire découvrit l'île de Rarotonga, la plus belle et la plus populeuse des îles du petit archipel Hervey. C'était alors une île d'anthropophages. Williams entreprit d'adoucir les mœurs de ses habitants. Mais comme il était en désaccord de vues avec la Société des Missions de Londres, il lui fallut se dessaisir de son schooner. Quand il voulut quitter cette île, il dut attendre durant de longs mois qu'un navire de passage vînt le délivrer ; aucune voile libératrice n'apparut sur la mer, et l'ancien ouvrier taillandier entreprit de construire, avec l'aide des insulaires, un petit navire avec lequel il pût retourner à Raiatea.

En 1834, John Williams revint en Angleterre. L'infatigable missionnaire repartit le 1er avril 1838 sur le *Camden*, acheté pour le service des missions. Il emmenait avec lui plusieurs jeunes gens décidés à le seconder dans ses efforts.

Après plusieurs visites à Rarotonga, à Taïti, à Raiatea et d'autres îles du grand Océan, il se risqua à aborder à Erromanga, une des îles des Nouvelles-Hébrides. Mais cette fois il ne réussit pas à dompter les cruels instincts des anthropophages. Ce fut en vain qu'en prenant terre il essaya de gagner l'amitié des naturels de cette île ; il leur tendait la main, ils la refusaient ; leur attitude était réellement menaçante.

Ses compagnons, craignant pour leur vie, battent en retraite et s'efforcent en vain de l'entraîner avec eux. Tout à coup un horrible hurlement se fait entendre. Lorsqu'il comprit le danger de sa situation, Williams voulut fuir et rejoindre le canot où s'étaient réfugiés les siens. Mais il fut poursuivi par un Papouas à l'énorme tête laineuse.

Le rivage était escarpé et encombré de roches, et le malheureux Williams tomba dans l'eau, où il reçut sur la tête plusieurs coups de massue. C'est en vain qu'il se débattit... Les sauvages vinrent en foule pour achever de l'assommer ; ils le rouèrent de coups, ce qui est une façon d'attendrir les chairs, du vivant même de la proie convoitée... Une bande d'affreux marmots noirs — espoir du cannibalisme ! — se fit ensuite un eu de cribler le corps de fragments de roches, jusqu'à ce que l'eau fût rougie du sang du trop confiant et trop zélé missionnaire.

Quand la nouvelle de cet attentat parvint à Sydney, un vaiseau de guerre fut envoyé à Erromanga, non pour venger la mort de Williams — ces sortes de représailles produisent peu d'effet, — mais pour essayer de recouvrer ses restes. Les cannibales ne purent rendre que son crâne et ses os : ils l'avaient mangé.

Au nord de l'Australie, dans le dangereux détroit de Torrès encombré de récifs et qui sépare l'Australie et la Nouvelle-Guinée ou Papouasie, de nombreux marins des équipages du *Chesterfield* et du *Hormuzier*, qui mouillèrent en 1793 entre les îles Warmwax et celles de Murray, tombèrent sous les coups des naturels qui sont anthropophages, et dont la réputation de férocité est la terreur des marins qui ont à traverser le redoutable détroit de Torrès, car, sur dix navires qui s'y engagent, la perte de cinq est fatale.

Le *Northumberland*, vaisseau de la Compagnie des Indes, commandé par le capitaine Rees, allant en Chine dans la mousson contraire, relâcha, le 30 mars 1783, dans une baie de la côte nord-ouest de la Nouvelle-Guinée qu'on croit être la baie de Freshwater (Eau fraîche). Dans un combat sanglant que les Anglais et les lascars de l'équipage soutinrent contre les naturels, il y eut des prisonniers — qui furent assez bien traités ; — mais les Papouas mangèrent les blancs tués dans la mêlée, après les avoir dépecés avec de petits couteaux. Ils conservèrent les têtes dans des paniers, en leur faisant subir une préparation

Avec les Papouas nous sommes en pleine anthropophagie.

En 1830, le schooner américain *l'Antartic*, commandé par Benjamin Morrell, aborda les îles Carteret, appartenant à l'archipel de Salomon. Un récif de corail entoure ce groupe d'îles qui sont basses et bien boisées. *L'Antartic* était venu dans la mer de Corail pour pêcher et préparer le trépan ou holoturie dont les rochers sont couverts, et qui constitue un article d'un bon placement en Chine.

Le 25 mai 1830, l'*Antartic* mouillait à un mille de la petite île, qui est au nord-est. Les naturels Papouas, noirs comme des Africains, remarquables par une énorme chevelure et complètement nus, arrivèrent montés dans leurs canots, mais se tenant à une assez grande distance du schooner.

Le capitaine hissa un pavillon blanc, et fit luire à leurs yeux des colliers de verroteries, ce qui les engagea à s'approcher du navire. Le capitaine Morrell distingua parmi eux un guerrier dont le corps était bizarrement orné de coquillages et de guirlandes de fleurs, les bras et les jambes chargés d'anneaux et de bracelets de la plus belle écaille de tortue; c'était un chef; on réussit à lui persuader de monter à bord où, suivi de quelques-uns de ses compagnons, il se mit à examiner tout, exprimant son admiration par des cris à chaque chose dont la nouveauté frappait ses regards.

Après avoir reçu quelques cadeaux, les sauvages regagnèrent leur ile, où, peu après, le capitaine Morrell les rejoignit pour choisir, à la portée de son ancrage, un emplacement favorable pour la préparation du trépan : il fallait un hangar, des fourneaux de séchage, etc. Aussitôt que le chef put comprendre les intentions du capitaine, il lui promit l'assistance de tout le village, et ils se quittèrent bons amis.

Le lendemain, on descendit à terre vingt-cinq marins à l'endroit désigné. Les hommes avaient des haches bien aiguisées pour abattre des arbres et déblayer le terrain. Ils se mirent au travail avec ardeur, entourés d'une centaine de naturels. Le jour suivant, l'armurier, avec sa forge, se joignit aux travailleurs. Les naturels offrirent leur concours. Ils firent avec des feuilles de cocotier une espèce de chaume destiné à couvrir un toit. La forge fut mise en activité ; ce spectacle si nouveau attira nombre d'insulaires avides de ne perdre aucun mouvement de l'armurier.

On fabriqua un petit harpon pour un des chefs, qui le reçut avec une joie excessive. Un autre harpon fut forgé pour le roi, et Morrell gratifia les autres chefs de quelques hameçons pour la pêche. Il arriva que les naturels des iles voisines, attirés par la curiosité, voulurent visiter la forge. Ces sauvages se saisissaient d'une barre de fer à leur convenance, et l'emportaient sans cérémonie. Il fallait courir après les fanatiques de métallurgie et les forcer à restituer. Le sans-façon et l'audace croissant, d'autres indigènes s'emparèrent de divers outils. Les chefs intervenaient, et il y eut plus d'une fois résistance et lutte, même un conflit assez grave entre les indigènes, dans lequel ils en vinrent aux mains. L'armurier, qui avait un moment quitté sa forge pour intervenir, ne retrouva à son retour rien de ce qui pouvait s'emporter. Le fer, les outils les moins lourds avaient été enlevés.

Le roi fit encore rendre une partie des objets volés ; mais dès ce moment la mésintelligence se mit entre les pêcheurs de trépan et les naturels.

Le 28 mai, dès cinq heures du matin, vingt et un hommes de l'équipage, sous le commandement de Wallace et de Willey, le second officier, se rendirent à terre. Le capitaine prit aussi avec lui quelques hommes et fit transporter les ustensiles nécessaires à la préparation du trépan.

L'atelier s'achevait; deux cent cinquante naturels prêtaient aux travailleurs leur assistance. Plusieurs embarcations étaient parties déjà, lorsque le capitaine fut effrayé par une rumeur qui glaça son sang dans ses veines : c'était le cri de guerre des sauvages.

« Je ne sais, a-t-il dit dans sa relation, je ne sais si le feu d'un volcan, si la secousse inattendue d'un tremblement de terre, si la foudre, brisant en éclats le pont de l'*Antartic*, m'eussent causé un saisissement, une terreur égale à ce que me fit éprouver cet infernal hurlement. Je vivrais toute l'éternité, que jamais il ne cesserait de retentir à mes oreilles, jusque dans mes songes. Je ne connaissais que trop bien les suites meurtrières de ce cri fatal, et je n'étais pas là pour protéger mes compagnons !... »

La batterie de bâbord de l'*Antartic* portait directement sur le village, et, sans songer à la trop grande distance, le capitaine Morrell saisit une mèche allumée et mit le feu à l'une des pièces. Le boulet dut être perdu ; mais la détonation de la pièce d'artillerie donna l'alarme aux hommes, qui, dispersés dans les bois, s'occupaient de leurs différents travaux. Ils comprirent que la paix était rompue avec les naturels, et ils coururent au rivage, où, en face du schooner, ils avaient laissé leurs armes sous la garde de deux des leurs. En y arrivant, ils se trouvèrent en présence d'une multitude de sauvages, qui venaient de massacrer les gardiens des armes, et attendaient les marins l'arc tendu, prêts à tirer.

Au moment où les hommes de l'*Antartic* sortirent du taillis, une grêle de flèches fut dirigée contre eux. Mais une chaloupe arrivait au secours des marins attaqués. — Courage, disait l'officier qui la commandait, courage, mes amis, forçons la marche ! Courage ! pour l'amour de Dieu, sauvons nos frères !

Et les dix rameurs se courbèrent sur leurs rames.

Cependant les pauvres marins vendaient chèrement leur vie. Wallace, dont la bravoure mieux encore que le nom atteste la noble origine, rallie ses hommes, secondé par son ami Willey. Voyant qu'il s'agit d'un massacre général, qu'il n'y a aucun quartier à attendre, le vaillant officier, déjà percé de trois flèches, anime encore ses compagnons.

— Mes braves compagnons, s'écrie-t-il, mourons au moins en gens de cœur ! Serrons nos rangs ! le coutelas au poing, et suivez-moi ! S'il est pour nous quelque chance de salut, ce n'est qu'en passant sur le corps de l'ennemi !

Mais la bravoure des matelots anglais et américains ne peut rien contre le nombre de ceux qu'ils combattent avec furie. Criblé de flèches,

Wallace, dont les forces étaient épuisées, tomba à côté de son ami Willey, qui venait de recevoir le coup mortel. Au moment même d'expirer, Wallace encourage encore ses compagnons.

Sur vingt et un marins, quatorze déjà étaient morts quand la chaloupe toucha le rivage. A une portée de mousquet, les hommes qui la montaient firent feu, et les sauvages reculèrent, ce qui permit à la petite bande, réduite à sept hommes blessés grièvement, de rallier la chaloupe.

L'embarcation, trop chargée, s'éloignait lentement, et les sauvages, revenus de leur première surprise, sautèrent dans leurs pirogues et la rejoignirent, tout en faisant pleuvoir sur elle une grêle de flèches. Pas un marin n'eût échappé, si le capitaine Morrell n'eût ordonné de tourner contre les pirogues la bordée du schooner, et au moment où les sauvages se trouvèrent à portée, l'*Antartic* fit feu de toute sa batterie. Les canots des Papouas, criblés de mitraille, reculèrent en désordre et avec des pertes sensibles.

Les cadavres des malheureux marins massacrés gisaient sur le rivage, où les sauvages les dépeçaient avec leurs propres coutelas : tel fut l'atroce spectacle que les survivants eurent sous les yeux. La nuit vint ; des feux s'allumèrent partout, et l'on put distinguer à leurs lueurs les lugubres apprêts du festin des cannibales.

Toute la nuit, l'*Antartic* croisa mèche allumée entre les récifs et les bas-fonds. Au point du jour, le schooner put appareiller. Un vent favorable le conduisit à Manille où son commandant tripla son équipage et renforça son artillerie.

Le 13 septembre de la même année, le capitaine Morrell, avec une ténacité tout américaine, revint en vue des îles du massacre. Il s'établit dans l'une d'elles et s'y fortifia de manière à pouvoir repousser toute attaque ; après quoi il prit ses dispositions pour une campagne de pêche du trépan, plus fructueuse que la précédente.

Un jour, il vit apparaître un de ses anciens matelots, nommé Shaw, qu'il avait cru mort. Le malheureux fit le récit de ses souffrances. Capturé le lendemain du massacre, au fond des bois où il avait réussi à se dérober, il allait être mis à mort, quand un chef le réclama pour en faire son esclave. Le matelot américain fut occupé à faire des couteaux pour son maître, avec le fer volé à la pêcherie ; maltraité, mourant de faim, huit jours avant la seconde apparition de l'*Antartic*, il aurait été rôti et mangé, si le roi de ces îles eût été exact au rendez-vous du sacrifice.

Le capitaine Morrell quitta ces redoutables parages le 3 novembre suivant, non sans avoir été attaqué par les naturels ; mais cette fois ils furent traités selon leurs mérites. L'établissement de pêche, transformé en blockaus et défendu par quatre pierriers, était à l'abri d'une surprise et, la mousqueterie aidant, tint les assaillants à distance. L'*Antartic* foudroya de son artillerie les pirogues, noires de Papouas, qui cherchaient à l'envelopper ; et la victoire demeura aux Américains sans leur coûter, cette fois, un seul homme.

Mais il n'y a peut-être jamais eu de drame maritime aussi sanglant que celui dont fut témoin une île d'un de ces archipels de la Mélanésie habités par les cannibales Papouas. En voici la lamentable narration.

Le trois-mâts français *le Saint-Paul* était parti de Hong-Kong dans le courant de juillet 1858, avec vingt hommes d'équipage et trois cent dix-sept Chinois, engagés pour l'exploitation des mines d'or de l'Australie.

Avec tant de monde à son bord, menacé de la disette, le capitaine Pinard tenta, pour raccourcir la traversée, de passer entre les îles de la Louisiade. Les gros temps et des brouillards épais s'opposant à tout calcul exact sur la position du navire, on navigua d'après « l'estime », et avec tant d'incertitude, que trois jours après le *Saint-Paul* faisait côte. On descendit sur un îlot. Les vivres disputés aux flots consistaient en quelques barils de farine, deux ou trois quarts de viande salée et un petit nombre de boites de conserves. On manquait complètement d'eau douce. Mais la grande terre était en vue : c'était l'île Rossel.

Le capitaine, accompagné d'une partie de l'équipage et des passagers, y débarqua et y fit choix d'un campement sur le bord d'un ruisseau, à quelques pas du rivage et en vue de l'îlot, où le gros des passagers restait réfugié.

Le capitaine avait armé ses hommes de fusils : on avait de la poudre et des balles, mais pas une capsule ! C'est ainsi qu'on affronta une population aux féroces instincts. Pour donner le change, les sauvages accueillirent d'abord assez bien les naufragés ; ils leur offrirent des cocos et d'autres fruits. Voyant cela, le capitaine Pinard reprit courage, et rapporta de l'eau douce aux Chinois de l'îlot, laissant douze hommes dans l'île Rossel.

Mais dès qu'il se fut éloigné, les naturels, se démasquant, attaquèrent à coups de pierre les hommes demeurés au milieu d'eux. Ils les assommèrent. Un mousse nommé Narcisse Pelletier, — dont nous avons raconté les aventures extraordinaires, — et un novice échappèrent au carnage en entrant dans la mer pour gagner l'îlot.

Les Papouas les poursuivirent, et Pelletier, blessé à la tête par une pierre, fut sauvé par son capitaine, revenu vers l'île, et qui le recueillit dans son embarcation, ainsi que le novice.

Les naturels tentèrent de passer dans l'îlot pour y continuer leur œuvre de mort. Ils s'avançaient par grandes masses dans leurs pirogues ou à la nage. Il fallut pour les tenir à distance leur tirer des coups de fusil, ce qui ne fut possible qu'en démontant les cheminées des fusils et en produisant l'explosion avec un tison enflammé : un homme mettait l'arme en joue, un autre y portait le feu.

Le lendemain, le capitaine Pinard se décida à prendre la mer avec les onze marins qui lui restaient, pour tâcher d'atteindre l'établissement anglais le plus proche, promettant d'envoyer aussitôt un navire qui ramènerait à Sydney les Chinois qu'il allait abandonner. Il leur laissa presque tous les vivres, — ce qui était à peine suffisant pour une semaine ; il n'emporta qu'une douzaine de boîtes de conserves et ce que pouvaient contenir d'eau trois paires de bottes de mer. Les fusils et les munitions restaient aussi entre les mains des Chinois.

Le capitaine Pinard et ses compagnons entreprenaient un voyage de trois cents lieues dans une embarcation de médiocre grandeur. Après douze jours d'épreuves, ils prirent terre en vue du cap Flattery, sur la côte australienne.

Ils y trouvèrent des fruits, des coquillages et de l'eau. Les jours suivants, l'embarcation longea le littoral en descendant vers le sud. Chaque soir, on cherchait un refuge dans un des îlots dont ces parages sont semés ; l'eau faisait défaut. Cependant le capitaine Pinard et ses hommes n'osaient pas aborder le continent ; mais la soif l'emporta sur la crainte des sauvages. On alla à la recherche de l'eau ; on en trouva un peu.

Au retour, le petit mousse Narcisse manqua à l'appel : il avait été laissé par quelques matelots, — on peut dire abandonné, — près de la source tarie. On l'appela, on le chercha — mal sans doute ; ce fut en vain.

Le jour suivant, un matelot mourut d'épuisement.

Mais il fallut renoncer à se diriger vers le sud ; la persistance des vents contraires engagea les naufragés à remonter vers le détroit de Torrès, pour passer ce détroit et se rendre à Timor.

Le 5 octobre, les naufragés halaient leur chaloupe sur la grève d'un îlot où ils s'étaient réfugiés, près du cap Grenville. Au réveil, plus de chaloupe! Des naturels surviennent, les font prisonniers, les dépouillent de leurs vêtements. On les garda à vue, mais on leur donna quelque nourriture. Un des marins qui tenta de s'évader, mourut des coups qu'il reçut. Cette captivité ne fut pas, fort heureusement, de longue durée.

Il y avait six jours qu'ils étaient prisonniers d'une tribu australienne, lorsque se montra une goélette anglaise. Nos malheureux compatriotes firent des signaux qui furent aperçus. Le capitaine Mac Ferlane traita de leur rachat avec les sauvages. La goélette *Prince of Danemark* ramena le capitaine Pinard et ses matelots à la Nouvelle-Calédonie. Mais le voyage ne se fit pas directement. On employa bien des jours à recueillir de l'écaille de tortue, dans les îlots voisins du cap Grenville, et le navire anglais n'arriva à Port-de-France que le 25 décembre.

Qu'étaient devenus depuis cent jours les malheureux Chinois abandonnés sur le rocher de corail de l'île Rossel ?

Un aviso à vapeur fut expédié le surlendemain au secours des survivants — s'il en existait encore. Le capitaine Pinard était à bord de ce navire. Quand on atteignit l'île Rossel, le 5 janvier, le *Saint-Paul* laissait apercevoir sa poupe et son beaupré sur le récif où il s'était échoué....

Dans l'îlot, pas un être vivant...

Un officier y descendit et trouva une tente en lambeaux, encore fixée sur deux arbres, des troncs d'arbres sciés à un mètre du sol et creusés comme pour servir de réservoir, deux cadavres ensevelis sous une couche de cailloux, des morceaux de toile épars sur le sol, avec une grande quantité de débris de coquillages ayant servi comme nourriture.

Il fallut remettre au lendemain de nouvelles recherches. On aperçut enfin deux pirogues conduites par quelques naturels. Ceux-ci, au lieu de répondre aux signaux amicaux qui leur furent adressés, prirent la fuite, abandonnant même leurs pirogues pour se dérober plus vite. « Nous continuâmes notre route, dit M. V. de Rochas à qui nous devons le récit de cette aventure de mer, et bientôt nous aperçûmes un petit homme nu, dans l'eau jusqu'à la ceinture, et qui nous faisait des signes de ralliement, sans proférer une parole, sans pousser un cri. Cette conduite si réservée nous donna tout d'abord à penser que c'était un fuyard qui n'osait pas crier, et par conséquent un des naufragés.

« C'en était un, en effet, mais non un compatriote.

« Le pauvre petit Chinois se jeta dans les bras du capitaine Pinard, et ses premiers mots furent : *All dead :* Tous morts ! Qu'on juge de notre consternation ! Nous ne pouvions pas nous figurer que trois cent dix-sept hommes avaient pu devenir la proie de sauvages mal armés et malingres comme ceux que nous avions vus tout à l'heure. Les assertions du Chinois, qui se traduisaient autant par des signes que par quelques mots de mauvais anglais, ne nous laissaient cependant que peu de doute sur une aussi épouvantable catastrophe. Il parvint à nous faire comprendre qu'il restait seulement quatre de ses compagnons à terre, dont un appartenait à l'équipage du *Saint-Paul* et était probablement le maître charpentier.

« Suivant le Chinois, ce malheureux était gardé à vue dans les environs, garrotté, réduit au dernier degré de marasme. On lui avait passé dans la cloison du nez la tige d'os que les insulaires de Rossel et de toutes les terres environnantes considèrent comme le plus bel ornement. Sans doute le charpentier avait été adopté par quelque chef comme le petit Chinois lui-même, qui portait un collier et des bracelets. L'un des premiers mouvements de ce pauvre garçon, quand il fut en sûreté dans notre embarcation, fut d'arracher et de jeter avec indignation ces colifichets de la vanité des sauvages. »

Les marins de l'expédition poussèrent leurs recherches jusqu'à l'embouchure de ce ruisseau où le capitaine du *Saint-Paul* avait établi son campement au moment du naufrage. Là un spectacle horrible s'offrit à leurs yeux. « Des monceaux de vêtements et de queues de Chinois — on sait qu'ils étaient plus de trois cents — marquaient la place où les malheureux avaient été massacrés. Un tronc d'arbre renversé avait servi de billot où l'on appuyait le cou des victimes. Les meurtriers avaient arraché la queue de chaque Chinois encore vivant, puis l'avaient égorgé à coups de lance, et enfin s'en étaient partagé les lambeaux palpitants. »

On connut exactement les détails de ces massacres suivis d'orgies de cannibales. Les Chinois, ayant épuisé toutes leurs ressources, répondirent enfin aux offres des sauvages et consentirent à s'embarquer dans leurs pirogues. Ceux-ci les emmenèrent trois par trois à l'ancien campement. « Là, une troupe nombreuse fondait sur ces malheureux exténués et les sacrifiait de la façon la plus barbare, puisqu'elle poussait la rage de la férocité et d'une sensualité horrible jusqu'à les rompre de coups pour amollir la chair vivante dont elle se préparait à se repaître... »

Plusieurs tentatives faites pour entrer en négociation avec les indigènes de Rossel, en vue d'obtenir la mise en liberté ou le rachat des malheureux demeurés en leur pouvoir, n'aboutirent point. Alors on songea à user de représailles. Quelques coups de fusil, la décharge d'un obusier, mirent en fuite les sauvages qui, sur le rivage, défiaient leurs ennemis. On débarqua et on brûla les cases d'un village. Mais ces sortes de leçons ne servent à rien : il est si facile à ces naturels de réédifier leurs cases ! Ils peuvent d'un œil sec assister — de loin — à leur ruine.

Ce n'est pas une histoire bien ancienne que nous venons de raconter : on voit qu'à la date de 1858 régnaient encore dans les archipels de la Mélanésie les plus horribles pratiques du cannibalisme ; et même, depuis lors, des massacres de marins ont été signalés dans l'archipel de la Louisiade.

CHAPITRE XXIV

LES RÉGIONS POLAIRES ; NAUFRAGES ; NAVIRES ABANDONNÉS ; LES MARINS SUR LA BANQUISE ; HIVERNAGES, TRAVERSÉES AU MILIEU DES GLAÇONS ; LE LIEUTENANT BELLOT ; LES TOMBES DE L'ILE BEECHEY ; HIVERNAGE DE GUILLAUME BARENSZ A LA NOUVELLE-ZEMBLE ; LES HOLLANDAIS HIVERNANT A JEAN-DE-MAYEN ET AU SPITZBERG ; LE LIEUTENANT KRUSENSTERN A LA RECHERCHE DE L'EMBOUCHURE DU YÉNISSÉI ; LES KARACHINS POSSESSEURS DE RENNES ; L'EXPÉDITION ALLEMANDE ET LA *Hansa ;* LE *Polaris ;* SIX MOIS ET DEMI SUR UN GLAÇON ; LE LIEUTENANT TYSON ; DÉSASTRE DE LA *Jeannette ;* TRISTE FIN DU CAPITAINE DE LONG ET DE SES COMPAGNONS ; LES PASSAGES CHERCHÉS AU NORD ET LE CAPITAINE MAC CLURE.

Les régions polaires sont fertiles en naufrages d'un caractère particulier. Le navire arrêté dans les glaces est sous la puissance d'une étreinte dont il lui est impossible de se dégager ; ses membrures craquent et gémissent, et, si une tourmente survient, il est broyé par la pression de la banquise qui éclate de toute part sous l'effort de l'onde bouillonnante.

Il lui faut attendre la débâcle ; et elle peut se produire dangereuse, terrible, les glaces se brisant, se soulevant, d'énormes blocs étant lancés en l'air et menaçant d'écraser le navire le plus solide.

La moindre commotion détache l'avalanche avec un bruit formidable ; la masse ébranlée tombe ; elle roule, plonge, fait jaillir jusqu'au ciel des tourbillons d'écume. Longtemps elle se balance au sein des vagues agitées.

La pointe du grand mât resta seule plantée comme un signal funèbre.

Ces icebergs encombrent certains parages ; les plus gros, formés de deux ou trois montagnes assises l'une sur l'autre, profondément entrées dans la mer, sont ramenés par un courant sous-marin qui les porte au nord, tandis que les autres, entraînés par le courant de surface, s'avancent à leur rencontre. Ainsi les uns rebroussent chemin, les autres errent, ils s'entre-croisent, ils se heurtent fréquemment. Malheur au bâtiment surpris par leur choc !

« Dans ces mers, nous dit Scoresby, on ne peut prévoir, encore moins éviter l'arrivée des glaçons qui vous broient d'un seul coup. » Dans le cours d'un été, plus de trente navires périrent à l'extrémité nord de la baie de Baffin. Le capitaine baleinier en vit un écrasé entre deux murs de glace, qui en se rapprochant le firent disparaître dans leur embrassement : la pointe du grand mât resta seule plantée, comme un signal funèbre, au-dessus de ce tombeau flottant. Un autre navire, comme un cheval cabré, se dressa sur sa poupe. Deux beaux trois-mâts furent, sous ses yeux, « percés de part en part par des glaçons aigus de cent pieds de longueur ». Depuis Scoresby, on a compté plus de deux cents navires baleiniers perdus dans le parcours de la baie de Melville, — il est vrai que les icebergs abondent là plus que partout ailleurs peut-être.

Est-il possible de se prémunir contre ces dangers en n'affrontant les mers polaires qu'avec de gros et puissants navires ? Il parait que non. Les plus gros navires ne sont pas les plus résistants. Les explorateurs s'accordent à penser que les conditions nautiques les plus favorables de cette navigation sont au contraire plus sûrement remplies par de légers navires. Le yacht *le Fox*, armé par lady Franklin pour aller à la recherche de son mari, jaugeait à peine cent cinquante tonneaux. Avec de grands navires et de forts équipages, il est plus dangereux de se laisser prendre par la banquise et de se frayer ensuite un chemin au milieu d'un dédale flottant de montagnes de glaces.

Cette navigation au milieu des glaces donne lieu à des aventures étranges, pleines d'imprévu, déconcertant toute la science du marin et soumettant son courage aux plus rudes épreuves. Malheureusement, elles sont souvent marquées par des catastrophes retentissantes.

Le voyage d'exploration, commencé sur un navire à voiles ou à vapeur, se poursuit parfois en traîneaux attelés de chiens ; les marins, forcés d'abandonner le bâtiment qui les a amenés dans ces hautes latitudes, doivent accomplir de longues et pénibles étapes, à pied, en traînant ou poussant sur les banquises le canot qui contient les malades et les quelques approvisionnements dont on a pu se munir ; il leur faut escalader çà et là les glaces bouleversées qui ressemblent à d'immenses champs retournés à l'aide d'un soc de charrue gigantesque, franchir les glaciers ardus. Les souffrances sont horribles. Ils tombent un à un sur la triste route; les premiers peuvent être enterrés, les autres demeurent sans sépulture ; un amas de pierres, un cairn, dira peut-être — si les Esquimaux ne le fouillent pas — ce que sont devenus ces braves marins. Il arrive que dans ce défilé lugubre les pauvres gens s'aperçoivent tout à coup qu'ils sont emportés au loin par un glaçon détaché de la banquise.

Parfois c'est dans une chaloupe qu'on s'éloigne du lieu où le navire n'a plus offert qu'un abri. On essaye de traverser des bras de mer au milieu des glaces flottantes que les vagues jettent l'une contre l'autre, sous l'atteinte des hauts icebergs qui s'écroulent. Quelle résistance peut offrir cette coquille de noix à tant de forces déchaînées ? Les marins du *Proteus* réussirent cependant, dans de telles conditions, à gagner Godhaven, île de Disco, après avoir abandonné le steamer américain à l'entrée du détroit de Smith. Leur périlleuse traversée — sur la glace ou en canot — ne dura pas moins de trente-huit jours. Un seul d'entre eux était mort.

Il y a les hivernages forcés où l'on périt de froid, de faim, d'ennui de ne pas voir la lumière du soleil ; la lutte contre les ours, la chasse aux phoques ne trompent guère la longueur de cette interminable nuit du pôle ; la nourriture, où domine la viande salée, engendre le scorbut. A tant de causes de mort s'ajoute la crevasse béante — cet abîme qui engloutit le lieutenant Bellot. Et ces hivernages sont inévitables : selon les étés, on avance plus ou moins, puis l'hiver arrête, et l'été suivant ne dégage pas toujours ; s'il est moins chaud que celui qui l'a précédé, il ne détruit pas l'énorme masse de glaces solides qui s'entassent autour du navire et le font prisonnier.

Les lieux de ces lugubres hivernages sont toujours marqués par des tombes. Le littoral du Spitzberg en est semé. Que de pauvres baleiniers hollandais y dorment là leur dernier sommeil ! Au mois d'août 1850, les capitaines Penny et Ommaney découvrent trois tombes solitaires sur les bords escarpés de l'île Beechey. Une simple inscription donnait le nom des pauvres marins couchés dans ce sol glacé : ils avaient appartenu aux navires de Franklin, et c'est ainsi que par la découverte de ces trois tombes, demeurée mémorable, on eut la certitude que l'expédition de l'intrépide explorateur avait passé, en 1845, son premier hiver dans les régions polaires.

Il y a des hivernages au pôle nord qui sont demeurés célèbres dans les fastes maritimes. Tel est au seizième siècle l'hivernage de Guillaume Barensz et de ses compagnons sur la côte orientale de la Nouvelle-Zemble, marqué par la mort du pilote hollandais. Tel est encore l'hivernage volontaire de sept marins hollandais à l'île de Jean-de-Mayen (1633). Ces hommes courageux s'étaient chargés d'y faire des observations destinées à éclairer la Compagnie hollandaise du Groënland : ils moururent les uns après les autres.

La même flotte qui avait déposé sept marins à Jean-de-Mayen, déposa sept de leurs camarades, tout aussi courageux — ou téméraires — au Spitzberg. Ils subirent victorieusement l'épreuve et furent délivrés de leur prison de glace au mois de mai suivant. Sept autres Hollandais, encouragés par ce dernier essai, s'offrirent de passer l'hiver de la même année en cet endroit du Spitzberg. Ceux-là périrent tous : quand leurs compatriotes vinrent, en 1635, les relever de leur périlleux hivernage, ils ne trouvèrent que des cadavres. On sut par leur journal que les plus vigoureux avaient vécu jusque vers le 26 février. A cette date, quatre de ces marins, « couchés à terre, conservaient assez d'appétit pour pouvoir manger, si l'un d'eux avait eu la force de donner de la nourriture aux autres ».

En 1743, quatre ou cinq pêcheurs du gouvernement d'Arkangel, partis sur un baleinier, se trouvèrent séparés de leur navire, et parvinrent à passer plus de six années au Spitzberg, avant d'être secourus. Un seul d'entre eux mourut.

En 1777, plusieurs navires hollandais qui pêchaient la baleine non loin des côtes du Groënland, furent écrasés dans les glaces, et leurs équipages durent, en plein hiver, gagner les établissements danois du littoral. Les naufragés étaient au nombre de quatre cent cinquante ; environ cent quarante revirent leur patrie.

Les aventures de marins obligés d'abandonner leurs navires dans les glaces de la région polaire sont nombreuses, et le plus souvent navrantes. Nous en rappellerons quelques-unes.

Le voyage de l'exploration des côtes septentrionales de la Sibérie, entrepris en 1862 par le lieutenant Krusenstern, de la marine russe, ayant sous ses ordres le *Yermak* et l'*Embrio*, donna lieu à des prodiges d'énergie, mais se termina heureusement. Les deux navires — une goélette et un bateau ponté — comptaient ensemble trente hommes d'équipage; ils étaient approvisionnés pour une campagne de seize mois. On s'en allait à la recherche de l'embouchure du fleuve Yénisséi.

La petite expédition partit le 1er août du village de Kouia sur la Petchora. Le 9, les premières glaces apparurent. Quelques jours après, on pénétrait résolument dans la banquise à travers d'étroits espaces laissés entre eux par les glaçons. Les chocs ne furent pas trop rudes, et au bout d'une heure les deux navires se retrouvèrent dans la mer libre.

Mais ce n'était là que le commencement d'une suite d'étapes semblables, tantôt à travers les banquises, tantôt dans les eaux où les glaces n'empêchaient pas la navigation. Le détroit de Vaigatz fut traversé dans ces conditions. Le 14 août, à sept heures du soir, on aperçut la mer de Kara ; elle parut encombrée de glaçons bien plus larges et plus hauts que ceux que l'on avait vus jusque-là ; et le lieutenant Krusenstern pensa qu'il serait forcé de repasser le détroit.

Les deux navires trouvèrent un mouillage passable sur le cap Kaninn. Le cap s'avançait très au large et devait les protéger. Il n'y avait pas de courant sensible. Une heure plus tard, tout changea : la mer pénétra rapide par le détroit, entraînant avec elle des masses de glaces de toutes formes et de toutes grandeurs ; la pointe de terre qui abritait la goélette et le bateau ponté fut contournée par le courant; les équipages des deux navires durent entreprende une lutte héroïque contre les glaçons qui s'abattaient sur eux. Un bloc de glace arrivait sur l'avant, la chaîne raidissait, l'ancre chassait; les hommes repoussaient l'obstacle formidable avec des anspects, brisaient la glace à coups de haches. A peine délivré d'un assaut, un autre glaçon se présentait, et il fallait recommencer la lutte. Il devenait évident que rester à l'ancre était impossible et qu'il fallait dériver avec les glaces, si on voulait ne pas être écrasé par elles. On se laissa aller...

Bientôt la goélette se trouva emprisonnée; il fallut l'entourer de pièces de bois pour la défendre. L'*Embrio*, pris aussi dans les glaces, put se dégager et retourner à Kouia. Le *Yermac* échoua sur la banquise. Le 1er septembre, il y eut une horrible tempête. Comme la goélette pouvait être écrasée par le mouvement des glaces, une tente fut dressée sur la banquise et remplie de diverses provisions ; on débarqua aussi du bois à brûler et du charbon.

Le lieutenant Krusenstern décida d'abandonner la goélette et de tâcher de gagner la côte en s'aidant de la chaloupe. On mit dans cette embarcation deux cent cinquante kilos de biscuit, quelques jambons, une dizaine de litres de rhum, une caisse renfermant les instruments, les livres et les cartes nécessaires pour la route. Chaque homme s'étant fait un sac de toile à voile, y rangea une chemise et trente-cinq livres de biscuit. Une grande pelisse samoyède et une pique, utiles pour franchir les crevasses, complétaient l'équipement. On était au 9 septembre.

C'est alors que commença ce voyage aventureux des explorateurs.

On se mit en route à sept heures du matin ; le lieutenant Krusentern marchait en tête ; après lui, sous la direction de son second, M. Maticen, seize hommes traînaient la chaloupe ; ensuite venaient le docteur et le maître commis avec un petit traîneau chargé de bois et de provisions ; enfin deux jeunes volontaires conduisaient un autre traîneau auquel ils avaient attelé les chiens de M. Maticen.

Il fut bientôt évident que l'on ne pouvait conserver ces dispositions. Il fallait à tout moment traverser des crevasses ou gravir des escarpements ; plusieurs hommes étaient tombés à l'eau, les traîneaux se brisaient, la chaloupe était à moitié démolie après trois heures de marche ; Krusenstern résolut d'abandonner traîneau et chaloupe.

Chaque homme reçut un supplément de charge. Avant de quitter la chaloupe et les vivres, on fit un repas copieux, et le commandant permit à chacun des hommes de boire un verre de rhum. L'un d'eux, le forgeron Sitnikoff, en but plusieurs et demeura en arrière sur la glace, tandis que la troupe tout entière commençait à traîner le pas et à perdre courage, s'éparpillant sur plusieurs kilomètres. Le 10, l'équipage eut la joie de voir arriver Sitnikoff : il avait marché toute la nuit en suivant les traces de la petite troupe à la faveur du crépuscule polaire qui dure plusieurs mois.

Mais laissons la parole au lieutenant Krusenstern :

« A six heures et demie, dit-il, nous nous mîmes en route. Il fallait d'abord traverser la crevasse qui nous avait arrêtés la veille ; nous trouvâmes un endroit plus resserré où, à l'aide d'un petit glaçon et de la ligne de sonde, nous pûmes installer un va-et-vient ; le passage dura environ une heure ; le glaçon portait deux hommes à la fois. Nous reprîmes aussitôt après notre route à l'est.

« A midi, nous rencontrâmes des traces fraîches d'ours blancs se dirigeant vers une haute montagne de glace, mais personne n'était en humeur de chasser. La fatigue devenait insupportable : plusieurs hommes commençaient à jeter derrière eux tout ce qui alourdissait leur marche : caban, chemises de laine, bottes, biscuits ; il y en avait même qui se débarrassaient de leur petite pique, se figurant après chaque sacrifice qu'ils avanceraient plus aisément. Quant à moi, je marchais encore sans trop de peine ; la seule chose que je laissai en route, ce fut ma chevelure, devenue trop longue, qui gelait et m'empêchait de voir devant moi.

« Plus nous avancions, plus nous rencontrions d'espaces occupés par l'eau. Nous traversions à l'aide d'un va-et-vient ; lorsque les deux bords occupés par les glaces se trouvaient trop éloignés l'un de l'autre, nous choisissions un glaçon assez résistant pour nous porter tous et nous le mettions en mouvement, lui imprimant une impulsion d'abord, puis en ramant avec nos piques et les crosses de nos fusils, en mettant au vent nos pelisses étendues. C'est ainsi que nous traversions, — bien lentement, — puis nous reprenions notre marche en avant.

« Quand nous étions écrasés de fatigue, je donnais l'ordre d'arrêter et nous nous jetions sur la glace, exténués, incapables d'échanger une parole. »

Enfin, le 11 septembre, le lieutenant Krusenstern aperçut la terre.

« Avec quelle rapidité les hommes mirent leurs sacs sur le dos ! Quels airs triomphants ! comme ils allaient en avant, ne me donnant même pas le temps de prendre mon poste !

« — Votre Honneur, maintenant qu'on voit la côte, nous ne sommes plus fatigués !

« Mais, hélas ! au bout d'une heure nous rencontrâmes l'eau, et quand nous l'eûmes traversée, nous vîmes devant nous une grande étendue de glace brisée qui paraissait infranchissable ; toutefois, on distinguait très nettement le sable rouge des falaises de la côte. Il n'y avait pas à hésiter. Je m'élançai en avant, rompant ici, sautant là, passant de glaçon en glaçon à l'aide de ma pique ; l'équipage me suivait. Dieu eut pitié de nous. Au bout d'une heure et demie, nous atteignîmes de nouveau la glace ferme. Le baron Budberg, l'un des volontaires, fut le plus éprouvé dans cette rude étape à travers la glace et l'eau ; n'ayant pas le pied marin, il glissa plusieurs fois, et se fût noyé s'il n'eût été rattrapé par les hommes de l'équipage. Nous fîmes ce jour-là tout ce qu'il fut possible pour atteindre la côte ; mais nous rencontrions l'eau à chaque instant, et parfois des espaces vides de glaces avaient une largeur de plus de cent cinquante brasses. Nous les franchissions tantôt avec la ligne de sonde, comme il a été dit, et deux à deux, tantôt, serrés tous ensemble sur un glaçon, nous étendions nos « malitza » déployées et nous voguions à la volonté de Dieu.

« Vers quatre heures, nous nous trouvions ainsi sur un glaçon, lorsqu'à quatre mètres de notre île flottante six morses parurent sur l'eau, se dirigeant sur nous. Je lançai un coup de pique au plus rapproché ; mais, loin de reculer, le morse planta ses défenses dans la glace et commença à escalader notre îlot déjà surchargé. La position devenait critique : si deux ou trois morses nous eussent assaillis à la fois, notre refuge eût certainement chaviré ; j'armai ma carabine et je réussis à loger une balle dans l'œil de l'audacieux amphibie ; le morse lâcha prise et tomba dans l'eau, ce que voyant, les autres morses firent le plongeon. »

Les difficultés pour atteindre la côte se renouvelaient à chaque pas : toujours des bras de mer à traverser avec une peine infinie. Les hommes se décourageaient, s'épuisaient de fatigue ; les vivres allaient manquer, et la côte semblait s'éloigner, tant l'on avançait peu. Cela dura plusieurs jours, avec du vent, un froid intense, puis une pluie violente mêlée de neige ; et les forces diminuaient, et les obstacles semblaient s'accroître.

Enfin, à la dernière heure, et comme on ne se trouvait plus qu'à une courte distance de terre, il y eut une sorte de « sauve-qui-peut ». On se débanda, et par groupes de deux ou trois, on réussit à accomplir le dernier trajet, moitié dans l'eau, moitié sur les glaçons éparpillés et roulants. A huit heures du soir, la petite troupe tout entière se trouvait réunie sur le rivage, mouillée, affamée, sans rien pour faire du feu ; mais chacun se « trouvait déjà réchauffé par la certitude de n'avoir plus à craindre d'être emporté au large ». La nuit passée en cet état ne permit à personne de trouver le sommeil. Mais le lendemain on découvrit les tentes des Karachins nomades, possesseurs de rennes. L'équipage du *Yermac* pouvait considérer comme terminée son aventureuse marche sur une mer incomplètement solidifiée par le froid ; le lieutenant Krusenstern avait réussi à ramener ses compagnons.

La *Hansa*, bâtiment à voiles de douze hommes d'équipage, commandé par le capitaine Hagemann, et qui faisait partie de l'expédition allemande de 1869, dirigée entre le Groënland et le Spitzberg, se trouva prise dans les glaces le 9 septembre. Il fallut hiverner. On ébaucha une maisonnette avec la provision de charbon de terre ; la pêche, la chasse fournissaient du poisson et de la viande d'ours.

Cependant la *Hansa*, de plus en plus serrée dans les glaçons, fut écrasée et engloutie le 22 octobre. Les glaçons dérivaient vers le nord, emportant avec eux les naufragés dont la situation était des plus horribles. Qu'on se représente ce groupe d'hommes vivant dans la nuit constante de l'hiver polaire par 40 degrés de froid, sans aucune certitude du lendemain.

Le 1er janvier, une tempête commença. Elle dura quinze jours et, dans son dernier effort, elle brisa le glaçon et démolit la maison de charbon. Sur le plus gros débris de leur étrange radeau, les naufragés élevèrent une maisonnette nouvelle ; une chaloupe leur restait : elle pouvait servir à la dernière extrémité, si le glaçon emporté par le courant dans le mouvement tournant des eaux, heurté, pressé sans cesse par des icebergs, finissait par être pulvérisé ou englouti.

Avril arrive et s'écoule sans amener d'autre changement qu'un adoucissement de température ; au commencement de mai, la pluie tombe abondante, la glace fond et la chaloupe flotte. Il y avait six mois et dix-sept jours que la *Hansa* avait été détruite. Les naufragés abordèrent à la côte du Groënland, où les Esquimaux leur firent un bon accueil. Un brick danois les déposa à Copenhague, d'où ils regagnèrent l'Allemagne. Le roi Guillaume fit donner aux officiers et aux marins de la *Hansa* une double paie.

Coup sur coup, pour ainsi dire, se reproduisit un fait presque identique. L'année suivante, le *Polaris*, steamer à hélice américain, avait atteint le 80e degré, non plus à l'est du Groënland, mais à l'ouest, lorsqu'il se trouva pris dans les glaces et se mit à dériver ; délivré fortuitement, il fut repris au 77e degré et dériva encore au sud.

Le 15 octobre, au milieu d'une violente tempête, la glace s'ébranle et entraîne le navire. Soudain le mécanicien vient annoncer sur le pont que le navire a une voie d'eau que les pompes ne parviendront pas à épuiser. Sans vérifier l'exactitude de cette nouvelle alarmante, le capitaine Buddington, qui avait remplacé le capitaine Hall, mort l'année d'avant, commanda aussitôt de jeter sur la glace tout ce qui pouvait être utilisé.

Cet ordre s'exécuta dans une confusion extrême, au milieu d'une profonde obscurité. En peu de temps tout fut sur la glace, baleinière, bateaux, kayaks des Esquimaux, armes, vivres, hommes — et chiens.

Mais c'était une fausse alerte ; la voie d'eau n'existait pas. On reprit possession du navire ; on remonta à bord les vivres et le matériel.

Au cours de cette opération, la banquise est prise d'oscillation, la glace se brise avec fracas et plusieurs groupes demeurent séparés du steamer. Il y avait là autour du lieutenant Tyson, un Américain, un Anglais, un nègre, six matelots — tous les matelots du *Polaris* étaient allemands — de plus, huit ou neuf Esquimaux : Joë et sa femme Hannah, avec leur fille adoptive, la petite Puney, ramenés des États-Unis pour servir d'interprètes et de guides ; Hans et sa femme, pris dans la halte faite à Disco, et qui avaient avec eux quatre enfants.

Le *Polaris* avait disparu dans les ténèbres. La première pensée de Tyson fut de tenter de le rejoindre. Le lendemain on découvrit à une courte distance le steamer. Un des bateaux fut aussitôt traîné du côté de l'eau. Mais les hommes murmuraient, n'obéissaient qu'à moitié. Tyson cherche les rames, il n'en trouve plus que trois, point de gouvernail... Il fallait renoncer à se rapprocher du *Polaris*... Plus tard, le lieutenant Tyson apprit que rames et gouvernail avaient été cachés ; les matelots, ne comprenant pas le danger de leur situation, ne regrettaient nullement d'être séparés du steamer : ils savaient que, peu de temps auparavant, les marins de la *Hansa*, après avoir navigué plusieurs mois sur un glaçon, avaient été fêtés à leur retour en Allemagne et que le roi Guillaume leur avait fait donner une double paie. L'amour du gain les engageait, sans doute, à tenter l'aventure. Cette velléité imprudente décida du sort de tous.

On entrait justement dans la grande nuit du pôle ; le soleil s'était caché pour bien des jours ! Force était de s'établir sur un glaçon comme sur un radeau. Le 17, une partie du glaçon se détacha, emportant un des bateaux avec des vivres et d'autres « richesses » ; mais Tyson réussit à s'en emparer le 21. Cependant on ne pouvait songer à demeurer sur le glaçon, réduit à une surface de deux cents pas dans tous les sens. Il fallut passer sur un autre glaçon et s'y créer un abri sous plusieurs de ces huttes de neige que les Esquimaux appellent *iglou*.

Là, on eut à supporter un froid croissant, allant à 40 degrés et au-dessous, dans une nuit permanente, souffrir la faim, vivre de phoques, que prenaient Joë et Hans, d'un ours qu'on tua.

Et il y avait parmi ces naufragés deux femmes et les quatre enfants de Hans, dont le dernier-né à la mamelle, baptisé du nom de Polaris. Il est vrai qu'en leur qualité d'Esquimaux, roulés dans une peau de bœuf musqué, ils savaient trouver le sommeil. Heureusement ces braves gens ne manquaient pas d'industrie.

On peut dire que c'est grâce à eux que Tyson et ses compagnons plus civilisés durent leur salut. Les phoques saisis sur les glaces fournirent une huile qu'on brûla dans de vieilles boîtes de conserves, un peu de toile à voile servant de mèche. On eut ainsi de la lumière et de la chaleur : deux choses d'une extrême importance. Les autres approvisionnements ne faisaient pas tous défaut. « La poudre et les balles ne nous manquent pas, grâce à Dieu, a écrit Tyson. Nous avons onze sacs et demi de pain, quatorze caisses de pemmican (1), pesant chacune vingt-quatre kilogrammes, dix douzaines de caisses de viande et de bouillon, pesant chacune soit cinq cents grammes, soit un kilogramme, quatorze petits jambons, une caisse de dix kilos de pommes tapées et environ dix kilos de mélange de sucre et de chocolat ».

Avec cela les rations étaient fort maigres, car Tyson avait calculé que tous étaient condamnés à mourir de faim s'ils restaient en place pendant six mois. Ce n'est qu'à la fin d'avril ou au commencement de mai qu'ils pouvaient espérer que leur glaçon les porterait dans les régions où les baleiniers font leur campagne annuelle. Il fallait donc de l'ordre, et l'on conçoit ce cri de désespoir du malheureux Tyson lorsqu'il écrit, à la date du 23 octobre : « Je viens de faire une découverte terrible ; on n'a fait que deux distributions de chocolat et il n'y en a plus. Quelqu'un a mis la main sur la boîte. Comment faire ? On ne peut placer de sentinelles par un froid pareil. Puis, qui donc gardera ces gardes ? » Ces angoisses sont de tous les moments : l'huile va manquer ; on sera dans les ténèbres ; il faudra se nourrir de viande gelée ; puis c'est la glace d'eau douce qui ferait défaut, si Joë n'apprenait à ses compagnons d'infortune à en trouver dans les flaques où la pluie s'est accumulée à la surface de la banquise ; les hommes sont mécontents de voir la ration quotidienne réduite à onze onces. Les forces de tous s'affaiblissent ; la chasse ne rapporte rien et la prise d'un phoque devient tout un événement. Les petits Esquimaux crient parce qu'ils ont faim.

Des incidents caractéristiques se produisent : Hans tue deux chiens de l'expédition, on les mange dans son entourage. Peu après, il faut en fusiller cinq parce qu'ils se mouraient d'inanition ; on n'en garde que

(1) Le pemmican est formé de viande séchée, coupée en petits morceaux ou broyée, mélangée avec un poids égal de graisse.

quatre... Il se commet des vols de pain. Les hommes donnent des marques fréquentes d'indiscipline. Le lieutenant Tyson ne peut donner que des conseils ; il n'a aucun moyen de faire respecter son autorité. Et lorsqu'arrive la grande fête nationale américaine, le jour d'actions de grâces — 28 novembre — les Allemands ne s'associent nullement aux sentiments de leur chef.

On atteignit la Noël, et le lieutenant Tyson put noter avec émotion les impressions ressenties par lui dans ces douloureuses circonstances : « La Noël ! Tout le monde chrétien célèbre la naissance du Sauveur : nous ferons comme les autres. Un peu de joie pénétrera encore une fois dans notre monde de glace, de froid, d'orages, de faim et de ténèbres. Nous sentons bien que Dieu ne nous a pas abandonnés ; nous sommes encore ses enfants, il veille sur nous aussi bien que sur ceux qui habitent les villes et les plus somptueuses résidences des campagnes. » Il avait caché un dernier jambon ; il le donna. Chaque homme en eut un morceau gelé, avec deux biscuits, quelques morceaux de pommes tapées, et pour boisson du sang de phoque.

La nuit de l'hiver polaire aggravait les maux et augmentait l'irritation ; Tyson craignit plus d'une fois une révolte. Enfin le soleil reparaît et diminue le froid et l'accablement des esprits ; mais il amène un nouveau danger. Le glaçon menace de fondre ; le 2 avril, il se brise en morceaux ; heureusement les naufragés possédaient un canot assez grand grâce auquel on put passer d'un glaçon à l'autre.

Le 18 avril, jour de Pâques, le capitaine Tyson s'écrie : « Notre carême a duré plus de quarante jours ! Quelles souffrances ! Que Dieu nous donne notre résurrection ! » Dix jours plus tard, un bateau à vapeur est en vue, le lendemain un autre : celui-ci approche assez pour que les malheureux marins du *Polaris* essayent d'attirer son attention par des cris et en tirant des coups de fusil. Pour plus de certitude, Hans s'élance dans son kayak et atteint le steamer ; c'était *la Tigresse*... Le long martyre de Tyson et de ses compagnons allait prendre fin. Le restant de l'équipage du *Polaris*, après avoir été forcé d'abandonner ce navire, éprouva des fortunes diverses, mais fut sauvé par un baleinier écossais.

Désireux de tenter une nouvelle exploration du pôle nord et de vérifier l'existence de la prétendue mer libre, M. James Gordon Bennett, — ce propriétaire du *New-York Herald* qui envoya Stanley à la recherche de Livingstone — fit l'acquisition au Havre du cutter *la Jeannette*, et en confia le commandement au lieutenant de Long, de la marine des États-Unis. Il s'agissait de s'élever vers les hautes latitudes en franchissant le détroit de Behring. Toutes les dispositions avaient été prises pour que cette expédition pût être menée à bonne fin. L'équipage, formé de marins choisis et expérimentés, comptait en tout trente-trois personnes.

La *Jeannette* partit de San-Francisco le 8 juillet 1879. Dès le 4 septembre, en touré de glaces épaisses, le cutter était prisonnier. Il fallut hiverner. L'été qui vint ensuite ne modifia pas la situation du navire, menacé de passer un deuxième hiver dans l'immobilité : c'est ce qui arriva. Enfin, au commencement de juin 1881, les explorateurs conçurent l'espoir de leur prochaine délivrance.

Le 12 juin, la *Jeannette* était à flot ; on se disposait à profiter de la première occasion propice pour reprendre la navigation. Mais les glaces en mouvement se rapprochèrent de nouveau du cutter, qui s'inclina sous leur pression ; un glaçon ouvrit dans ses flancs broyés une large voie d'eau. Il fallut se résoudre à abandonner le navire. Des approvisionnements de toute sorte furent descendus sur la glace. Cette opération s'accomplit avec ordre. A peine était-elle achevée, que la *Jeannette* sombrait.

Il n'y avait plus qu'à songer à la retraite. Les naufragés, jetés sur les glaces flottantes, devaient se diriger vers la côte sibérienne, à l'embouchure de la Léna ; mais ils en étaient à plus de cinq cents milles !

Vingt-quatre chiens formaient l'attelage des traineaux. Les vivres ne manquaient certes pas : ils possédaient près de deux mille kilos de pemmican, six cents kilos de biscuit, cent cinquante livres d'extrait de bœuf de Liebig, deux cent cinquante-deux livres de poulet en boites, cent quarante-quatre livres de canard, quarante-quatre livres de mouton, autant de veau, cent cinquante livres de fromage, du porc, des oignons, du chocolat, du thé, du café, du sucre en grande quantité, de l'eau-de-vie, du tabac ; les vêtements ne manquaient pas non plus, ni les couvertures, ni les tentes, ni les fourneaux de cuisine : le difficile était de tout emporter à travers des espaces mobiles où la banquise souvent désagrégée présentait toutes sortes d'obstacles.

Le départ eut lieu le 17 juin, à six heures du soir. Tous les hommes valides partirent, trainant le premier canot ; mais les chiens faisaient de vains efforts pour les suivre avec le traineau n° 1. Il fallut rétrograder pour leur prêter secours et les tirer d'une ornière profonde où ils étaient tombés. De Long détacha six hommes du premier canot et revint avec eux pour prendre le traîneau. On voit que les difficultés de la marche commençaient tout de suite, malgré de minutieuses précautions prises par le commandant pour tout régler.

Un moment après, de Long se trouva arrêté par une crevasse qui venait de s'ouvrir dans la glace et le séparait du gros de sa colonne. Pour traverser, il fallait amener au bord de l'eau qui remplissait la

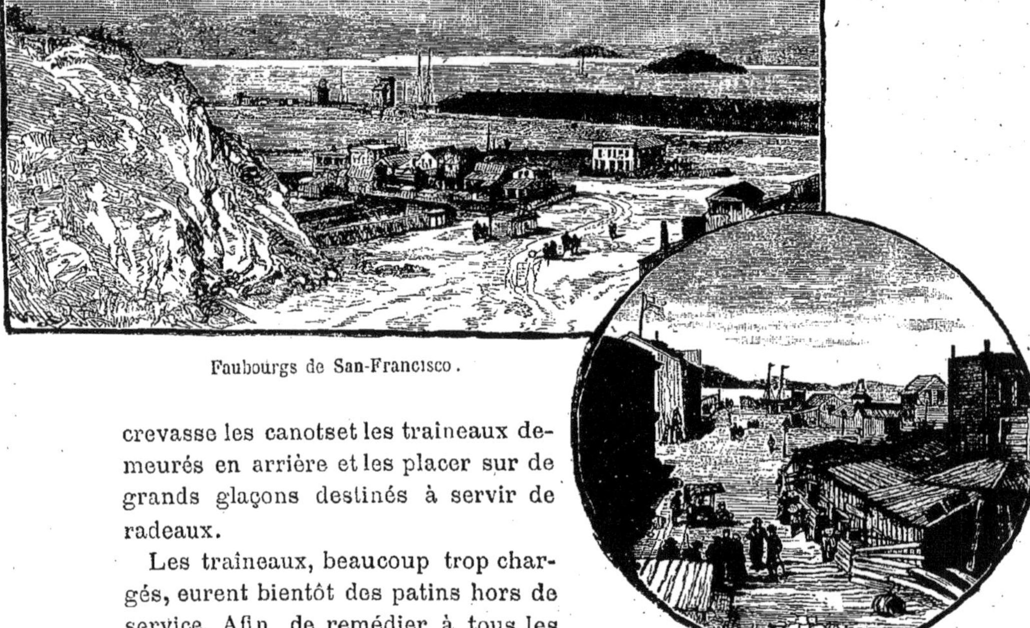

Faubourgs de San-Francisco.

crevasse les canotset les traineaux demeurés en arrière et les placer sur de grands glaçons destinés à servir de radeaux.

Les traîneaux, beaucoup trop chargés, eurent bientôt des patins hors de service. Afin de remédier à tous les fâcheux contre-temps, on dut transporter les canots et les provisions d'une étape à l'autre en six tournées consécutives. Avec ces retours en arrière, un va-et-vient perpétuel, la courageuse petite troupe n'avançait guère. Ainsi que le nota de Long, à aucune époque de l'année une marche à travers l'océan polaire n'est plus pénible qu'en été. En hiver et au printemps, le froid est certes difficile à supporter, mais le temps est sec.

Dans cette marche entreprise avec le jour sans fin de l'été, les hommes enfonçaient dans la neige à demi fondue ; il fallait dépenser beaucoup de force pour avancer peu ; les jours de pluie venaient augmenter la misère des malheureux voyageurs ; au campement, les averses fouettaient la toile des tentes, et c'était un bruit attristant; les corvées s'accomplissaient avec des vêtements imbibés d'eau... Les malades trouvaient sous la tente un abri insuffisant.

D'ordinaire, un pilote prenait les devants et jalonnait la route avec des guidons noirs, tantôt au milieu d'un amoncellement inextricable de glaçons, tantôt à travers une plaine ravinée, et toujours des solutions de continuité exigeaient l'établissement de ponts formés de blocs rapprochés ; quand l'espace était trop large, le transbordement des canots et des traîneaux sur un radeau de glace devenait nécessaire.

Le 23 juin, le lieutenant de Long éprouva une cruelle déception. Après avoir pris l'altitude du soleil, et fait ses calculs pour déterminer sa position sur la glace, il fut forcé de reconnaître que depuis sept jours, loin d'avancer, on avait rétrogradé : la banquise tout entière dérivait au nord-ouest. Il se garda de communiquer les résultats de ses calculs à ses hommes, qui eussent été pris d'un profond découragement. Il les fit connaître seulement à l'ingénieur Melville et au docteur Ambler. Il évitait « brusquement » les questions que lui adressaient ses lieutenants Danenhover et Chipp. D'ailleurs, en ce moment-là, tout le monde était gai, on entendait même les hommes chanter en marchant. « Puissions-nous ainsi, écrit de Long, conserver longtemps notre santé et notre ardeur. »

Au lieu de poursuivre sa route au sud, de Long appuya au sud-ouest, espérant arriver ainsi plus tôt à l'extrémité de la banquise... Enfin on aperçoit une terre ; les brumes la dérobent ensuite aux regards, mais on voit de nombreux guillemots, quelques goélands, un pingouin ; le docteur prend un papillon vivant. Dix-sept jours après, les naufragés débarquaient sur cette terre, à laquelle de Long, heureux de cette découverte, donna le nom d'île Bennett.

Les naufragés passèrent huit jours sur l'île Bennett et, un peu reposés, reprirent leur marche, toujours difficile à travers les glaces désagrégées. Le 10 septembre, ils arrivèrent à l'île Séménoff. Mais la mauvaise saison était revenue, le froid, l'eau glacée paralysaient les mouvements ; les journées étaient de courte durée ; les vivres diminuaient sensiblement ; toutefois, le continent asiatique n'était plus qu'à quatre-vingts milles.

Comme la mer présentait quelques espaces libres de glaces, on en profitait pour faire voile avec les trois embarcations vers l'embouchure de la Léna. Un canot était commandé par de Long, une baleinière par l'ingénieur Melville avec l'assistance du lieutenant Danenhover, dont la vue était profondément altérée, et un second canot par le lieutenant Chipp.

La rencontre des glaçons créait d'incessantes difficultés; la baleinière fut plusieurs fois trouée par leurs pointes aiguës. Une tempête sépara les trois embarcations. La baleinière arriva le 17 septembre à la Léna, qui divise son cours en plusieurs branches formant un véritable delta. Ceux qui la montaient, malgré leur état d'épuisement, allaient être secourus à temps.

De Long atteignit, le même jour, l'une des branches de la grande rivière sibérienne. Melville et lui ne purent se rejoindre, et le commandant de l'expédition était destiné à périr avec les siens de misère et de faim. Quant au canot du lieutenant Chipp, il avait dû sombrer sous l'effort de la dernière tempête. On n'en eut jamais de nouvelles.

Il semblait qu'en touchant la côte asiatique toutes les souffrances des naufragés de la *Jeannette* dussent être terminées. Mais cette partie des possessions russes, c'est le désert glacé, des étendues désolées n'offrant aucune ressource, parcourues par quelques rares Tongouses que la vue des Américains effaroucha. Ils ne comprirent pas ce qu'on réclamait d'eux et ne cherchaient qu'à s'échapper. Deux ou trois Russes secondèrent davantage Melville.

Quant à l'infortuné commandant de Long, à qui les vivres manquaient complètement et dont les compagnons souffraient du scorbut, il envoya en vain à la recherche de quelques secours deux de ses matelots, — Noros et Nindermann. Ces hommes dévoués, si médiocrement approvisionnés eux-mêmes qu'ils en furent réduits à ronger le cuir de leurs mocassins, rencontrèrent, quinze jours seulement après s'être mis en route, des indigènes, mais ils ne purent réussir à se faire comprendre d'eux, et durent chercher plus loin ce secours tardif et qui allait devenir inutile. Depuis le 10 octobre, de Long et ses compagnons n'avaient plus pour se soutenir que de la glycérine et un peu d'écorce de saule, qu'ils faisaient bouillir dans l'eau. Ils en vinrent à manger les peaux de rennes qui les enveloppaient ; le 25, ils n'avaient plus rien. Ils étaient pourtant passés près d'une hutte contenant des vivres et près d'un village, sans en avoir connaissance.

La fatalité, du reste, semblait s'être attachée à l'explorateur américain. Ainsi autour de son campement s'abattaient des bandes de ptarmigans ;

avec un fusil de chasse on eût pu en tuer assez pour se soustraire à la famine. On ne possédait qu'une carabine... Chaque soir, de Long faisait allumer un énorme bûcher dont on aurait dû de fort loin apercevoir la réverbération ; ceux qui le cherchaient ne furent pas attirés par cet appel.

De Long, qui avait noté avec de nombreux détails, sur son carnet, la perte du cutter et la retraite à travers l'Océan Glacial, cessa d'écrire à la date du 30. Ce jour-là, trois hommes de l'expédition vivaient encore : le commandant, le docteur Ambler, et le cuisinier chinois Ah Sam. Mourant de faim depuis trois semaines, ils eurent peut-être encore assez de vitalité pour attendre plusieurs jours le secours qui était si proche et qui ne vint pas...

Près de cinq mois après — le 20 mars — Melville et Nindermann découvrirent sous la neige, à l'endroit où le canot du commandant n'avait plus été porté en avant, les cadavres du lieutenant de Long et de ses dix compagnons. Melville rangea côte à côte les restes de ces malheureux et planta une croix sur leur tombe, formée d'assez de cette froide terre de la « toundra » pour que les corps restent gelés éternellement. Il fouilla ensuite le delta de la Léna, sans retrouver la moindre trace de Chipp et de l'équipage de son canot.

Il ne restait plus rien à faire en Sibérie aux survivants de la *Jeannette*. Au nombre de treize, ils quittèrent Yakoutsk, le 11 juin 1882, se dirigeant vers Saint-Pétersbourg.

Le lieutenant Danenhover était devenu aveugle, et le maître d'équipage Cole avait complètement perdu la raison. Les autres étaient malades ou encore très affaiblis.

On sait combien de tentatives ont été faites durant plusieurs siècles pour trouver au pôle nord un passage d'Europe en Asie, soit à l'est, soit à l'ouest. Un navigateur anglais dont le sort demeura longtemps un sujet de poignante inquiétude, sir John Franklin, fut bien près de découvrir le passage nord-ouest, dont l'existence a été reconnue par le capitaine Mac Clure, l'un des marins qui se dévouèrent à la recherche de l'expédition de Franklin ; mais ce passage si obstinément cherché est encombré par les glaces ; Mac Clure lui-même l'a déclaré impraticable. Depuis le navigateur anglais, un savant suédois, Nordenskïold, a réussi, en suivant les côtes de la Norvège, de la Russie et de la Sibérie jusqu'au détroit de Behring, à indiquer un autre passage par le nord-est, — tout aussi peu praticable peut-être, mais dont la découverte constitue l'une des conquêtes géographiques les plus importantes de notre époque.

Les voyages au pôle nord, bien que la question du passage d'un continent à l'autre ait beaucoup perdu de son intérêt, ne se sont pas sensiblement ralentis, et cette partie de notre globe présente encore assez de problèmes scientifiques pour qu'un élan irrésistible étant donné pour leur solution, on puisse croire que bien des épreuves sont réservées aux futurs explorateurs des régions polaires.

CHAPITRE XXV

LA MISSION GREELEY AU CAP SABINE ; LE *Proteus* NE PARVIENT PAS A LE RAVITAILLER ; MANQUE ABSOLU DE VIVRES ; ON MANGE LES MORTS ; UN JEUNE SOLDAT FUSILLÉ POUR AVOIR DÉROBÉ UN MORCEAU DE CADAVRE ; RETOUR EN AMÉRIQUE DU LIEUTENANT GREELEY ET DES CINQ AUTRES SURVIVANTS ; FAITS ANCIENS DU MÊME ORDRE : LE *Mignon* ET LA *Trinité ;* TRISTES SUITES DU NAUFRAGE DE LA *Mignonnette* ; LE MOUSSE PACKER ÉGORGÉ PAR LE CAPITAINE DUDLEY ET DEUX MATELOTS ; CONDAMNATION A MORT ; AMNISTIE ROYALE.

En l'absence de toute nouvelle de la *Jeannette*, l'amirauté américaine avait envoyé plusieurs expéditions pour retrouver les traces du cutter commandé par le lieutenant de Long. Le lieutenant Greeley, mis à la tête de ces missions, reçut l'ordre d'explorer le détroit de Robeson, — à l'ouest du Groënland. Mais Greeley comptait sur une assistance qui lui fit défaut : le *Proteus*, conformément à des instructions minutieuses laissées par lui, devait échelonner sur divers points de la côte cinquante mille rations envoyées par le gouvernement ; au départ, l'itinéraire du *Proteus* fut modifié par des administrateurs incompétents ; le *Proteus* se perdit au milieu des glaces de la baie de Melville, et son équipage, nous l'avons dit, ne regagna qu'à grand'peine les établissements danois. On expédia de nouveaux navires, avec plus de succès cette fois, mais ils arrivaient bien tard !

Lorsque, le 20 juin 1884, on apprit aux États-Unis que les navires *Thétis*, *Alert*, *Bear*, et le transport à charbon le *Loch-Garry*, réunissant leurs efforts, avaient retrouvé la mission, — les restes de la mission

Greeley, — sur les vingt-trois braves compagnons du lieutenant, un, disait-on, s'était noyé en perdant pied au moment où il allait saisir sur un banc de glace un phoque qu'il venait de tuer, et les dix-sept autres — parmi eux le docteur Octave Pavy, bien connu au Havre, où il a fait toutes ses études — étaient lentement et misérablement morts de faim et de froid. Cinq d'entre ceux-ci, annonçaient les premières nouvelles, avaient été enfouis sous des blocs de glace ; mais une violente tempête avait entraîné au large leurs corps. Les douze autres morts reposaient sur la colline qui s'élève derrière le camp Clay, où s'étaient réfugiés, sous une tente, les débris de l'expédition, après l'abandon définitif du fort Conger, lieu de l'hivernage de 1883. Des croix à moitié cachées par les neiges indiquaient les sépultures...

C'était déjà bien assez lamentable ; mais bientôt on apprit toute la vérité. Il n'en fallait plus douter : les tristes survivants de l'expédition Greeley n'avaient réussi à prolonger leur vie qu'en se nourrissant de la chair de ceux que, chaque jour, la mort délivrait de leurs tortures.

A l'ouverture des tombes, les matelots de la *Thétis* et du *Bear* n'avaient trouvé dans chacune qu'une couverture portant le nom du défunt et des ossements humains. Ce sont ces lamentables restes qu'on avait rapportés et déposés, à l'arrivée des navires à Terre-Neuve, dans des cercueils de plomb scellés que le commandant Schley, de la *Thétis*, avait formellement refusé de laisser ouvrir, en dépit des supplications des parents ou des amis des défunts accourus pour les reconnaître.

Nous extrayons les lignes suivantes d'une correspondance datée de New-York, 12 août 1884 :

« Il a dû, évidemment, se passer des scènes atroces, dans les mois de mai et de juin derniers, à la colonie du camp Clay, et il n'est guère probable que l'on connaisse jamais la vérité tout entière. Ce que l'on sait cependant, c'est que le simple soldat Henry, jeune Allemand qui s'était engagé il y a quatre ans dans le 5e régiment de cavalerie des États-Unis et l'avait quitté pour partir avec Greeley comme volontaire, se permit le 8 juin — douze jours avant l'arrivée des sauveurs — de prendre en cachette un petit supplément de l'horrible nourriture alors en usage au camp. Il fut dénoncé, jugé sommairement et fusillé. On lui logea plusieurs balles dans le corps, puis il fut mangé à son tour.

« Aussi, un autre Allemand, le premier qui s'offrit aux regards des sauveurs quand ils arrivèrent à la tente et l'entr'ouvrirent, se sentant doucement soulevé par les matelots, s'écria, fou de terreur :

« — Oh ! par pitié ! ne me tuez pas et ne me mangez pas, comme vous avez tué et mangé Henry ! »

La lettre de New-York ajoutait que les survivants de la mission rapatriés allaient de mieux en mieux. Ces malheureux, qui fussent morts dans les quarante-huit heures, sans l'arrivée du commandant Schley et de son escadre, « peuvent se vanter de revenir doublement de loin. Greeley surtout est méconnaissable. Parti grand et bel homme et jeune encore, il est rentré dans sa patrie courbé comme un vieillard, la barbe inculte et broussailleuse, la face bouffie et crevassée par le froid, le front sillonné de rides profondes, et à moitié aveugle. Son corps n'était plus qu'un squelette. Sa rencontre avec sa jeune et belle femme, dans l'après-midi du 1er août, à bord de la *Thétis*, a tiré des larmes de tous les yeux. Presque chancelante, Mme Greeley — qui depuis six mois était en grand deuil — parvint à la porte de la cabine, tremblant comme une enfant. Au moment où elle y pénétrait, le commandant Schley, qui se trouvait avec Greeley, sortit précipitamment. Le lieutenant, alors assis le dos tourné à la porte d'entrée, se retourna pour le suivre du regard, et dans ce mouvement vit sa femme qui entrait. Il poussa un cri qui s'éteignit dans un sanglot, et il bondit de sa chaise autant que sa faiblesse pouvait lui permettre de bondir, malgré un mois et demi de repos et de bons soins. Mme Greeley, éperdue, s'élança au-devant de son mari et le saisit dans ses bras, en s'écriant au milieu d'un flot de larmes :

« — Arthur ! Arthur ! retrouvé !... *At home again*... Au foyer de nouveau ! »

« Puis, ce fut la vieille mère de Greeley qui entra après qu'on eut préparé le lieutenant à cette nouvelle émotion ; et la pauvre femme ne put que s'exclamer, en le serrant sur son cœur :

« — *My son ! my poor boy !* Mon fils ! mon pauvre garçon ! » Ce fut ensuite le tour des frères de Greeley, des frères de sa femme, du secrétaire de la marine, l'honorable Chandler, qui l'embrassa affectueusement à plusieurs reprises, — comme il fit, du reste, plus tard pour les cinq autres survivants, un sergent et de simples matelots ; — et enfin, il fut permis à Greeley, brisé de joie, d'embrasser ses deux filles, l'une âgée de cinq ans, l'autre âgée de trois ans, et qui n'avait que deux semaines quand le vaillant explorateur quitta tout joyeux San-Francisco en 1881, pour se rendre au cap Sabine, dans le détroit de Smith. »

Cette fin désastreuse de la mission Greeley a été mal connue chez nous, où l'on a cru que c'était l'équipage du *Proteus* qui avait été réduit aux extrémités douloureuses dont nous venons de retracer le tableau.

Des faits de même genre ont dû se produire dans plus d'une de ces nombreuses expéditions au pôle nord, celles dont on n'a jamais eu de nouvelles et celles dont on a connu les dramatiques péripéties. Nous ne rappellerons que les circonstances relatives aux navires le *Mignon* et la

Rue de la Californie à San-Francisco.

Trinité, partis à la découverte de passages au nord, en 1536. Henri VIII d'Angleterre avait contribué à leur armement, et plusieurs personnes de distinction avaient pris place à bord. Les navires touchèrent d'abord au cap Breton, puis à l'île des Pingouins, où l'on fut obligé de manger de la chair d'ours. Il paraît que la plus grande imprévoyance avait présidé aux préparatifs de cette expédition ; car à peine eut-on abordé à Terre-Neuve, qu'on s'aperçut que les provisions étaient épuisées, et les équipages se trouvèrent dans la position la plus cruelle.

Un des personnages embarqués sur le *Mignon* a raconté des scènes navrantes sur ce séjour à Terre-Neuve où, faute de vivres, ces malheureux, naufragés véritables, demeuraient comme emprisonnés.

La famine augmentait chaque jour parmi eux ; ils étaient réduits à chercher de rares herbes et des racines dans ce désert pour apaiser la faim qui les torturait et qui bientôt se changea en un délire voisin de la folie. Alors, dit le narrateur, l'un tuait l'autre par surprise, et coupait les morceaux de sa chair, les faisait cuire sur des charbons et les dévorait avidement.

On s'aperçut que le nombre des hommes diminuait ; mais les officiers ne savaient à quoi attribuer leur absence. Un jour l'un d'eux, forcé aussi de chercher quelque aliment pour assouvir sa faim, sentit une odeur de viande grillée ; il découvrit un matelot anglais qui préparait son repas. L'officier crut d'abord que cet homme avait tué une pièce de gibier ; il lui reprocha, en termes fort durs, de laisser périr les autres de besoin, tandis qu'il semblait être dans l'abondance.

— Eh bien ! apprenez donc, dit le matelot, que cette chair est un morceau de la cuisse d'un de nos malheureux compagnons.

Le rapport en ayant été fait au capitaine, il comprit ce que les hommes qui lui manquaient étaient devenus ; il les croyait dévorés par les animaux féroces, ou tués par les indigènes. Enfin la famine augmentant toujours, on chercha à enlever à ces pratiques de cannibalisme quelque chose de leur odieux en leur donnant un semblant de légalité. Il fut décidé que le sort désignerait successivement ceux qui devaient être sacrifiés pour la conservation de tous. Heureusement ce même jour arriva un bâtiment français bien pourvu de vivres ; les Anglais, usant de ruse, s'en rendirent maîtres ; ils changèrent de navire avec les nouveaux arrivés, et, par un reste de pudeur, leur laissant quelques vivres, ils mirent à la voile pour l'Angleterre.

Depuis la mission Greeley, un autre fait de cannibalisme a eu un immense retentissement. C'était à la suite du naufrage du navire anglais *la Mignonnette*. Les naufragés tuèrent et dévorèrent un de leurs compagnons, le mousse Packer. Voici la scène du meurtre de cet infortuné, telle que le capitaine Dudley la raconta à son arrivée à Londres :

« Le onzième jour après le naufrage nous avions fini la tortue ; il ne nous restait que les deux boîtes de navets, et nous n'eûmes que le peu d'eau que nous pûmes à grand'peine recueillir pendant quelques orages. Du quinzième au vingtième jour, nous demeurâmes sans nourriture et sans boisson. C'est alors que nous commençâmes à nous regarder les uns les autres avec défiance. Le mousse qui avait bu de l'eau de mer pendant la nuit, s'écria :

« — Nous allons tous mourir ! »

« Sur quoi je fis la proposition de tirer au sort ; mais cette proposition fut repoussée. Mieux vaut mourir ensemble. — Soit ! mais il est dur de laisser périr quatre personnes, quand une seule peut sauver les trois autres.

« Les choses empiraient : le vingtième jour, le mousse gisait au fond du bateau, respirant difficilement, à moitié mort. Vers trois heures du matin je dis au maître :

« — Qu'allons-nous faire ? Je crois que le mousse va mourir. Vous avez une femme et cinq enfants, j'ai une femme et trois enfants, et on a mangé de la chair humaine avant nous. »

« Stephens me répondit :

« — Voyons d'abord ce que le jour amènera. »

« Vers six heures du matin, nous tînmes conseil. Brooks et Stephens déclarèrent qu'ils ne pouvaient se résoudre au meurtre. J'envoyai Brooks à l'avant, et m'étant levé, j'examinai l'horizon ; je n'aperçus rien. Dans une prière fervente je priai Dieu de me pardonner ; je m'agenouillai près du mousse et je lui plongeai le canif dans la gorge. La mort fut instantanée. »

Pour expliquer sa résolution, le capitaine Dudley affirme que Packer était déjà agonisant et ne pouvait plus vivre lorsqu'il le tua. Or, la soif était le supplice le plus épouvantable dont souffrait l'équipage. Packer mourant naturellement, cette soif des trois survivants n'aurait pu être apaisée, le sang n'aurait pas coulé ; Packer ayant été égorgé, ces trois hommes purent s'abreuver en buvant tour à tour à la plaie saignante du pauvre mousse, dont le corps servit de nourriture pendant quatre jours.

Lorsque la chaloupe dans laquelle se trouvaient les naufragés fut rencontrée par le *Montézuma*, la moitié du cadavre avait été dévorée ; cependant les trois hommes étaient si faibles qu'ils ne purent monter à bord du navire ; on hissa sur le pont le canot et son contenu, dont faisait partie le corps à moitié dépecé du pauvre mousse.

Le capitaine Tom Dudley, le maître Edwin Stephens et le matelot Edward Brooks eurent à rendre compte devant la justice de leur pays du meurtre du jeune Packer. Ils comparurent devant les assises du Devonshire en novembre 1884. Le verdict, ou plutôt l'absence de verdict, révéla au public une ressource de procédure pénale qu'il était loin de soupçonner. Le jury ne reconnut pas de circonstances atténuantes, pour la simple raison que c'est chose inconnue à la jurisprudence anglaise. Sur l'indication du juge, il déclara l'accusation prouvée, quant aux faits, mais en se reconnaissant incapable de spécifier quelle était véritablement la nature du crime commis. Il demanda en conséquence que la spécification en fût déférée au tribunal supérieur. La cour du Banc de la Reine eut donc à juger ce point intéressant et tout nouveau. En attendant, les accusés furent mis en liberté.

A force de chercher dans la jurisprudence maritime anglo-américaine, les légistes érudits découvrirent un cas ne manquant pas d'analogie avec l'affaire de la *Mignonnette*, jugé aux Etats-Unis au commencement du siècle. Il s'agissait des matelots d'un navire naufragé, qui avaient jeté à la mer des passagers dont leur chaloupe était surchargée au point de sombrer. Ils furent condamnés à six mois de prison pour homicide justifiable.

La cour du Banc de la Reine, siégeant au complet de cinq juges, déclara que la loi était formelle et qu'en tuant le mousse mourant pour boire son sang et manger son corps, les deux accusés avaient commis un meurtre. Aussitôt la condamnation inévitable prononcée par la cour du Banc de la Reine, le secrétaire d'Etat pour l'intérieur annonça un sursis d'exécution de la peine capitale, formalité destinée à calmer les angoisses des condamnés, pendant les délais de rigueur pour l'action solennelle de l'amnistie royale qui suivit de près le jugement.

Une souscription éleva en l'honneur du pauvre petit mousse une pierre tumulaire à côté du tombeau de ses parents. Il y est dit qu'il a péri dans l'Atlantique après vingt jours de souffrances, à la suite du naufrage de la *Mignonnette*. Détail touchant : son frère demanda et obtint qu'on inscrivît au bas ce passage des Actes des Apôtres :

« Seigneur, ne leur impute pas ce péché !... »

TABLE DES MATIÈRES

TABLE DES GRAVURES

Paris. — Société Française d'Imprimerie et de Librairie.

www.ingramcontent.com/pod-product-compliance
Ingram Content Group UK Ltd.
Pitfield, Milton Keynes, MK11 3LW, UK
UKHW020433200726
13857UKWH00002B/406